わからなかったことがよくわかる、確率・統計入門

イラスト・図解

確率・統計のしくみがわかる本

長谷川勝也 著

技術評論社

はじめに

　統計に関する書籍は数多く出版されていますが、入門書で、筆者を満足させるものは、あまり見当たりません。ほとんどの本が推定・検定の方法論に終始しているからです。

　推定・検定を理解するためには、確率や確率変数についての理解が必要不可欠なのですが、ほとんどの入門書では、これらについて十分な紙面を割いておりません。多分、このことが、統計学を理解し難くしている大きな理由の1つでしょう。本書は、推定・検定の真の理解のために、確率や確率変数についても、かなりの紙面を割きました。

　本書は、高校生、大学生からビジネスマンまで幅広く読むことができると思います。特に、近年、金融関係を勉強されている人で、確率・統計で苦労している人が多いと思いますが、大きな助けとなることでしょう。

　本書の特徴をあげれば、次のとおりです。

・考え方を重視し、その理解のため、多くの図を挿入しました。したがって、自習書としては最適であると思います。

・難しい数学は、一切使っていません（微分・積分は使用していません）。また、複雑な計算もしておりません。計算も途中の過程は一切省略せず、1行1行何をしたのかの説明を加えました。だからといって、程度を落としているわけではありません（そのため、ページ数が多くなってしまいました）。

・確率の理解のためにベン図を、正規分布、t分布などの重要な分布の理解のために分布のグラフを多く挿入しました。

・本書は、理論を「できるだけ分かりやすく」ということを主眼にし、工夫して著したつもりです。そのため、どこでも（電車の

中でも、喫茶店でも）気軽に、ページを開くことができるでしょう。ただし、例題などは、机上で実際に解くことをお勧めいたします。

　本書は、また大学の統計関連のテキストとしても利用できるでしょう。
・統計学のコース（第4章 条件付確率、第6章 期待値は、基礎の部分だけでも十分でしょう）。
・確率論の半期コース（第2章～第6章）

　筆者は、以前、「Excelで学ぶ統計学入門 第1巻 確率・統計編」を著したところ、大変ご好評をいただいております。以来、多くの読者の皆様から、筆者および（株）技術評論社に、基礎からもう少しやさしく解説した確率・統計の本を出版してくれないかという要望が数多く寄せられました。これらの要望に応えるため、本書を企画いたしました。

　本書の企画・執筆にあたっては、（株）技術評論社の冨田氏に、大変お世話になりました。筆者の原稿を丹念に読んでくださり、分かりにくい箇所はすべて指摘してくださいました。氏の御努力のお陰で、非常に分かりやすく、読みやすい本になりました。

　　　　　　　　　　　　　本書執筆中に他界した母に感謝を込めて
　　　　　　　　　　　　　2000年1月
　　　　　　　　　　　　　著者

CONTENTS

第1章 統計の基礎

- 1-1 データの活用 …………………………………12
- 1-2 基礎知識「シグマ記号」…………………………16
  - Σ記号の公式 …………………………………19
  - 2重のΣ記号の式を展開する …………………22
- 1-3 平均 ……………………………………………24
  - 平均の公式 ……………………………………24
  - 平均の性質①(各データに同じ数を足す) ……25
  - 平均の性質②(各データに同じ数をかける) …26
  - 平均の性質③(各データに同じ数をかけ、同じ数を足す) …27
- 1-4 分散と標準偏差 ………………………………30
  - 分散の特徴 ……………………………………30
    - バラツキを数量的に表す …………………30
    - 偏差平方和 …………………………………34
    - 分散 …………………………………………34
      - 分散の公式① …………………………35
      - 分散の公式② …………………………36
  - 標準偏差 ………………………………………37
    - 標準偏差の公式 ……………………………37
  - 分散と標準偏差の性質を理解する ……………38
    - 分散と標準偏差の性質① …………………39
    - 分散と標準偏差の性質② …………………42
    - 分散と標準偏差の性質③ …………………44
- 1-5 現実のデータによるバラツキの分析 ………48
  - 平均、分散、標準偏差の計算 …………………49
  - 標準偏差の読み方 ……………………………50
  - 変動係数 ………………………………………52
- 1-6 ヒストグラム …………………………………54
  - スタージェスの公式 …………………………54
  - 階級数を変えてみる …………………………56
  - 階級数の決め方 ………………………………58
  - ヒストグラムの読み方 ………………………59
  - 全国模試のヒストグラムの読み方 ……………60
- 1-7 相関係数 ………………………………………61
  - データ表の一般化 ……………………………61
  - 散布図 …………………………………………62
  - 散布図の読み方 ………………………………64
  - 散布図の特徴を数量的表す(偏差積和) ………65
  - 共分散 …………………………………………68

　　　　共分散の公式 ……………………………………………68
　　　　相関係数 ……………………………………………………69
　　　　相関係数の読み方 ………………………………………71
　　　　相関係数を扱うときの注意点 …………………………72
　　　1-8　相関行列と散布図行列 ……………………………75
　　　　相関行列の読み方（セリーグの例） …………………76
　　　　相関行列の読み方（パリーグの例） …………………77
　　　　散布図行列 …………………………………………………79

第2章　順列・組み合わせ

　　　2-1　実験の起こり方 ……………………………………82
　　　　1つの実験が起こる場合 …………………………………82
　　　　実験の例 ……………………………………………………82
　　　　2つの実験が起こる場合 …………………………………83
　　　　3つ以上の実験が起こる場合 ……………………………86
　　　2-2　順列 ……………………………………………………89
　　　　打順を考える ………………………………………………89
　　　　　順列を一般化して考えよう …………………………90
　　　　　　n個の対象物からr個を抽出して並べる順列の数の公式 …94
　　　2-3　組み合わせ …………………………………………98
　　　　ビートルズのメンバーから2人を選ぶ …………………98
　　　　　組み合わせの数を計算する式 ………………………99
　　　　　n個の対象物からr個を取り出す組み合わせの数 …102
　　　　　組み合わせに関した簡単な公式 ……………………106
　　　　　n個の対象物から1個を取り出す組み合わせの数 …106
　　　　　n個の対象物からk個を取り出す組み合わせの数 …106

第3章　確率

　　　3-1．標本空間と事象……………………………………114
　　　　集合とは ……………………………………………………114
　　　　集合の表し方 ………………………………………………114
　　　　標本空間 ……………………………………………………115
　　　　事象 …………………………………………………………119
　　　　Aが起こるとは？ …………………………………………121
　　　　事象の和 ……………………………………………………122
　　　　事象の積 ……………………………………………………123
　　　　余事象 ………………………………………………………125
　　　　空事象 ………………………………………………………125
　　　　単一事象 ……………………………………………………126
　　　　排反 …………………………………………………………127
　　　　ベン図 ………………………………………………………128
　　　　事象の和　A∪B ……………………………………………129
　　　　事象の積　AB ………………………………………………129

　　　　排反　$AB=\phi$ ……………………………130
　　　　余事象　A' …………………………………130
　　3-2　事象の演算法則………………………………131
　　　　演算の基本式 ……………………………………131
　　　　　　和の基本式 …………………………………131
　　　　　　積の基本式 …………………………………133
　　　　　　交換法則 ……………………………………135
　　　　　　結合法則 ……………………………………136
　　　　　　分配法則 ……………………………………137
　　3-3　演算の基本式……………………………………140
　　　　演算の重要な基本式　$A\cup AB=A$ ……………140
　　　　$A\cup B\cup C$と8つの排反事象 …………………146
　　3-4　排反事象の和への変換…………………………149
　　　　重要な基本式$A\cup B=A\cup A'B$ ………………149
　　3-5　確率の基礎………………………………………154
　　　　確率の表し方 ……………………………………154
　　　　確率の3つの公理 ………………………………155
　　　　公理を使ってみよう ……………………………155
　　　　確率の基本定理 …………………………………158
　　3-6　各結果が同等に起こりやすい標本空間の場合の事象Aの確率 162
　　　　偏りのないサイコロ ……………………………162
　　3-7　トランプの問題…………………………………165
　　　　ブラック・ジャック ……………………………165
　　　　ポーカー …………………………………………167

第4章　条件付確率と事象の独立

　　4-1　条件付確率とは…………………………………172
　　4-2　ベイズの公式……………………………………177
　　　　標本空間を考える（その1）……………………181
　　　　標本空間を考える（その2）……………………182
　　4-3　事象の独立………………………………………187
　　　　AとBが独立かどうか、題意から分かる場合 …………188
　　　　AとBが独立であることが一見しただけでは分からない場合 192
　　4-4　ネットワーク問題 ………………………………196
　　　　$P(C|T)$ …………………………………………197
　　　　$P(T|C)$ …………………………………………198

第5章 確率変数

- 5−1. 確率変数とは ……………………………………202
  - 確率の新しい表現「確率変数」……………202
    - 確率変数の例 …………………………204
  - 確率分布 ………………………………………206
    - 確率分布の表し方 ……………………207
    - 確率分布のグラフ表現 ………………208
    - 確率分布の条件 ………………………209
- 5−2 2項分布 ……………………………………217
  - 2項分布の考え方 …………………………217
  - 2項分布の応用 ……………………………224
- 5−3 連続確率変数 …………………………………227
  - 連続確率変数の確率分布の満たす条件 ………230
  - 連続確率変数の性質 ………………………231
- 5−4 正規分布 ……………………………………235
  - 正規曲線 ……………………………………236
  - 正規曲線下の面積 …………………………237
  - 正規分布とは ………………………………238
  - 正規分布の平均と標準偏差 ………………239
  - 正規分布の記号表現 ………………………239
  - 正規分布のバラツキ表現 …………………240
  - 標準正規分布 ………………………………241
- 5−5 正規分布の利用の仕方 ………………………250
- 5−6 2項分布の正規近似 …………………………254

第6章 期待値

- 6−1. 期待値 ……………………………………………260
  - コイン投げゲーム …………………………260
  - 確率変数の実現値 …………………………261
  - 確率変数Xの期待値 ………………………261
  - 離散確率変数Xの期待値 …………………262
  - 期待値の直感的な理解 ……………………264
  - 連続確率変数の期待値 ……………………267
  - 期待値の公式 ………………………………269
- 6−2 確率分布の平均 ………………………………271
  - 確率分布のグラフによる平均 ……………271
    - 離散確率変数の場合 …………………271
    - 連続確率変数の場合 …………………273
    - グラフの支点の位置 …………………275
    - 2項分布と正規分布の平均の式 ……278
    - 2項分布の平均 ………………………279
    - 正規分布の平均 ………………………279
- 6−3 確率変数の和の期待値 ………………………281
  - 2項確率変数の期待値（2項分布の平均）の場合 ……282

6-4 確率変数の分散……………………………285
  離散確率変数の分散 ………………………285
  確率変数の分散の直感的理解 ……………288
  連続確率変数の分散 ………………………290
  分散の公式 …………………………………291
  確率変数の分散の別式 ……………………293
6-5 確率分布の分散……………………………296
  分散の大小の比較（離散確率変数の場合）……297
  実際に分散を比較する ……………………299
  分散の大小の比較（連続確率変数の場合）……300
  実際に分散を比較する ……………………303
  2項分布と正規分布の分散 …………………304
  2項分布の分散 ……………………………304
  正規分布の分散 ……………………………305
  独立のときの分散の公式 …………………305
  2項分布の分散のもう一つの求め方 ………307

第7章 標本分布

7-1 母集団と標本……………………………310
  母集団 ………………………………………310
  標本 …………………………………………312
  母集団の分布 ………………………………312
  標本と確率変数 ……………………………313
  無限母集団 …………………………………314
  実験の確率変数と母集団 …………………315
  母平均と母分散 ……………………………318
7-2 無作為抽出…………………………………319
  数学的に独立 ………………………………319
7-3 標本平均と標本分散……………………322
  標本平均 ……………………………………322
  標本分散 ……………………………………326
7-4 正規母集団からの標本平均$\bar{X}$(Xバー)の確率分布 …328
7-5 非正規母集団からの標本平均$\bar{X}$(Xバー)の確率分布 330

第8章 推定

8-1 点推定……………………………………334
  推定量と推定値 ……………………………334
  不偏推定量 …………………………………335
  母分散の推定量 ……………………………337
  母数θの不偏推定量を選ぶ ……………………337
8-2 区間推定と平均値の推定………………341
  t分布 …………………………………………341
  標準正規分布とt分布………………………343

自由度 ………………………………………345
　　パーセント点 …………………………………347
　　信頼区間 ………………………………………351
8−3　信頼区間の意味 …………………………………356
　　確定後の考え方 ………………………………356
　　信頼区間の意味 ………………………………358
8−4　分散の信頼区間 …………………………………360
　　カイ2乗分布 …………………………………360
　　カイ2乗分布の例 ……………………………361
　　カイ2乗分布のパーセント点 ………………362
　　母分散の信頼区間 ……………………………364
8−5　比率の推定 ………………………………………369
　　確率変数X/nの平均と分散 …………………370
　　比率の信頼区間 ………………………………374

第9章　検定

9−1　検定の考え方 ……………………………………378
　　帰無仮説と対立仮説 …………………………378
　　対象で変わる対立仮説 ………………………380
　　検定の手順 ……………………………………381
　　確率分布のどの範囲に入ったか ……………382
　　境界線の設定 …………………………………383
　　有意水準5% …………………………………385
9−2　平均値の検定と「H_0を採択する」の意味 ……387
　　検定の手順 ……………………………………387
　　　母平均→標本平均→t分布 …………………387
　　　対立仮説が「$H_1：\mu > \mu_0$」の場合 …………389
　　　対立仮説が「$H_1：\mu < \mu_0$」の場合 …………389
　　H_0を採択するとは …………………………393
　　　数学的考察 …………………………………393
　　　論理の観点からの考察 ……………………398
9−3　有意確率 …………………………………………400
　　検定A …………………………………………400
　　検定B …………………………………………400
　　有意確率の例 …………………………………401
9−4　平均値の差の検定 ………………………………404
　　母平均の比較 …………………………………404
　　2つの母平均の検定 …………………………407
9−5　分散の検定 ………………………………………411
9−6　分散比の検定 ……………………………………415
9−7　比率の検定 ………………………………………425
　　離散分布の連続性への補正 …………………425
　　さらに確率・統計を勉強したい人のために ……433

1章

統計の基礎

1-1
データの活用

　確率・統計は実際の生活でどのように役に立つのでしょうか。次のようなケースを想定してみましょう。

CASE①　プロ野球を科学的に分析（山田君）

　プロ野球に昔から興味がある山田君は、スポーツ新聞社に入社し、プロ野球を科学的に分析しようと思っています。特に、特定の選手について、

- **清原選手は本塁打を多く打つが、三振も多い。**
- **松井選手は本塁打を多く打つが、四球数も多い。**
- **イチロー選手は打率が良く、盗塁数も多い。**

という特徴が見られます。このことから、山田君は、打率、本塁打数、打点数、四球数、盗塁数、三振数が互いにどのように関連しているか、その尺度となる計算を行い（相関係数の算出）、さらに2つの項目を縦軸と横軸にプロットすることで（散布図）、分析しようと思っています。

CASE②　資産運用に活用（高山君）

　資産運用の理論を研究している学生の高山君は、自分で作成したポートフォリオのプログラムで得た個別銘柄の月次収益率のヒストグラムを作成しました。ヒストグラムを曲線でなぞったところ、ほぼ、釣り鐘状の分布が得られました。もしこの分布を正規分布と見なせれば、いろいろな分析が可能になるのですが、正規分布と見なしてよいかどうかを検討することにしました。

CASE③ ギャンブルに利用（川口氏）

不世出のギャンブラーを自負する川口氏は、あるとき、ポーカーの手で強い、弱いの根拠（たとえば、フルハウスよりフォーカードのほうが強い）はどこにあるのか、疑問に思いました。そこで、確率を勉強してその根拠を調べようと思っています。

CASE④ 売れる企画を発案（早坂氏）

ある広告会社に入社した早坂氏は、新しい商品企画のために、繁華街を歩いている女子高校生に直接、身につけている物について、街頭取材をしました。5割を超える女子高生から，あるデザイナーのポシェットを持っているという回答を得ました。高い割合に驚いた早坂氏は、これは大都会に限ったことであり、日本全国ではこんなことはないと思いつつ、やはり心配でした。それでは、自分で調べてやろうと思い、その方法を調べるため、統計学の勉強を始めました。

CASE⑤ アンケート集計（町田さん）

ある調査会社に入社した町田さんは、アンケート調査の集計を担当させられました。寄せられた回答3500通のうち、28％が政府を支持するということでした。翌日の新聞を見ると、全国民の72％が政府を支持しないような文面になっていました。3500通の回答なのに、どうしてこのように言い切っていいのかと疑問に思った町田さんは、今、真剣に統計を勉強しなければと思っています。

CASE⑥ メーカーの品質管理（島田氏）

あるジュースメーカーの品質管理をしている島田さんのところ

には、最近、このジュースを飲んだ消費者から、この缶入りジュースは果汁90％となっているが天然果汁の味がしない、という苦情が多く寄せられてきます。そこで、島田さんは、全国の自動販売機から、いくつかこの缶入りジュースを抜き取り、実際に90％あるかかどうかを調べることにしました。

　上に記した例は、統計学の応用のほんの一例にすぎません。統計学を学べば、いくらでも我々の身の回りに、応用できる事象を見い出すことができるでしょう。それくらい統計は身近なものなのです。

　上にあげた事例のうち、②、④、⑤、⑥は、限られた数のデータから全体の状況を推測しようとしています。このように、一部の、標本（sample）となるデータに基づいて、全体の情報を推測しようとする立場の統計学を「**推測統計学**」といいます。
　これに対し、①は、得られたデータを整理・加工し、役に立つ情報を得ようとしています。このような立場の統計を「**記述統計学**」といいます。
　③は確率論の問題ですが、このような問題を解けるようになると、推測統計学に限らず、いろいろな場面で応用がきき、役に立つことでしょう。本書では、ポーカーのいくつかの手の確率計算についても説明します。

　本書の各章の役割を簡単に示せば、以下のとおりです。
　まったくの初心者にも分かるように基礎から説明しています。基礎事項は、応用がきくようにするため、特に考え方の手順にページを割くように努めました。基礎のある人は、必要なところか

ら読んでもかまいませんが、もう一度復習の意味でも最初から読むこともお勧めします。

第1章：「記述統計学」を学習します。とくに、データのバラツキの尺度である分散・標準偏差については、しっかりその概念を理解してください。

第2章：「順列・組み合わせ」を学習します。重要な分布である2項分布を理解するには、この章の学習が必要不可欠です。また、いろいろな確率の問題を解くための基礎となります。

第3章〜第4章：
　　　　「確率」を学習します。第5章の確率変数を理解するためには、確率の概念を把握しておくことが肝要です。この2つの章で、確率はいかに面白いかということが実感できれば、続く章にスムーズに入っていけるでしょう。

第5章〜第7章：
　　　　「確率変数、期待値、確率分布等」について学習します。これらの章を根気よく、しっかり学習すれば、後章の推定・検定は難しくないでしょう。

　　　　数式が多くでてきますが、概念を理解していれば、どうっていうことはありません。

　　　　微分、積分の計算はありません。

第8章：「推定」について学習します。推定の方法よりも、その考え方をよく理解してください。

第9章：「検定」について学習します。検定の方法よりも、その考え方をよく理解してください。

基礎知識「シグマ記号」

これから学ぶ「確率・統計」では、データの平均や、バラツキを表す公式を使います。この公式を短く表すのに使われる記号が「シグマ記号（Σ）」です。

ここでは、本論に入る前に、シグマ記号について説明しておきましょう。最初は、難しそうに思えるかもしれませんが、慣れてくると、とても便利なものです。合計を意味する記号ですから、数式をおそれずに、読んでみてください。

●合計を表す

いま、

「1, 2, 3, 4, 5」

という数字を考えます。この数字の和（足し算）をΣ記号を使って表してみましょう。

この数字の和は、

「1＋2＋3＋4＋5＝15」

となります。式の左辺（＝の左側）をΣ記号を用いると、

$$\sum_{k=1}^{5} k \quad \cdots\cdots（この式の意味は1＋2＋3＋4＋5です）$$

と表すことができます。**Σ記号**の下に書かれた**kが変数**を表します。そして、**1から**Σ記号の上に書かれた**5までを**変数kに**代入**して、**和をとる**ことを意味しています。ギリシャ文字Σは、アルファベットSに対応するもので、SはSUM（和をとる）の頭文字Sを表します。

別な例を示しましょう。

$$\sum_{k=1}^{8} k^2 = 1^2 + 2^2 + 3^2 + 4^2 + 5^2 + 6^2 + 7^2 + 8^2$$

$$\sum_{k=5}^{10} k^3 = 5^3 + 6^3 + 7^3 + 8^3 + 9^3 + 10^3$$

となります。

●n個のデータの和を表す

次に、もっといろいろな場面で使えるように、一般化してみましょう。そのためにデータの列をxを使って、

$x_1, x_2, x_3, \ldots, x_n$

と表すことにします。

たとえば、

10, 15, 12, 14, 18, 20

というデータの列は、データの数が全部で6個ですから、x_nのnに6を入れます（n＝6）。そうするとデータの列は、

$x_1 = 10, x_2 = 15, x_3 = 12, x_4 = 14, x_5 = 18, x_6 = 20$

となります。このデータの和はΣ記号を使うと、

$$\sum_{i=1}^{6} x_i$$

と表せます。

では、一般的に表したデータの和を表してみましょう。

$x_1 + x_2 + x_3 + \cdots\cdots + x_n$

上の式の和は、Σ記号を用いると、

$$\sum_{i=1}^{n} x_i$$

と表せます。**Σ記号**の下に記された**iが変数**を表し、**このiについて1からnまでの和をとれ、**ということを意味しますから、これは「$x_1+x_2+\cdots\cdots+x_n$」を表します。

このように、Σ記号を使うと、長いデータをとても簡単に表すことができます。

では、次の例題を考えてみてください。慣れることが大切ですから挑戦してみてください。

例題1.1

下記の値を求めよ。

(1) $\sum_{k=1}^{6}(2k+3)$ 　　(2) $\sum_{k=2}^{5}4k-5$

解

(1) 変数kに、1から6までを代入したものを、足し算します。

$$\sum_{k=1}^{6}(2k+3)=\underset{k=1}{(2\times 1+3)}+\underset{k=2}{(2\times 2+3)}+\underset{k=3}{(2\times 3+3)}$$
$$+\underset{k=4}{(2\times 4+3)}+\underset{k=5}{(2\times 5+3)}+\underset{k=6}{(2\times 6+3)}$$
$$=5+7+9+11+13+15=60$$

(2) 変数kに2から5までを代入したものを、足し算します。変数が2から始まることに注意してください。

$$\sum_{k=2}^{5}4k-5=(4\times 2+4\times 3+4\times 4+4\times 5)-5=51$$

Σ記号の公式

次に、Σ記号に関する重要な公式をあげておきましょう。

Σの公式1

$$\sum_{i=1}^{n} a = na$$

定数aのΣは、定数aのn倍になります。

考え方

$\sum_{i=1}^{n} a_i$ の意味は、すでに学んだように、

$$\sum_{i=1}^{n} a_i = a_1 + a_2 + \cdots + a_n \cdots\cdots (A式)$$

ということでした。ここで、「$a_1 = a_2 = \cdots = a_n = a$」（等しい値）とおきましょう。すると、aをn回足していくことになりますから、n×aと同じになります。A式で$a_i = a$とおくと、以下の式が得られます。

$$\sum_{i=1}^{n} a = a + a + \cdots + a = na$$

例1.2

$\sum_{i=1}^{20} 3$ はいくつになりますか。

解

3は定数ですから、公式1を使います。

$$\sum_{i=1}^{20} 3 = 20 \times 3 = 60$$

Σの公式2

$$\sum_{i=1}^{n} ax_i = a \sum_{i=1}^{n} x_i$$

定数aはΣ記号の外に出すことができます。

考え方

まず、ax_iのiに1からnまでを代入して和をとります。

$$\sum_{i=1}^{n} ax_i = ax_1 + ax_2 + \cdots\cdots + ax_n$$

$$= a(x_1 + x_2 + \cdots\cdots + x_n)$$
…… (aが共通してますからaを前にくくりだします)

$$= a \sum_{i=1}^{n} x_i$$ ………… (上式の「$x_1 + x_2 + \cdots\cdots + x_n$」はΣで表せます)

例題1.3

$$\sum_{k=2}^{5} 4k - 5$$

を公式(2)を用いて計算せよ。

解

$$\sum_{k=2}^{5} 4k - 5 = 4\sum_{k=2}^{5} k - 5 = 4(2+3+4+5) - 5$$
$$= 4 \times 14 - 5 = 51$$

Σの公式3

$$\sum_{i=1}^{n} (x_i + y_i) = \sum_{i=1}^{n} x_i + \sum_{i=1}^{n} y_i$$

考え方

実際に、変数iに1からnまでを代入します。

$$\sum_{i=1}^{n} (x_i + y_i) = \overset{i=1}{(x_1 + y_1)} + \overset{i=2}{(x_2 + y_2)} + \cdots\cdots + \overset{i=n}{(x_n + y_n)}$$

$$= (x_1 + x_2 + \cdots\cdots + x_n) + (y_1 + y_2 + \cdots\cdots + y_n)$$
　　　　……(x項とy項に分けます)

$$= \sum_{i=1}^{n} x_i + \sum_{i=1}^{n} y_i$$
　　　　……(上の式でx項とy項の部分はそれ
　　　　　ぞれΣで表せます)

例題1.4

$$\sum_{k=1}^{6}(2k+3)$$

を公式を用いて計算せよ。

解

$$\sum_{k=1}^{6}(2k+3) = \sum_{k=1}^{6}2k + \sum_{k=1}^{6}3$$

$$= 2\sum_{k=1}^{6}k + 6 \times 3$$

$$= 2(1+2+3+4+5+6)+18 = 42+18 = 60$$

2重のΣ記号の式を展開する

最後に、2重のΣ記号がついた式に慣れておきましょう。
次の式を展開してみましょう。

$$\sum_{i=1}^{3}\sum_{j=1}^{4}x_{ij}$$

① まず、iのついたΣを固定しておき、jのみに注目し、展開します。jに1から4を代入して足します。

$$\sum_{j=1}^{4}x_{ij} = x_{i1}+x_{i2}+x_{i3}+x_{i4}$$

となります。これに、iのついたΣをあわせると、

$$\sum_{i=1}^{3}\sum_{j=1}^{4}x_{ij} = \sum_{i=1}^{3}(x_{i1}+x_{i2}+x_{i3}+x_{i4})$$

となります。

② 次に、iについて展開します。iに1から3を代入して足します。

$$\sum_{i=1}^{3} \sum_{j=1}^{4} x_{ij} = \sum_{i=1}^{3} (x_{i1} + x_{i2} + x_{i3} + x_{i4})$$

$$= \underbrace{x_{11} + x_{12} + x_{13} + x_{14}}_{i=1} + \underbrace{x_{21} + x_{22} + x_{23} + x_{24}}_{i=2}$$

$$+ \underbrace{x_{31} + x_{32} + x_{33} + x_{34}}_{i=3}$$

∑記号が2つのときの計算

1-3 平均

　平均とは、誰でも知っているように、「データの和」を「データの数」で割ったものです。あるデータの集まりにおける**中心**の値を示す指標です。

平均の公式

$$\text{平均}\ \bar{x} = \frac{\text{データの和}}{\text{データの数}} = \frac{x_1 + x_2 + \cdots\cdots + x_n}{n} = \frac{\sum_{i=1}^{n} x_i}{n}$$

　上式に示したように、データの「平均」は通常、「$\bar{x}$」で表します。$\bar{x}$は「エックスバー」と読みます。データを「$y_1, y_2, \cdots\cdots, y_n$」と表したときは、平均は「$\bar{y}$」で、また「$a_1, a_2, \cdots\cdots, a_n$」で表したときは、その平均を「$\bar{a}$」と表します。

例 1.5

次の8個のデータの平均はいくつになるでしょうか。
　10, 12, 15, 13, 17, 14, 9, 12

解

この8個のデータの平均は、

$$\frac{10+12+15+13+17+14+9+12}{8} = 12.75$$

と計算されます。

平均の性質① (各データに同じ数を足す)

すべてのデータに同じ数を足したとき、その平均は、もとのデータの平均にその数を足した値となる。

考え方

n個のデータを「$x_1, x_2, \ldots, x_n$」とします。いま、すべてのデータに「a」という数だけを足したものを「$y_1, y_2, \ldots, y_n$」としましょう。するとデータは、

$$y_1 = x_1 + a, \ y_2 = x_2 + a, \ y_3 = x_3 + a, \ \ldots, \ y_n = x_n + a$$

となります。

ここで、「$y_1, y_2, \ldots, y_n$」の平均は、次の計算により「$\overline{x} + a$」となります。

$$\overline{y} = \frac{y_1 + y_2 + \cdots + y_n}{n}$$ ………… (yの平均の式です)

$$= \frac{(x_1 + a) + (x_2 + a) + \cdots + (x_n + a)}{n}$$

…… (上式の各「y_i」に「$x_i + a$」を代入します)

$$= \frac{(x_1 + x_2 + \cdots + x_n) + n \times a}{n}$$

…… (上式の分子をxとaとに整理します)

$$= \frac{x_1 + x_2 + \cdots + x_n}{n} + \frac{na}{n}$$ ……(上式を2つに分けます)

$$= \overline{x} + a$$ …… (上式の左の式は、xの平均です)

例1.6

10, 12, 15, 13, 17, 14, 9, 12の平均は、(例1.5)で求めたように12.75でした。

平均の性質を利用すると、これらの各データに10を足した値の平均は、平均に10を足した値$12.75+10=22.75$となるはずです。計算して確認しましょう。

実際に計算すると、次のように一致します。

$$\frac{20+22+25+23+27+24+19+22}{8}=22.75$$

平均の性質② (各データに同じ数をかける)

すべてのデータに同じ数をかけた値の平均は、もとのデータの平均にその数をかけたものとなる。

考え方

n個のデータを「$x_1, x_2, \cdots\cdots, x_n$」とします。いま、すべてのデータに「b」という数を掛けたものを「$w_1, w_2, \cdots\cdots, w_n$」としましょう。するとデータは、

$$w_1=bx_1,\quad w_2=bx_2, \cdots\cdots, w_n=bx_n$$

となります。

このとき、「$w_1, w_2, \cdots\cdots, w_n$」の平均は、次の計算により「$b\bar{x}$」となります。

$$\bar{w}=\frac{w_1+w_2+\cdots\cdots+w_n}{n} \quad\cdots\cdots\cdots\cdots (\text{wの平均の式です})$$

$$= \frac{bx_1 + bx_2 + \cdots\cdots + bx_n}{n}$$

　　…… (上式の各「w_i」に「bx_i」を代入します)

$$= \frac{b(x_1 + x_2 + \cdots\cdots + x_n)}{n}$$

　　…… (上式の分子は、bをくくりだせます)

$$= b\frac{x_1 + x_2 + \cdots\cdots + x_n}{n}$$

$$= b\bar{x} \qquad \text{…… (右の式はxの平均です)}$$

例1.7

10, 12, 15, 13, 17, 14, 9, 12の平均は (例1.5) で求めたように12.75でした。

これらの各データに10を掛けた値の平均が、$12.75 \times 10 = 127.5$となるかを確認しましょう。

実際に計算すると、次のように一致します。

$$\frac{100 + 120 + 150 + 130 + 170 + 140 + 90 + 120}{8} = 127.5$$

平均の性質③ (各データに同じ数をかけ、同じ数を足す)

すべてのデータに同じ数bをかけ、さらに同じ数aを足した値の平均は、元のデータの平均にbをかけてaを足したものとなる。

> **考え方**

n個のデータを「$x_1, x_2, \ldots, x_n$」とします。いま、すべてのデータに「b」という数をかけ、さらに「a」を足したものを「$v_1, v_2, \ldots, v_n$」としましょう。すると各データは、

$$v_1 = bx_1 + a, \ v_2 = bx_2 + a, \ \ldots, \ v_n = bx_n + a$$

となります。

このとき、「$v_1, v_2, \ldots, v_n$」の平均は、次の計算により「$b\bar{x} + a$」となります。

$$\bar{v} = \frac{v_1 + v_2 + \cdots + v_n}{n} \quad \cdots\cdots \text{(vの平均の式です)}$$

$$= \frac{(bx_1 + a) + (bx_2 + a) + \cdots + (bx_n + a)}{n}$$

　　……(上式の各「v_i」に「$bx_i + a$」を代入します)

$$= \frac{b(x_1 + x_2 + \cdots + x_n) + na}{n}$$

　　……(分子をxとaとに分け、共通のbをくくりだします)

$$= b\frac{x_1 + x_2 + \cdots + x_n}{n} + \frac{na}{n} \ \cdots\cdots\text{(上式を2つに分けます)}$$

$$= b\bar{x} + a \ \cdots\cdots \text{(上式の左の式はxの平均です)}$$

例1.8

10, 12, 15, 13, 17, 14, 9, 12の平均は先の例から12.75でした。

これらの各データに10だけ掛け、さらに20だけ足した値の平均が、12.75×10+20=147.5となるかを確認しましょう。

実際に計算すると、次のように一致します。

$$\frac{120+140+170+150+190+160+110+140}{8}=147.5$$

1-4

分散と標準偏差

あるデータの集まりがあるとします。この集まりを統計的に分析するとき、このデータの集まりは**分布**するといいます。分布とは、いろいろの大きさのデータが散らばっていることです。

このデータがどんな状態であるかを知るためには、その分布の特徴を表してくれる**指標（特性値）**が必要になります。

平均は、分布の中心の値がどのあたりにあるかを示す指標でした。しかし平均だけでは、データがどんな状態なのかは分かりません。そこでデータの「広がり（バラツキ）」をみる指標が必要になります。

データの分布の「広がり（バラツキ）」の程度を表す指標には、「分散」と「標準偏差」があります。ここでは、「分散」と「標準偏差」について説明しましょう。

分散の特徴

バラツキを数量的に表す

次の2組のデータを用いて、「分散」の概念を説明しましょう。
　　グループⅠ：「5, 6, 7, 8, 9」
　　グループⅡ：「3, 5, 7, 9, 11」
どちらのグループも平均は「7」で、同じ値になります。

この2組を「バラツキ」という観点から見てみましょう。明らかに、グループⅡのデータの組の方がバラツキは大きいといえます。このバラツキを数量的に表すことができれば、データの特徴

がよく分かるはずです。どのようにしたらバラツキを数量的に表すことができるでしょうか。

平均は、データの「中心的位置」を表すものでした。その**平均を基準にして、**一つ一つのデータが平均から**「どのくらい離れているか」**で、データの**バラツキ具合を調べる**のが自然でしょう。

ここで、上の2組のデータを統計分析しやすいように、縦に並べて、表形式で比較することにしましょう。データに番号を振っておきます。

まず、縦に並んだ各データについて、平均からどのくらい離れているかを調べるために「データと平均の差」（偏差という）を求めます。

次にその「データと平均の差」の二乗を計算し表に記入します。そして、それぞれの値を縦に合計（**偏差平方和**という）し、下の行に記入します（なぜ二乗するかは、後で説明します）。

グループⅠのデータをx_iで、グループⅡのデータをy_iで表しています。つまり、1番目のデータはx_1とy_1、2番目のデータはx_2とy_2、……のように表されます。まとめますと、次のような表になります。

●表1-1　グループⅠとⅡの偏差平方和の表

グループⅠの偏差平方和

NO.	x_i	$x_i - \bar{x}$	$(x_i - \bar{x})^2$
1	5	−2	4
2	6	−1	1
3	7	0	0
4	8	1	1
5	9	2	4
計	35	0 （偏差の和）	10 （偏差)²の和

グループⅡの偏差平方和

NO.	y_i	$y_i - \bar{y}$	$(y_i - \bar{y})^2$
1	3	−4	16
2	5	−2	4
3	7	0	0
4	9	2	4
5	11	4	16
計	35	0 （偏差の和）	40 （偏差)²の和

この表をもとにして、図を描いてみます。縦軸に「平均からの距離」をとり、横軸にデータの番号をとります。縦軸の7が基準となる「平均」です。

●バラツキ具合を視覚的に見る

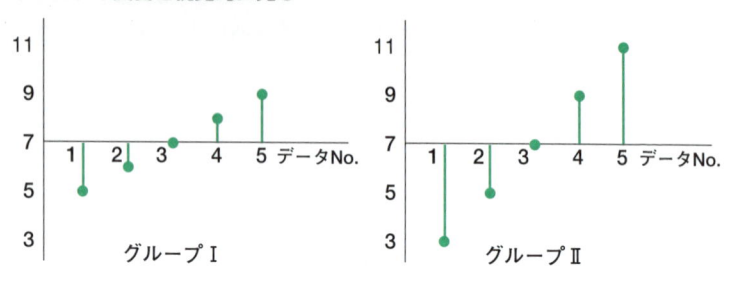

グループⅠ

グループⅡ

平均からの距離で、バラツキがわかる

　上の図は、視覚的に見た場合の「バラツキ具合」を表しています。

　上の表において、「平均からの偏差」（$x_i - \overline{x}$と$y_i - \overline{y}$）を合計した数は、どちらのグループも「0」となっています。このことは、上の図において、平均より上の線分の長さの合計と、平均より下の線分の長さの合計が等しいことを示しています。

ちょっと一言

平均からの偏差の合計が0となるのは不思議ですね。どうしてなのでしょう。

平均からの偏差の合計が0となることを一般的に示してみましょう。
データを「$x_1, x_2, \ldots, x_n$」とし、その平均を$\overline{x}$とします。
「データと平均の差」（偏差）の合計を計算しましょう。

$$(x_1 - \overline{x}) + (x_2 - \overline{x}) + \cdots + (x_n - \overline{x}) = \sum_{i=1}^{n}(x_i - \overline{x})$$

$$= \sum_{i=1}^{n} x_i - \sum_{i=1}^{n} \overline{x}$$

$$= \sum_{i=1}^{n} x_i - n\overline{x} \cdots \cdots \left(\sum_{i=1}^{n} a = na \text{ですから、} a = \overline{x} \text{とおけば}\right.$$

$$\left. \sum_{i=1}^{n} \overline{x} = n\overline{x} \text{となる}\right)$$

と表せます。一方、平均は、

$$\overline{x} = \frac{x_1 + x_2 + \cdots + x_n}{n} = \frac{\sum_{i=1}^{n} x_i}{n}$$

より、上式の両辺にnをかけると、

$$n \times \overline{x} = n \times \frac{\sum_{i=1}^{n} x_i}{n}$$

$$\sum_{i=1}^{n} x_i = n\overline{x} \quad \cdots \cdots （右辺をnで約分し、左辺と右辺を入れ換える）$$

$$\sum_{i=1}^{n} x_i - n\overline{x} = 0$$

となります。したがって、偏差の合計は0となります。
明らかですが、次のように言い換えることができます。

平均にデータ数nをかけたものは、データの和に等しい

偏差平方和

偏差の合計は0になってしまいました。それでは、偏差の絶対値をとって、その合計をバラツキの指標としたらどうでしょうか。このような考え方もありますが、絶対値は、数学的に計算が難しく、とても取り扱いにくくなります。

そこで、各データについて、平均からの偏差の2乗を求め、これらの合計を計算します。これを**偏差平方和**といいます。

先の表に示すように、グループⅠのデータの偏差平方和は10であり、グループⅡのデータの偏差平方和は40です。グループⅡのデータの組のほうが、グループⅠよりもバラツキが大きいことを、数値（偏差平方和）で表すことができました。

分散

先の例ではデータ数が5個でした。データの偏差平方和は、データの数だけ足していくのですから、データ数が多くなればなるほど、大きくなる傾向があります。そこで、その歯止めとして「データ数－1」で割ることにして、「バラツキの尺度」とします。これを**分散**といい、「s^2」で表します。分散の公式を次に示します。

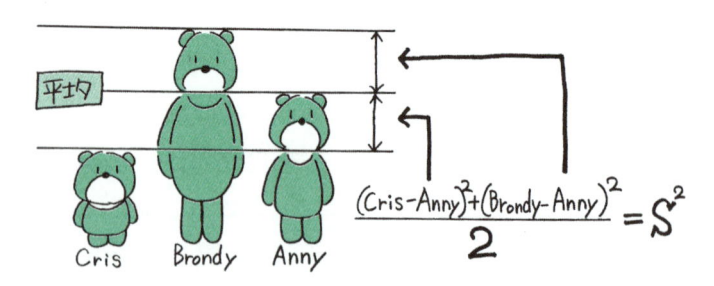

$$\frac{(Cris-Anny)^2 + (Brondy-Anny)^2}{2} = S^2$$

分散の公式①

$$s^2 = \frac{(x_1 - \overline{x})^2 + (x_2 - \overline{x})^2 + \cdots\cdots + (x_n - \overline{x})^2}{n - 1}$$

$$= \frac{\sum_{i=1}^{n}(x_i - \overline{x})^2}{n - 1} \quad \begin{array}{l}\leftarrow \text{偏差平方和} \\ \leftarrow \text{データ数} - 1\end{array}$$

それでは、先の表1-1の2つのグループについて、偏差平方和の値を用いて、「分散」を計算してみましょう。

$$\text{グループⅠ}：s_x^2 = \frac{10}{5 - 1} = 2.5$$

$$\text{グループⅡ}：s_y^2 = \frac{40}{5 - 1} = 10$$

先の図から、グループⅡのデータの方がバラツキが大きいと感じたように、グループⅡの分散の方が大きく計算されました。

ちょっと一言

分散の分母は「n」か「n-1」か

実は、分母をデータ数「n」とする式も分散として用いられます。一般に、記述統計の範囲内でデータを処理する場合は、分母を「n」とする分散が用いられ、推測統計では、分母を「n-1」とする分散が用いられます。

ただし、近年では、記述統計と推測統計の両方の統計を同時に用いる場合が多くなり、どちらの統計に限らず、分母を「n-1」とする式を分散として用いる傾向があるようです。

推測統計で、なぜ、分母を「n-1」とする分散を用いるのかについては、7章で説明します。

●分散のもう一つの公式

分散の公式を別の形で表現してみましょう。
偏差平方和は、次のように変形することができます。

$$(x_1 - \bar{x})^2 + (x_2 - \bar{x})^2 + \cdots\cdots + (x_n - \bar{x})^2$$

$\cdots\cdots$ ($(a-b)^2 = a^2 - 2ab + b^2$ より)

$$= (x_1^2 + x_2^2 + \cdots\cdots + x_n^2) - 2(x_1 + x_2 + \cdots\cdots + x_n)\bar{x} + n\bar{x}^2$$

$$= (x_1^2 + x_2^2 + \cdots\cdots + x_n^2) - 2n\bar{x}\bar{x} + n\bar{x}^2$$

$\cdots\cdots$ (上式の第2項に、データの和は平均にデータ数nをかけたものに等しいことを適用します)

$$= (x_1^2 + x_2^2 + \cdots\cdots + x_n^2) - n\bar{x}^2$$

これより、分散を表す式は、次のようにも表すことができます。電卓や表計算ソフトで計算するときは、こちらの式の方が便利な場合が多いでしょう。覚えておくと便利です。

分散の公式②

$$s^2 = \frac{(x_1^2 + x_2^2 + \cdots\cdots + x_n^2) - n\bar{x}^2}{n-1}$$

分散の公式②を用いて、グループⅠとグループⅡのデータの分散を算出してみましょう。

●グループⅠのデータの分散

$$\frac{(5^2 + 6^2 + 7^2 + 8^2 + 9^2) - 5 \times 7^2}{5-1} = \frac{255 - 245}{4} = 2.5$$

●グループⅡのデータの分散

$$\frac{(3^2 + 5^2 + 7^2 + 9^2 + 11^2) - 5 \times 7^2}{5-1} = \frac{285 - 245}{4} = 10$$

確かに、公式①と②の式で求めた分散の値は一致しました。

標準偏差

分散の「単位」について考えてみましょう。分散の単位は、これまで示した2つの分散の公式からも明らかなように、データのもつ単位の「2乗」になります。つまり、扱うデータの単位とは違う単位になるのです。しかし単位は、同じ方が分かりやすくなります。

そこで、分散の「平方根」をとるようにすれば、単位はデータの単位と同じになります。この分散の平方根を**標準偏差**といいます。

標準偏差も、データの「バラツキをはかる尺度」となります。標準偏差にも、分母を「n」とするものと「n−1」とするものの両方が用いられます。ここでは、分散と同様に、分母が「n−1」の方を採用します。標準偏差は、分散の平方根ですから、一般に「s」で表します。

標準偏差の公式

$$s = \sqrt{\frac{(x_1-\bar{x})^2+(x_2-\bar{x})^2+\cdots\cdots+(x_n-\bar{x})^2}{n-1}}$$

$$= \sqrt{\frac{\sum_{i=1}^{n}(x_i-\bar{x})^2}{n-1}}$$

では、先のグループⅠとグループⅡのデータについて、標準偏

差を計算してみましょう。それぞれ、分散の平方根を求めると、
$$s_x = \sqrt{2.5} = 1.581 \qquad s_y = \sqrt{10} = 3.162$$
となります。

標準偏差の単位は、データの単位と同じですから、標準偏差のほうがバラツキを直感的に把握できます。

●**標準偏差とデータの対比**

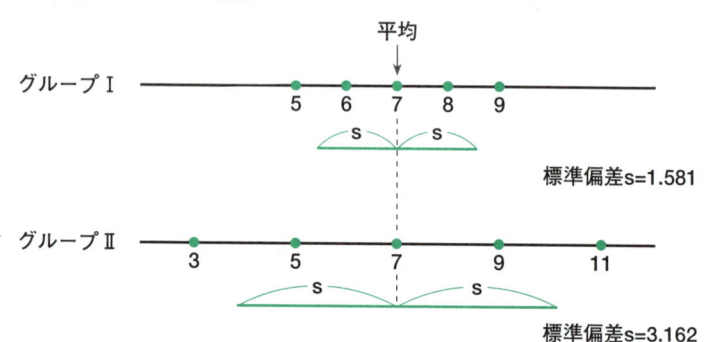

```
                        平均
グループⅠ ────●──●──●──●──●────
             5  6  7  8  9
                  s   s
                              標準偏差 s=1.581

グループⅡ ──●────●────●────●────●──
            3    5    7    9   11
                  s     s
                              標準偏差 s=3.162
```

標準偏差とデータは単位が同じなので、平均から左右に標準偏差分だけ線分を引くことにより、標準偏差とデータの対比ができます。

分散と標準偏差の性質を理解する

「分散」と「標準偏差」は、データのバラツキをはかる重要な尺度です。その概念をしっかり把握しておくことは、データを解析する上で必要不可欠になります。

したがって、この性質を理解しておくことは、きわめて重要なことです。ここでは、分散と標準偏差における3つの性質を説明しましょう。

分散と標準偏差の性質①

各データに同じ数を足しても（引いても）、分散と標準偏差は変わらない。

考え方

データを「$x_1, x_2, \cdots\cdots, x_n$」とし、これらのデータに「$a$」を足したものを「$y_1, y_2, \cdots\cdots, y_n$」としましょう。すると各データは、次のように表されます。

$y_1 = x_1 + a, \ y_2 = x_2 + a, \ \cdots\cdots, \ y_n = x_n + a$

このとき、「a」を足した「$y_1, y_2, \cdots\cdots, y_n$」の平均は、「平均の性質1」より、

$\overline{y} = \overline{x} + a$

ですから、「$y_1, y_2, \cdots\cdots, y_n$」の分散は、次の計算により「$s_x^2$」となります。

$$s_y^2 = \frac{(y_1 - \overline{y})^2 + (y_2 - \overline{y})^2 + \cdots\cdots + (y_n - \overline{y})^2}{n-1}$$

　　……（yの分散の公式です。ここで各y_iに$x_i + a$を、$\overline{y}$に$\overline{x} + a$を代入します）

$$= \frac{[(x_1+a)-(\overline{x}+a)]^2 + [(x_2+a)-(\overline{x}+a)]^2 + \cdots\cdots + [(x_n+a)-(\overline{x}+a)]^2}{n-1}$$

$$= \frac{(x_1 - \overline{x})^2 + (x_2 - \overline{x})^2 + \cdots\cdots + (x_n - \overline{x})^2}{n-1}$$

　　　　　　　　　　　……（上式を整理します）

$= s_x^2$　……（上の式はxの分散の式です）

このように、各データに同じ数を足しても（引いても）、分散は

変わりません。分散が変わらないので、その平方根である標準偏差も変わりません。

分散と標準偏差は、データのバラツキを表す指標であり、このことは、次の図からも納得がいきます。

●分散と標準偏差の性質

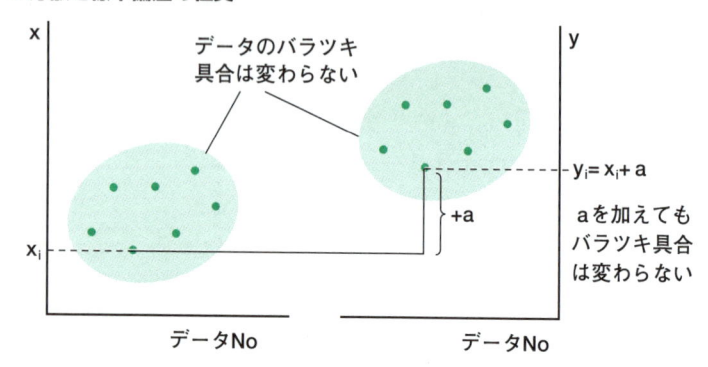

各データに同じ数を足しても、バラツキ具合は変わらない

$$\frac{(Cris-Anny)^2+(Brondy-Anny)^2}{2}=S^2$$

例1.9

9つのデータ「10, 8, 12, 9, 14, 13, 11, 7, 15」の場合を考えてみましょう。平均が11と計算されるので、分散は、7.5となります。

$$分散\, s_x^2 = \frac{\sum_{i=1}^{9}(x_i - \bar{x})^2}{9-1} = \frac{60}{8} = 7.5$$

次に、上の9つの各データにそれぞれ「5」を足した新しいデータ（平均は11＋5＝16）の分散はどうなるでしょう。やはり、7.5です。下表の右で確認してください。2つの表から、「$x_i - \bar{x}$」と「$y_i - \bar{y}$」が同じであることが分かります。

分散が変わらないのですから、標準偏差も変わらず、ともに、$\sqrt{7.5} = 2.7386$となります。

●表1-2　データに5を足したときの分散の比較

$\bar{x} = 11$

	x_i	$x_i - \bar{x}$	$(x_i - \bar{x})^2$
1	10	−1	1
2	8	−3	9
3	12	1	1
4	9	−2	4
5	14	3	9
6	13	2	4
7	11	0	0
8	7	−4	16
9	15	4	16
	99	0	60

＋5 →

$\bar{y} = 16$

	y_i	$y_i - \bar{y}$	$(y_i - \bar{y})^2$
1	15	−1	1
2	13	−3	9
3	17	1	1
4	14	−2	4
5	19	3	9
6	18	2	4
7	16	0	0
8	12	−4	16
9	20	4	16
	144	0	60

分散と標準偏差の性質②

各データをb倍すると、分散はもとのデータの分散のb^2倍となり、標準偏差は$|b|$倍となる。

考え方

データ「$x_1, x_2, \cdots\cdots, x_n$」に対し、$b$倍したデータを「$w_1, w_2, \cdots\cdots, w_n$」とします。すると各データは次のように表されます。

$$w_1 = bx_1,\ w_2 = bx_2,\ \cdots\cdots,\ w_n = bx_n$$

「$w_1, w_2, \cdots\cdots, w_n$」の平均は、「平均の性質2」より、「$b\bar{x}$」ですから、分散は次の計算により「$b^2 s_x^2$」となります。

$$s_w^2 = \frac{(w_1 - \bar{w})^2 + (w_2 - \bar{w})^2 + \cdots\cdots + (w_n - \bar{w})^2}{n-1}$$

　　　　……（wの分散の式です）

$$= \frac{(bx_1 - b\bar{x})^2 + (bx_2 - b\bar{x})^2 + \cdots\cdots + (bx_n - b\bar{x})^2}{n-1}$$

　　　　……（上式の各w_iにbx_iを、$\bar{w}$に$b\bar{x}$を代入します）

$$= \frac{b^2(x_1 - \bar{x})^2 + b^2(x_2 - \bar{x})^2 + \cdots\cdots + b^2(x_n - \bar{x})^2}{n-1}$$

　　　　……（上式の分子の各項はb^2を前にくくりだせます）

$$= \frac{b^2[(x_1 - \bar{x})^2 + (x_2 - \bar{x})^2 + \cdots\cdots + (x_n - \bar{x})^2]}{n-1}$$

　　　　……（上式の分子でb^2を前にくくり出せます）

$$= b^2 s_x^2 \quad \cdots\cdots \text{(上式はxの分散で表せます)}$$

これより、標準偏差については、

$$s_w = |b| s_x$$

が成り立ちます。

●データを2倍したときの標準偏差と分散

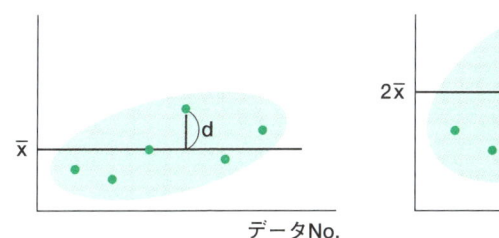

右図は、左図のデータを2倍にしたものである。右図では、各点から平均までの偏差は、左図のそれの2倍であり、標準偏差は2倍となる。
分散は、2乗できいてくるので、右図のデータの分散は、左図のデータの$2^2=4$倍となる。
（分散は「偏差平方和÷(データ数－1)」。P34参照）

例1.10

9つのデータ「10, 8, 12, 9, 14, 13, 11, 7, 15」の分散は、先の（例1.9）で、7.5と計算されました。これらのデータを5倍した新しいデータ「50, 40, 60, 45, 70, 65, 55, 35, 75」の分散と標準偏差はどうなるでしょうか。

分散と標準偏差の性質2から、分散は$b^2 s_x^2 = 5^2 \times 7.5 = 187.5$となります。

同じく、標準偏差については、もとのデータは2.7386でしたから、$5 \times 2.7386 = 13.693$となります。

次の表で確かめておきましょう。

●表1-3 データを5倍したときの分散の比較

	x_i	$x_i - \bar{x}$	$(x_i - \bar{x})^2$
1	10	−1	1
2	8	−3	9
3	12	1	1
4	9	−2	4
5	14	3	9
6	13	2	4
7	11	0	0
8	7	−4	16
9	15	4	16
	99	0	60

×5 →

	w_i	$w_i - \bar{w}$	$(w_i - \bar{w})^2$
1	50	−5	25
2	40	−15	225
3	60	5	25
4	45	−10	100
5	70	15	225
6	65	10	100
7	55	0	0
8	35	−20	400
9	75	20	400
	495	0	1500

上表で、$\bar{x}=11$ ですから、$\bar{w}=5\times\bar{x}=55$ です。分散は、

$$s_w^2 = \frac{1500}{9-1} = 187.5$$

と計算され、当然のことですが、先に性質を利用して求めた値と一致しています。

分散と標準偏差の性質③

分散と標準偏差の性質の3つ目は、1つ目と2つ目の性質をあわせたものになります。

各データをb倍してさらにaを足すと、分散はもとのデータの分散のb^2倍となり、標準偏差は$|b|$倍となる。

私たちは、すでに次のことを学びました。
- 各データにaを足しても、分散、標準偏差は変わらない
- 各データをb倍すると、分散はb^2倍となり、標準偏差は$|b|$倍となる

これより、上の性質③が成り立つことは直感的に分かるでしょう。では、数式で考え方を説明してみましょう。

考え方

データを「$x_1, x_2, \cdots\cdots, x_n$」とし、これらのデータを「b」倍して、さらに「a」を足したものを「$u_1, u_2, \cdots\cdots, u_n$」としましょう。各データは、次のように表されます。

$$u_1 = bx_1 + a, \ u_2 = bx_2 + a, \ \cdots\cdots, \ u_n = bx_n + a$$

このとき、「$u_1, u_2, \cdots\cdots, u_n$」の平均は、「平均の性質3」より、「$\bar{u} = b\bar{x} + a$」ですから、「$u_1, u_2, \cdots\cdots, u_n$」の分散は、以下の計算により「$b^2 s_x^2$」となります。

$$s_u^2 = \frac{(u_1 - \bar{u})^2 + (u_2 - \bar{u})^2 + \cdots\cdots + (u_n - \bar{u})^2}{n-1}$$

…… (uの分散の式です)

$$= \frac{[(bx_1+a)-(b\bar{x}+a)]^2 + [(bx_2+a)-(b\bar{x}+a)]^2 + \cdots\cdots + [(bx_n+a)-(b\bar{x}+a)]^2}{n-1}$$

…… (上式の各u_iに$bx_i + a$を、$\bar{u}$に$b\bar{x} + a$を代入します)

$$= \frac{(bx_1 - b\bar{x})^2 + (bx_2 - b\bar{x})^2 + \cdots\cdots + (bx_n - b\bar{x})^2}{n-1}$$

…… (上式の分子を整理します)

$$= \frac{b^2[(x_1-\bar{x})^2+(x_2-\bar{x})^2+\cdots\cdots+(x_n-\bar{x})^2]}{n-1}$$

……(分子でb^2が共通項ですからb^2を前にくくり出せます)

$$= b^2 s_x^2 \quad \cdots\cdots \text{(上式は}x\text{の分散で表されます)}$$

●**データを2倍し、aを加えたときの分散**

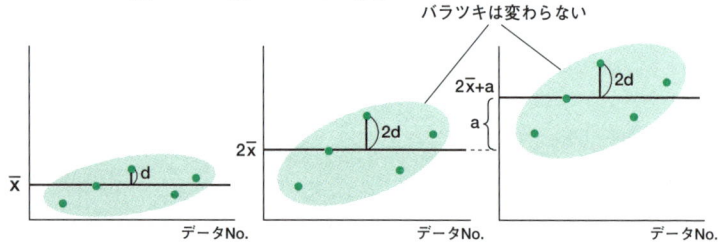

最右図のデータは、最左図のデータを2倍して、aを加えたものである。
中央図と最右図のデータの標準偏差は、最左図のデータの標準偏差の
2倍となり、分散は2^2=4倍となる。

例1.11

先の例のデータ「10, 8, 12, 9, 14, 13, 11, 7, 15」について、これらを5倍し、さらに10を足した新しいデータ「60, 50, 70, 55, 80, 75, 65, 45, 85」の分散を求めてみましょう。

分散と標準偏差の性質を利用した計算からは、$5^2×7.5=187.5$となります。

では、次の表1-4を用いて確かめてみましょう。

●表1-4 データを5倍し10を足したときの分散の比較

	x_i	$x_i - \bar{x}$	$(x_i - \bar{x})^2$
1	10	−1	1
2	8	−3	9
3	12	1	1
4	9	−2	4
5	14	3	9
6	13	2	4
7	11	0	0
8	7	−4	16
9	15	4	16
	99	0	60

	u_i	$u_i - \bar{u}$	$(u_i - \bar{u})^2$
1	60	−5	25
2	50	−15	225
3	70	5	25
4	55	−10	100
5	80	15	225
6	75	10	100
7	65	0	0
8	45	−20	400
9	85	20	400
	585	0	1500

上表で、平均 $\bar{x}=11$、$\bar{u}=5\times\bar{x}+10=65$ です。分散は、

$$s_u^2 = \frac{1500}{9-1} = 187.5$$

と計算され、当然のことですが、先に、性質を利用して求めた値と一致しています。

データを3倍すると、分散は3^2倍になり標準偏差は3倍になるんだ

ナルホド!!

1-5 現実のデータによるバラツキの分析

　ここでは、現実のデータを使って、バラツキを分析してみましょう。プロ野球のデータを例として取りあげて、考えていきます。
　次に示す2つの表は、ある年度のセリーグ打撃ベスト20と、同

●表1-5
セリーグ打撃ベスト20

	選手名	球団	打率	安打	本塁打	打点	盗塁	四球
1	鈴木 尚典	横浜	.337	173	16	87	3	61
2	前田 智徳	広島	.335	169	24	80	5	41
3	坪井 智哉	阪神	.327	135	2	21	7	32
4	緒方 孝市	広島	.326	124	15	59	17	47
5	ローズ	横浜	.325	152	19	96	2	68
6	石井 琢朗	横浜	.314	174	7	48	39	63
7	清水 隆行	巨人	.301	148	13	52	16	22
8	高橋 由伸	巨人	.300	140	19	75	3	36
9	元木 大介	巨人	.297	118	9	55	3	45
10	今岡 誠	阪神	.293	138	7	44	6	22
11	松井 秀喜	巨人	.292	142	34	100	3	104
12	関川 浩一	中日	.285	109	1	36	15	47
13	野村 謙二郎	広島	.282	158	14	49	15	41
14	駒田 徳広	横浜	.281	155	9	81	0	27
15	池山 隆寛	ヤクルト	.275	110	18	59	3	48
16	古田 敦也	ヤクルト	.275	135	9	63	5	46
17	真中 満	ヤクルト	.275	136	5	27	12	29
18	正田 耕三	広島	.274	103	1	17	0	31
19	ゴメス	中日	.274	115	26	76	1	57
20	仁志 敏久	巨人	.274	116	11	33	17	45

じくパリーグ打撃ベスト20です。各項目について、それぞれ「平均」と「標準偏差」を計算し、比較、分析してみましょう。

●表1-6
パリーグ打撃ベスト20

	選手名	球団	打率	安打	本塁打	打点	盗塁	四球
1	イチロー	オリックス	.358	181	13	71	11	43
2	平井 光親	ロッテ	.320	124	8	35	3	45
3	クラーク	近鉄	.320	170	31	114	0	45
4	柴原 洋	ダイエー	.314	121	2	35	18	47
5	松井 稼頭央	西武	.311	179	9	58	43	55
6	大村 直之	近鉄	.310	162	4	40	23	38
7	片岡 篤史	日本ハム	.300	140	17	83	2	113
8	初芝 清	ロッテ	.296	140	25	86	0	56
9	ロペス	ダイエー	.294	141	17	68	1	34
10	フランコ	ロッテ	.290	141	18	77	7	68
11	ニール	オリックス	.288	112	28	76	0	51
12	福浦 和也	ロッテ	.284	132	3	57	1	51
13	谷 佳知	オリックス	.284	135	10	45	1	41
14	マルティネス	西武	.283	139	30	95	4	59
15	奈良原 浩	日本ハム	.280	102	1	25	30	60
16	大島 公一	オリックス	.276	113	8	50	10	57
17	高木 大成	西武	.276	139	17	84	15	66
18	鈴木 健	西武	.275	134	22	65	1	80
19	田中 幸雄	日本ハム	.274	115	24	63	2	53
20	田口 壮	オリックス	.272	135	9	41	8	48

平均、分散、標準偏差の計算

セリーグとパリーグの各項目について、それぞれ「平均」、「分

散」、「標準偏差」を計算すると、次の表のようになります。

●表1-7

セリーグ打撃ベスト20の各項目の平均、分散、標準偏差

	打率	安打	本塁打	打点	盗塁	四球
平均	0.297	137.5	12.95	57.9	8.6	45.6
分散	0.0005	471.737	75.734	591.78	87.095	361.095
標準偏差	0.022	21.720	8.703	24.327	9.332	19.002

●表1-8

パリーグ打撃ベスト20の各項目の平均、分散、標準偏差

	打率	安打	本塁打	打点	盗塁	四球
平均	0.295	137.75	14.8	63.4	9	55.5
分散	0.0005	465.145	91.011	527.832	135.684	302.053
標準偏差	0.022	21.567	9.540	22.975	11.648	17.380

「平均」について比較してみましょう。表から、セリーグとパリーグにおける各項目の「平均」は、似通っています。しいていえば、四球の「平均」が、セリーグは「45.6」で、パリーグは「55.5」とかなり違うくらいです。

標準偏差の読み方

次に、各項目のバラツキについて検討してみましょう。前述したように、標準偏差の単位は、データの単位と同じですから、バラツキを見るのに分散よりも直感的に把握しやすくなります。

標準偏差をみますと、各項目の数値の大きさに幅があることに気が付きます。標準偏差については、次のことが見てとれるでしょう。

> データの数値の桁数が、大きい項目の標準偏差は大きく、小さい項目の標準偏差は小さい。

例えば、セリーグの「打率」と「安打」の標準偏差を見てください。「打率」の標準偏差は「0.022」で、「安打」の標準偏差は「21.720」です。データの桁数は、表1-7の「平均」を見ると、「打率」が「0.297」ですから小数点以下1桁であり、「安打」は「137.5」ですから3桁です。これは、標準偏差の公式、

$$s = \sqrt{\frac{\sum_{i=1}^{n}(x_i - \bar{x})^2}{n-1}}$$

を見ると分かるように、データの桁が大きくなれば、偏差平方和も大きくなります。よって「打率」よりデータ値の桁数が多い「安打」の標準偏差のほうが大きくなります。分散についても同様のことがいえます。項目が違うと、桁数の大小による比較はできないということです。

しかし、セリーグとパリーグの同じ項目については、標準偏差でバラツキの大小の比較はできます。

> 標準偏差については、値そのものから、大きいとか小さいとかの「絶対的な比較」はできません。
>
> 標準偏差は、セリーグとパリーグの場合の同じ対象項目についての比較とか、同じ対象について時間を隔てての比較(たとえば、セリーグの1988年度と1989年度の本塁打数のバラツキ)をするときに使います。

◎突出したデータに注意

 表1-7、1-8から、両リーグの違いが目立つ項目は、しいてあげるとすれば、「盗塁」でしょう。セリーグの場合は、「9.332」、パリーグの場合は「11.648」です。この理由を考えてみましょう。

 打撃ベストの表1-6でパリーグの盗塁データを見ると、松井の数が「43」で際立っています。この松井の盗塁数が、パリーグの盗塁の標準偏差の値を大きくしています。ちなみに、松井を除いた19選手で盗塁の標準偏差を求めると「8.696」となり、セリーグの標準偏差「9.332」とほぼ同じくらいの値になります。

 以上のことから、次のことが言えます。

> 公式からも分かるように、「分散」や「標準偏差」は、「偏差平方和」を計算しているので、データ数が少ないときは、1つでも飛び離れたデータがあるとそれが影響して、値を大きくしてしまいます。

変動係数

 セリーグの「安打」の標準偏差は「21.720」で、「盗塁」の標準偏差は「9.332」です。この値だけで、「盗塁」のほうがバラツキが小さいという比較はできないことが分かりました。

 ここでもう少し「安打」と「盗塁」のデータの違いを考えてみましょう。対象としている表1-5と表1-6は、打撃ベスト20ですから、「打率順」に並んでいます。当然、「安打」については、数値がある程度そろったものになります（試合数×3.1以上の打席数を満たす打者のみが打撃ベストの資格がある）。

 一方、「盗塁」については、足の速い選手も遅い選手も混ざっているので（盗塁順には並んでいない）、私たちは、「盗塁」のほう

がバラツキが大きいという認識を持ちます。

このような、データの単位が異なる項目についてバラツキを比較するには、「変動係数」が用いられます。

$$変動係数 = \frac{標準偏差}{平均} = \frac{s}{\bar{x}}$$

変動係数は、標準偏差を平均で割ることにより、項目の桁数の影響をなくすものです。これで、違う項目において、バラツキの比較が可能になります。

では、セリーグとパリーグの各項目の「変動係数」を計算してみましょう。すると次のようになります。今度は、各項目間のバラツキをみてみましょう。

●表1-9　各項目の変動係数

セリーグ

	打率	安打	本塁打	打点	盗塁	四球
変動係数	0.076	0.158	0.672	0.420	1.085	0.417

パリーグ

	打率	安打	本塁打	打点	盗塁	四球
変動係数	0.073	0.157	0.645	0.362	1.294	0.313

各項目の変動係数は、セリーグとパリーグでは、よく似ていることが分かります。変動係数によってバラツキを見ると、盗塁が群を抜いてバラツキが大きいことが分かります。

表1-9の「変動係数」の大きさを比較してみましょう。セリーグ、パリーグとも、

　　　打率＜安打＜四球＜打点＜本塁打＜盗塁

という順序になっています。野球に詳しい方なら、このバラツキの順番は納得がいくでしょう。

1-6 ヒストグラム

　データ数が多いときは、「平均」や「標準偏差」の2つの指標だけでは、大量データの分布状況を把握することは困難になります。そこでデータの分布状況を視覚化して分かりやすくする方法のひとつにヒストグラムがあります。

　データをある範囲（大きさ）で等間隔に分け（1つ1つを**階級**あるいは**クラス**という）、その分けられた各階級に入るデータの個数（**度数**という）を表にしたものを**度数分布表**といいます。分布とは、いろいろの大きさのデータが散らばっていることです。つまり、度数分布表とは、データの個数の散らばり具合を表したものです。

　そして、「度数」（データ個数）を縦軸に、階級の境界値を横軸にとり、各階級の度数を棒グラフで表したものを**ヒストグラム**といいます。

　ここでは、境界値をどう定め、度数分布表をどのように作成するかについては、具体的には触れません。なぜなら、作成するには手間がかかりますし、できあがってからも、階級の数は適正であったかどうか、という問題を生じることがあるからです。さらに現在では、コンピュータのソフトが自動的にヒストグラムを描いてくれるようになったからです。

スタージェスの公式

　したがって、私たちは、データ数がいくつのときの階級の数はどれくらいにしたらよいか、という目安さえつかんでおけばいい

わけです。

この階級の数の目安を求めるものに、次の「スタージェスの公式」があります。

> 階級の数 ＝1＋3.3×log n　　　　　　　（n＝データ数）
> （log nは、10^x＝nとなるような数xを表します）

では、先ほどのセリーグの打撃ベスト20と、パリーグの打撃ベスト20のデータを一緒にして（データ数n＝40）、打点の「度数分布表」と「ヒストグラム」を描いてみましょう。あわせたデータの平均は60.65、標準偏差は23.5204になります。

スタージェスの公式にあてはめると、階級の数は、

$$1＋3.3×\log 40＝6.286 \quad \cdots\cdots \quad (\log 40＝1.602となります。10^{1.602}＝40です)$$

となりますので、階級の数を「6」にして、度数分布表（表1-10）を作成してみましょう。表中の「比率」とは全体に対する割合です。

●表1-10　データ数40の度数分布表（階級数6）

階級	打点	度数	比率
1	12～30未満	4	0.1
2	30～48未満	8	0.2
3	48～66未満	12	0.3
4	66～84未満	9	0.225
5	84～102未満	6	0.15
6	102～120未満	1	0.025
計		40	1.0

この度数分布表から、ヒストグラムを描くと次のようになります。

●度数分布表からヒストグラムを描く（階級数6）

打点のヒストグラム(階級数:6)

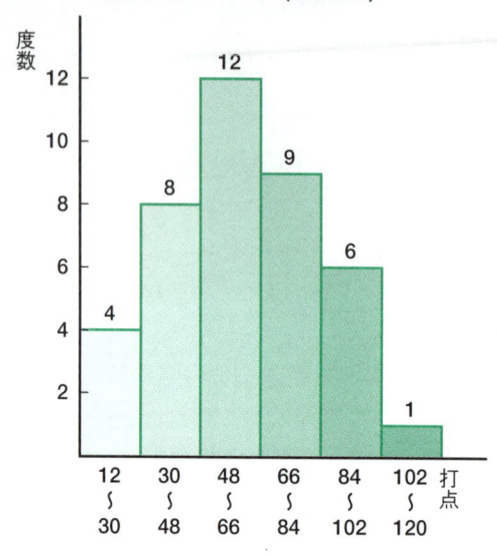

度数

階級	度数
12〜30	4
30〜48	8
48〜66	12
66〜84	9
84〜102	6
102〜120	1

（打点）

階級数を変えてみる

次に、階級の数を「5」にしたヒストグラム（次頁の図）と、階級の数を「7」にしたヒストグラム（58pの図）を描いて、比較してみましょう。

階級数が「5」のヒストグラムは、階級数が「6」のヒストグラムに比べ、少し粗くなっています。

階級数が「7」のヒストグラムは、山の部分で凹みが現れています。この意味で、階級数が「6」のヒストグラムが一番良いといえます。

このように、データ数が少ない場合、階級数が1つでも異なる

●**同じデータで階級数5のヒストグラム**

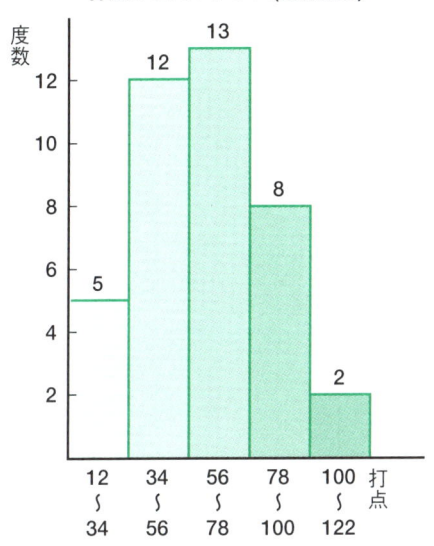

打点のヒストグラム(階級数:5)

度数

階級	度数
12〜34	5
34〜56	12
56〜78	13
78〜100	8
100〜122	2

と、ヒストグラムの形が変わってしまうことがあるので注意する必要があります。

●スタージェスの公式の限界

　この場合は、スタージェスの公式に基づく階級数のヒストグラムが最良のものでしたが、いつもこのとおりとは限りません。スタージェスの公式は、データ数が少ない場合（100以下）に有効であり、データ数が多いときは、スタージェスの公式で求めた階級数では、少なすぎる傾向があります。

●同じデータで階級数7のヒストグラム

打点のヒストグラム(階級数:7)

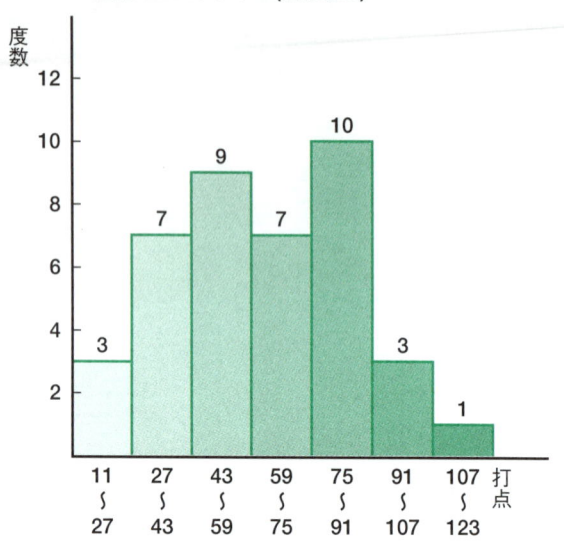

階級	度数
11〜27	3
27〜43	7
43〜59	9
59〜75	7
75〜91	10
91〜107	3
107〜123	1

階級数の決め方

・データ数が少ない場合

スタージェスの公式から、階級数を求め、また、その近辺の階級数のヒストグラムも求め、ヒストグラムの各棒の頂上の中点をなぞったとき、スムーズな曲線となるものを選ぶとよい。

・データ数が多い場合

いろいろな階級数のヒストグラムを描き、なぞったとき、スムーズな曲線が描けるものを選ぶとよい。

ヒストグラムの読み方

作成した打点のヒストグラムは、中央部分に山が1つある、ほぼ左右対称に近い形をしています（階級数6の図）。常に、このよ

●ヒストグラムから分かること

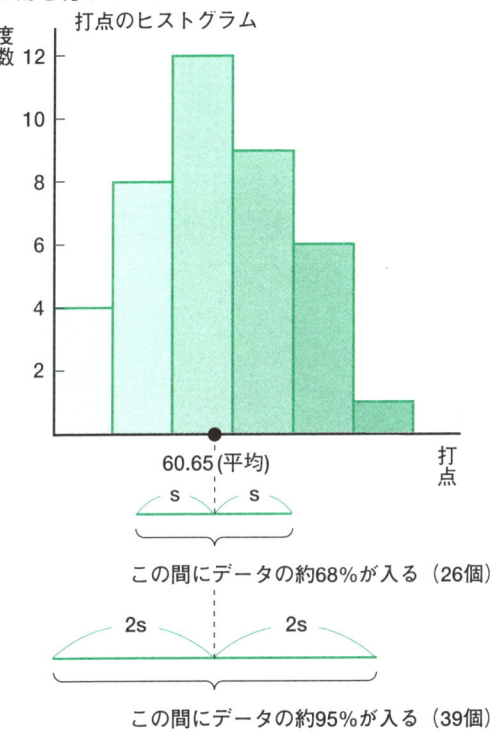

打点のヒストグラム

度数

60.65（平均）
打点

s　s

この間にデータの約68%が入る（26個）

2s　　2s

この間にデータの約95%が入る（39個）

打点のヒストグラムの場合、標準偏差 s=23.5204であり、
平均±1標準偏差内には、26/40=0.65(65%)
平均±2標準偏差内には、39/40=0.975(97.5%)入っている。
データ数が多く、ヒストグラムがもっと左右対称に
近ければ、それぞれ68%、95%に近くなる。

うなヒストグラムが描けるとは限りませんが、このようなヒストグラムが描けたときは、次のようなことが言えます。

・データの約68％が、平均から±1標準偏差内にある。
・データの約95％が、平均から±2標準偏差内にある。

全国模試のヒストグラムの読み方

もう一つ他の例をあげましょう。新聞に、全国模試の結果が載ることがあります。たとえば、数学の平均が50、標準偏差が15と発表されたとしましょう。

全国模試のような試験では、得点のヒストグラムは、平均の近辺にグラフの山があり、ほぼ左右対称のものが得られることが多いものです。そして、このような左右対称のヒストグラムが得られたときは、試験問題は適切であったと言われます。

では全国模試のヒストグラムを読んでみましょう。模試の平均が50、標準偏差が15という結果から、

・受験者の約68％が35～65の間（50±15）の得点である
・受験者の約95％が20～80の間（50±30）の得点である

と推量することができます。

1-7 相関係数

データ表の一般化

これまでは具体的な数値を扱ってきました。ここでデータの表し方を、一般化してみましょう。

統計で扱うデータ表は、一般的に次のように表すことにします。

●表1-11　一般化されたデータ表の読み方

⟶項目 (p)

no.	x_1	x_2	・・・	x_p
1	x_{11}	x_{12}	・・・	x_{1p}
2	x_{21}	x_{22}	・・・	x_{2p}
3	x_{31}	x_{32}	・・・	x_{3p}
・	・	・		・
・	・	・	x_{ij}	・
・	・	・		・
n	x_{n1}	x_{n2}	・・・	x_{np}

↓データ数 (n)

分かりやすいように、先に示したセリーグ打撃ベスト20の表に対応させてみます。打撃ベスト20ですから、「n＝20＝データ数」です。

項目は、「打率」、「安打」、「本塁打」、「打点」、「盗塁」、「四球」の6つですから、「p＝6」となります。

表中の「x_{ij}」の意味は、たとえば「x_{82}」とすると、打撃ベスト20の上位から8位の高橋由伸選手の2番目の項目、すなわち「安打数140」にあたります。

表1-11において、第1行目の「x_1, x_2, ……, x_p」（項目に相当）は、それぞれ、その下の欄に並ぶデータにあわせて、いろいろな値をとりますので、今後、**変数**と呼ぶことにします。

表の中の一つ一つのデータは、一般的に「x_{ij}」と表します。「i」は縦列のサンプル番号、「j」は横列の変数になります。

$$x_{ij}$$
サンプル番号i　　j番目の変数

$$x_{82}$$
8位の高橋　　2番目の項目「安打」

散布図

先ほどのデータ表で、変数間（項目間）の関連の強さを見たい場合があります。例えば、本塁打の多い選手には四球が多いのかどうか、データからその特徴をつかみたい、などです。

そのためには、まず2つの変数（例：四球と本塁打）について、各データを「x－y平面」にプロットしていき、図を描いてみることです。

例えば、2つの変数「x_j」と「x_k」について、関連の強さを見るとします。このとき横軸に「x_j」のデータをとり、縦軸に「x_k」のデータをとって、点（x_{ij}、x_{ik}）として「x－y平面」にプロットしていきます。このようにして表したものを、変数「x_j」と「x_k」の**散布図**といいます。

散布図を描くことにより、情報が見やすくなります。

では、セリーグの打撃ベスト20を使って、以下の項目についての散布図を描いてみましょう。

・「四球」と「本塁打」の散布図（横軸：四球　縦軸：本塁打）

・「盗塁」と「本塁打」の散布図（横軸：盗塁　縦軸：本塁打）

● 2つの項目間の関連の強さ（四球と本塁打）

四球と本塁打の散布図

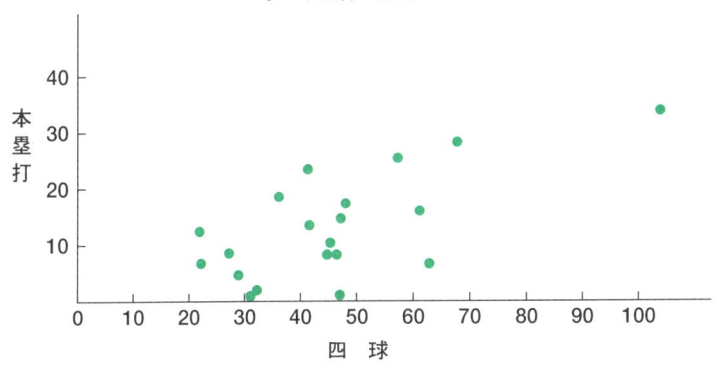

● 2つの項目間の関連の強さ（盗塁と本塁打）

盗塁と本塁打の散布図

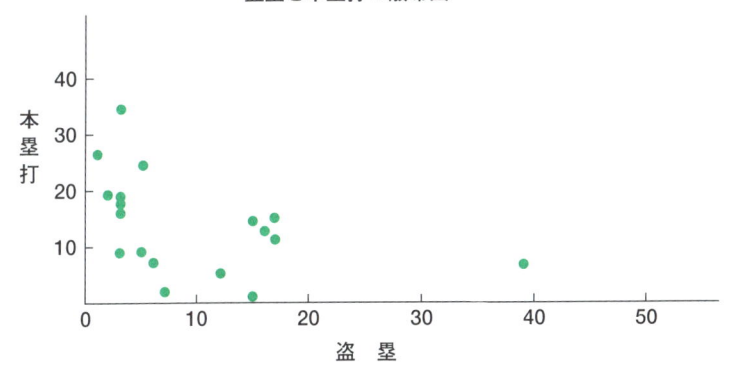

散布図の読み方

2つの散布図を見て、どんなことが分かるでしょうか。

「四球と本塁打の散布図」では、点が「右上がり」の直線状に並んでいます。

これは、「四球」の数の多い打者は本塁打数も多く、「四球」の少ない打者は本塁打数も少ない傾向があることを示しています。長距離打者に対しては、投手は長打を警戒し、敬遠策をとったりするので、必然的に「四球」の数が多くなることから、この結果には納得がいくでしょう。

「盗塁と本塁打の散布図」では、点が「右下がり」の直線状に並んでいます。

これは、「盗塁」をする選手は、体の細い選手が多く、本塁打を打つにはパワー不足であることを示しています。逆に長距離打者は体が大きく、足はあまり速くありませんので盗塁は少なくなります。

このように、2つの変数間の関連性を直感的に把握できるため、「散布図」を描くことは、きわめて重要なのです。

この他にも、例えば、「天気がよく気温が高い日にプールの入場者数が増える」、「暑い日にはソフトクリームの売れ行きがいい」、など、散布図を使うと簡単に2つのデータの関係を見ることができます。

散布図の特徴を数量的に表す（偏差積和）

上に示した2つの散布図では、点は直線状に並んでいました。では、このような直線状の並び方の程度は、数量的にどう表すのでしょうか。

いま、n個のデータの組 (x_i, y_i) を平面上にプロットし、それぞれの平均、$\bar{x}$ と $\bar{y}$ で、散布図を4分割してみましょう。

●表1-12　n個のデータの組（x_i, y_i）

no.	x_i	y_i
1	x_1	y_1
2	x_2	y_2
3	x_3	y_3
·	·	·
·	·	·
·	·	·
n	x_n	y_n

●平均 $\bar{x}$ と $\bar{y}$ で、散布図を4分割する

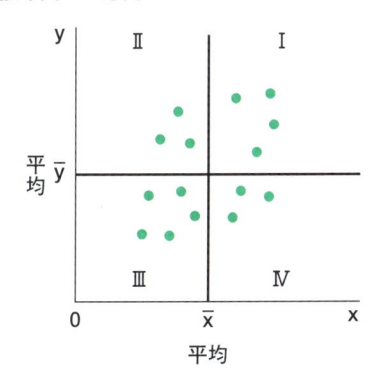

ここで、点 (x_i, y_i) が4分割されたうちのどこにあるかで、以下のように分けられます。

> Ⅰにあるとき　$(x_i-\overline{x})(y_i-\overline{y})>0$
> Ⅱにあるとき　$(x_i-\overline{x})(y_i-\overline{y})<0$
> Ⅲにあるとき　$(x_i-\overline{x})(y_i-\overline{y})>0$
> Ⅳにあるとき　$(x_i-\overline{x})(y_i-\overline{y})<0$

これより、すべての点（n個）の $(x_i-\overline{x})(y_i-\overline{y})$ の合計（偏差積和）は、

$$(x_1-\overline{x})(y_1-\overline{y}) + (x_2-\overline{x})(y_2-\overline{y}) + \cdots + (x_n-\overline{x})(y_n-\overline{y}) = \sum_{i=1}^{n}(x_i-\overline{x})(y_i-\overline{y})$$

で表されます。

この合計値は、点がⅠ、Ⅲに集まっているほど「正」で大きな値となり、点がⅡ、Ⅳに集まっているほど「負」で大きな値となります。そして、このような場合は、いずれも直線状に点が並んでいることになります。

では、先ほどの「四球と本塁打の散布図」と「盗塁と本塁打の散布図」を平均で4分割し、計算してみましょう。

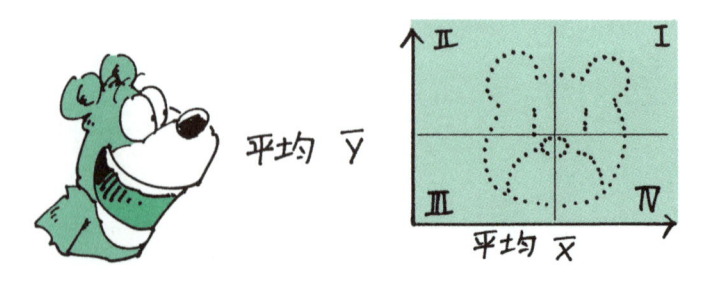

●平均で4分割した散布図

四球と本塁打の散布図

(散布図: 横軸「四球」、縦軸「本塁打」。縦線が 45.6、横線が 12.95 で4分割され、象限 I, II, III, IV が示されている)

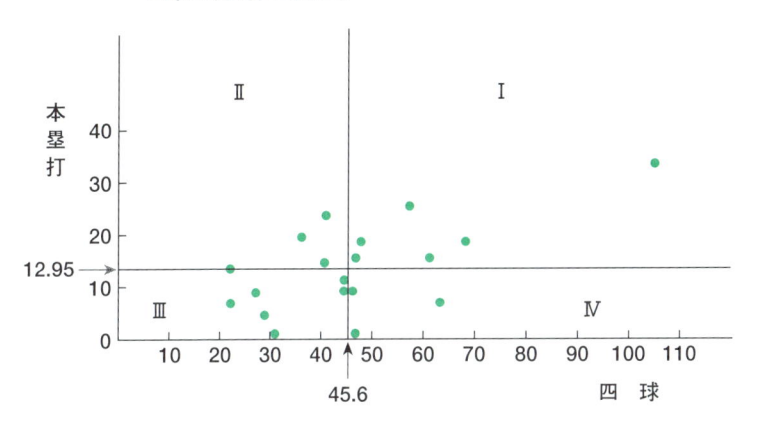

●平均で4分割した散布図

盗塁と本塁打の散布図

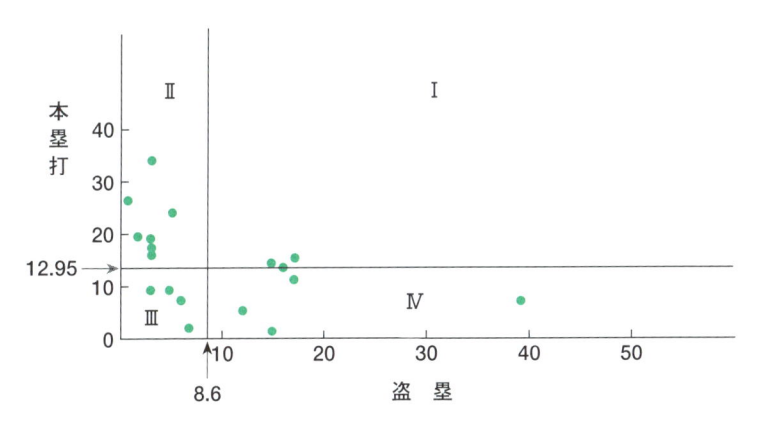

(散布図: 横軸「盗塁」、縦軸「本塁打」。縦線が 8.6、横線が 12.95 で4分割され、象限 I, II, III, IV が示されている)

「四球と本塁打の散布図」では、ⅠとⅢに点が多く集まっています。したがって、$\sum_{i=1}^{20}(x_i-\overline{x})(y_i-\overline{y})$ の値は、「正」の値（2011.6)

を示します。

「盗塁と本塁打の散布図」では、どちらかというとⅡとⅣに点が多く集まっています。したがって、$\sum_{i=1}^{20}(x_i-\overline{x})(y_i-\overline{y})$ の値は、「負」の値（−446.4）を示します。以上のように、この式で散布図の直線状の並び方の程度を、数量的に表すことができました。

> $\sum_{i=1}^{n}(x_i-\overline{x})(y_i-\overline{y})$ は、すべての点（x_i, y_i）について、それぞれの偏差の積を求め、その合計を表しており、x, yの「偏差積和」といいます。

共分散

2つの変数間に、直線的傾向の関係がどのくらいあるかどうか、つまり、2つの変数の散布図で、点が直線状に並んでいる傾向が強いかどうかの程度をはかる指標として、「偏差積和」を学びました。しかし偏差積和では十分ではありません。なぜなら、

偏差積和は、点が多いと、その絶対値が大きくなる傾向がある

からです。そのため、偏差積和を「データ数−1」で割ります。これを「共分散」といい、「s_{xy}」で表します。

セリーグ打撃ベスト20を使って「四球と本塁打」の「偏差積和」を計算してみると、

　　ベスト10までの偏差積和：266.3
　　ベスト20までの偏差積和：2011.6

と計算され、データ数の多いベスト20までの「偏差積和」の値のほうが、大きい値が得られます。

共分散の公式

$$s_{xy} = \frac{\sum_{i=1}^{n}(x_i - \overline{x})(y_i - \overline{y})}{n-1}$$

　分母を「データ数」でなく、「データ数－1」としたのは、前述したように、分散、標準偏差の分母を「データ数－1」とすることで、推測統計学の立場をとったためです。

相関係数

　直線的傾向をはかる尺度として、「偏差積和」と「共分散」を学びました。しかし共分散でも、まだ十分ではありません。なぜなら、

・共分散は、データの桁数に影響されます。桁数の大きい変数の共分散の値は大きくなりがちであり、桁数の小さい共分散の値は小さくなる傾向がある

からです。
　セリーグ打撃ベスト20を使って計算した以下の共分散の値を見てください。
　　打率と本塁打の共分散：0.034
　　四球と本塁打の共分散：105.874
　「打率」は、データの値が1より小さいため、打率が関係する「共分散」の場合は、どうしても小さな値が得られます。
　そこで、データの数や単位に影響されずに、2つの変数間の直

線的傾向をはかる尺度が必要になります。それには「共分散」をそれぞれの「標準偏差の積」で割ったものを考えます。

これを「相関係数」といい、「r」で表します。2つの変数を特定したいときは、「r_{xy}」と表します。

> **変数xとyの相関係数**
>
> $$r = \frac{x と y の共分散}{x の標準偏差 \times y の標準偏差} = \frac{s_{xy}}{s_x s_y}$$

ここで、頭が混乱しないように、「分散」、「標準偏差」、「共分散」、「偏差平方和」、「偏差積和」の式をあげて整理しておきましょう。

分散　　　　　$$s_x^2 = \frac{\sum_{i=1}^{n}(x_i - \overline{x})^2}{n-1}$$

標準偏差　　　$$s_x = \sqrt{\frac{\sum_{i=1}^{n}(x_i - \overline{x})^2}{n-1}}$$

共分散　　　　$$s_{xy} = \frac{\sum_{i=1}^{n}(x_i - \overline{x})(y_i - \overline{y})}{n-1}$$

偏差平方和　　$$S_{xx} = \sum_{i=1}^{n}(x_i - \overline{x})^2$$

偏差積和　　　$$S_{xy} = \sum_{i=1}^{n}(x_i - \overline{x})(y_i - \overline{y})$$

先に示した「相関係数」の式で、分母・分子に「n−1」をかけることにより、相関係数は、「偏差平方和」と、「偏差積和」を用

いて表すこともできます。

相関係数　　$r_{xy} = \dfrac{S_{xy}}{\sqrt{S_{xx}S_{yy}}}$

相関係数の読み方

「相関係数」は、証明は省略しますが、「−1」と「1」の間の値をとります。

点の散布状況と相関係数のおおよその目安を、次の図に示します。

ちょっと一言

「標準偏差」、「分散」、「偏差平方和」、「偏差積和」は、アルファベットの「S」を、小文字と大文字で使い分けるので、注意してください。

・小文字s
　　xの標準偏差　　s_x　　　　xの分散　　s_x^2
　　yの標準偏差　　s_y　　　　yの分散　　s_y^2
　　xとyの共分散　　s_{xy}

・大文字S
　　xの偏差平方和　　S_{xx}　　　yの偏差平方和　　S_{yy}
　　xとyの偏差積和　　S_{xy}
　　と表します。
　　なお、分母を「n」とする標準偏差、分散、共分散については、上の表示と区別するため、v_x、v_x^2、v_{xy}などと表すことがあります。

●散布状況と相関係数の目安

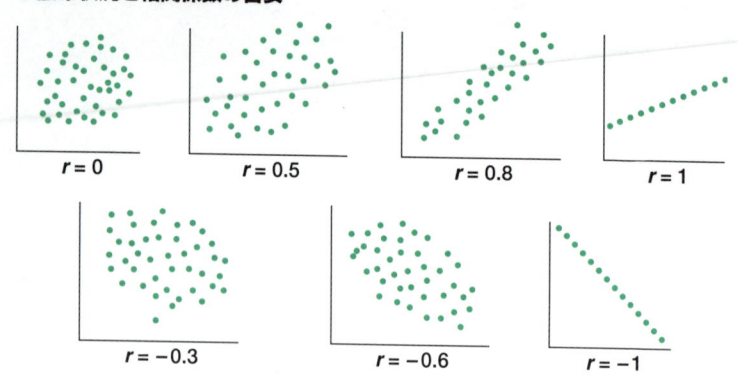

r = 0	r = 0.5	r = 0.8	r = 1
r = −0.3	r = −0.6	r = −1	

　点の散布状況が右上がり（左下がり）のときは「r＞0」であり、xとyは**正の相関がある**といいます。

　点の散布状況が右下がり（左上がり）のときは「r＜0」であり、xとyは**負の相関がある**といいます。

　相関係数が0のとき（r＝0）は、xとyは**無相関**であるといいます。
　点が右上がりの直線上にすべてあるときは、「r＝1」であり、点が右下がりの直線上にすべてあるときは「r＝−1」となります。

相関係数を扱うときの注意点

最後に、相関係数に関する注意事項をあげておきましょう。

⑴ 相関係数０でも２変数間に関係がある場合

「相関係数」は、あくまでも２変数間の「直線関係の度合い」をはかる尺度です。２変数間に直線関係以外の関係、たとえば、点が円状に分布していたり、２次曲線に沿って分布しているような場合、２変数間には関係があるのですが、相関係数はほぼ０となってしまいます。

したがって、相関係数は、散布図と併用して検討するとよいでしょう。

●相関係数０でも２変数間に関係がある場合１

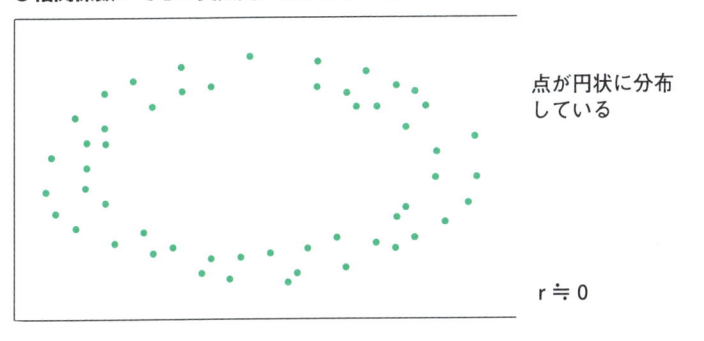

点が円状に分布している

$r \fallingdotseq 0$

●相関係数０でも２変数間に関係がある場合２

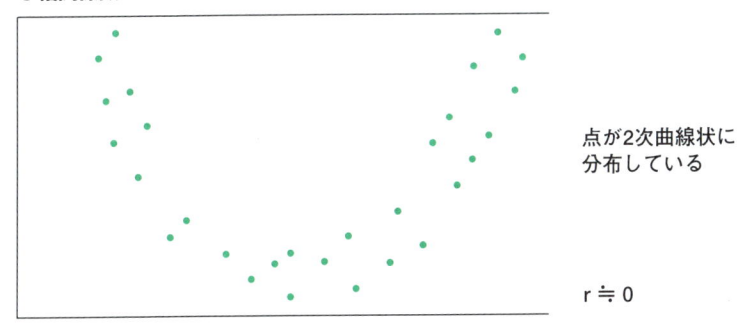

点が２次曲線状に分布している

$r \fallingdotseq 0$

(2) データ数が少なく飛び離れた点がある場合

> データ数が少ないとき、他とは飛び離れた点があると、相関係数はその点に引きずられて、その絶対値が大きくなることがあります。

その例として、先に示したセリーグ打撃ベスト20の「四球と本塁打の散布図」をもう一度示しましょう。

●四球と本塁打の散布図

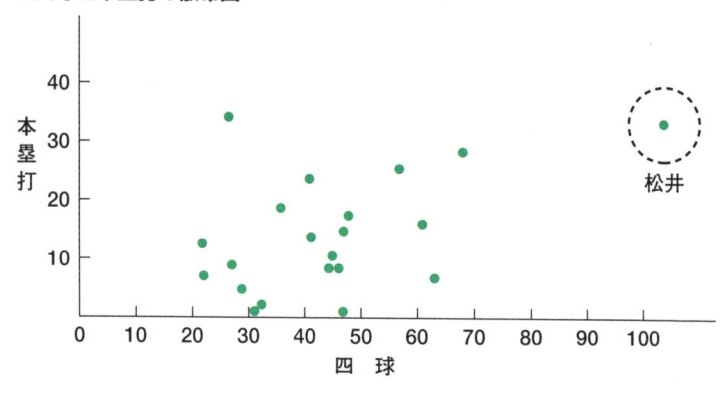

松井選手の点だけが、飛び離れたところにあります。松井選手を除いた19選手の四球と本塁打の「相関係数」を求めると、「0.4023」です。ところが、松井選手が加わると、相関係数は「0.6402」と大幅にアップします。

1-8
相関行列と散布図行列

　すべての変数(項目に相当)について、「相関係数」を求めてn×nの行列(表)にしたものを「相関行列」(相関表)といいます。
　セリーグ打撃ベスト20の「相関行列」は次のようになります。

●セリーグ打撃ベスト20の相関行列

	打率	安打	本塁打	打点	盗塁	四球
打率	1	0.5884	0.1721	0.3243	0.1230	0.1747
安打	0.5884	1	0.2360	0.4588	0.2550	0.1436
本塁打	0.1721	0.2360	1	0.8149	−0.2893	0.6402
打点	0.3243	0.4588	0.8149	1	−0.3639	0.5933
盗塁	0.1230	0.2550	−0.2893	−0.3639	1	0.0189
四球	0.1747	0.1436	0.6402	0.5933	0.0189	1

　当然のことですが、「相関行列」は、対称行列です。

　対角要素の「相関係数」は、同じ変数同士の相関係数ですから1となります。

・1になる理由：
　　変数xとyの相関係数の式は、

$$r = \frac{s_{xy}}{s_x s_y}$$

ですが、xとxの「相関係数」は、上式において、
①分子は「s_{xx}」と書けるが、これはxの分散「s_x^2」となる。

② 分母は「$s_x s_x$」となるが、これは、「標準偏差の2乗」であるから分散「s_x^2」となる。

したがって、相関係数は1となります。

相関行列の読み方（セリーグの例）

上図の相関行列から次のことが見てとれます。
① 「打点と本塁打」は、特に相関が高い（0.8149）。
② また、「四球と本塁打」、「四球と打点」、「打率と安打」も0.5以上の相関を示しています。
③ ただし、「打率」と「安打」の相関が0.5884というのは意味から考えると低い数値です。なぜなら、常識的に考えれば打撃ベスト20は規定打席以上の選手が「打率順」に並んでいるので、もっと高い数値を示すものと予想されるからです。これは、表1-5（48p）を見ると納得がいきます。

・3位の坪井は、新人で途中から活躍したため、打数が少なく、また緒方は怪我のため、これも打数が少ない。
・13位、14位の野村と駒田は、毎年休むことが少なく、どんどん打ってくる選手のため、四球の数がそれほど多くない。そのため、打数が多くなり安打数が多い。
・16位、17位の古田と真中も、野村や駒田と同様の傾向がある。

以上の結果より、「打率」と「安打」の相関係数は思ったより高くないのです。

④ 「打点と盗塁」、「本塁打と盗塁」は負の相関を示しています。野球に詳しい方なら、上記のことは納得がいくでしょう。

相関行列の読み方（パリーグの例）

パリーグの打撃ベスト20についても、「相関行列」を示しておきましょう。セリーグの場合と多少異なる傾向が見てとれます。

●表1-14　パリーグ打撃ベスト20の相関行列

	打率	安打	本塁打	打点	盗塁	四球
打率	1	0.6490	−0.096	0.0892	0.1738	−0.2607
安打	0.6490	1	0.1282	0.4024	0.2344	−0.1333
本塁打	−0.096	0.1282	1	0.8617	−0.5518	0.1946
打点	0.0892	0.4024	0.8617	1	−0.4323	0.2789
盗塁	0.1738	0.2344	−0.5518	−0.4323	1	−0.0788
四球	−0.2607	−0.1333	0.1946	0.2789	−0.0788	1

① セリーグの場合と同様、「打点と本塁打」の相関が最も高い。
「四球と本塁打」、「四球と打点」は正の相関を示していますが、セリーグと比べるとかなり低い値です。
② 「打率と安打」の相関は0.6490で、セリーグの場合よりも高い数値（セリーグ：0.5884）を示しています。
③ 「打点と盗塁」、「盗塁と本塁打」はセリーグの場合と同様、負の相関を示していますが、セリーグの場合より、かなり高い負の相関を示しています。
④ 「打率と本塁打」、「打率と四球」、「安打と四球」、「盗塁と四球」の相関は、セリーグの場合、正の相関でしたが、パリーグでは負の相関となっています。

特に、「打率と四球」、「安打と四球」の相関係数は、常識的に考えると、これらは正の相関を示しそうですが、それぞれ、−0.2607，−0.1333という負の値を示しています。

⑤ これより、パリーグの場合、「四球の数」が、セリーグとは異なる性質をもっているようです。

以上より、2つの相関行列から読みとれることは、セリーグの場合は、本塁打の多い打者に好打者が多く、パリーグの場合、本塁打の多い打者は粗っぽい打者が多いと考えられます。また、パリーグには、ねばって四球を得る打者がセリーグより多いと考えられます。

	得点	タックル	かみつき
得点	1	0.52	-0.2
タックル	0.52	1	0.8
かみつき	-0.2	0.8	1

散布図行列

相関行列で、相関係数の代わりに散布図を描いたものを「散布図行列」といいます。相関行列の対角要素は1でしたが、散布図行列の場合は、その変数(項目)のヒストグラムを描きます。

「散布図行列」は、複数の変数間(項目間)の関係を視覚的、直感的、さらに相関係数も同時に表示できるため、非常に利用価値の高い有効な行列です。

セリーグの打撃ベスト20で、変数として、「安打」、「本塁打」、「四球」を選んだ場合の「散布図行列」を以下に示します。

●散布図行列の例

セリーグの打撃ベスト20で、変数として、安打、本塁打、四球を選んだ場合の散布図行列

	安打	本塁打	四球
安打	1	0.235988129	0.143590039
本塁打	0.235988129	1	0.640223182
四球	0.143590039	0.640223182	1

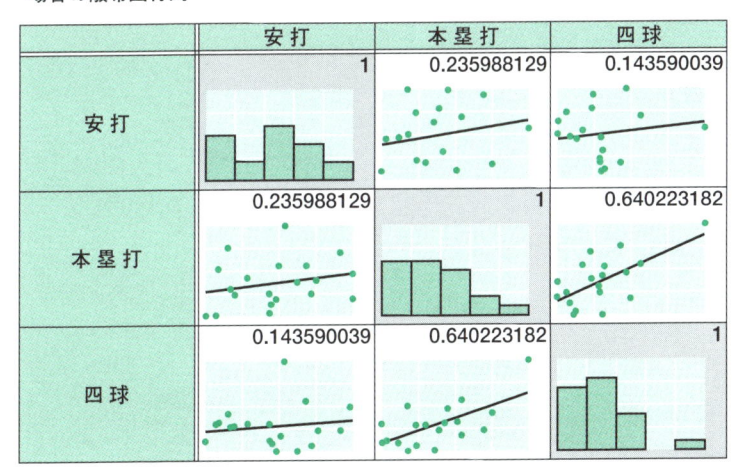

2章

順列・組み合わせ

2-1 実験の起こり方

　この章では、確率を理解するための基礎である順列・組み合わせを学びます。ゆっくりでいいですから理解するようにしましょう。

1つの実験が起こる場合

　これからたびたび「実験」という言葉がでてきます。ここで、確率でいう実験という用語を定義しておきましょう。

> 実験とは、
> 　確率的現象を伴う行為

実験の例

◎サイコロを振る行為

　サイコロを振ると、6つの目のうちのいずれかが現れます。一つ一つの目の出る確率は $\frac{1}{6}$ と定まりますので、サイコロを振る行為は実験になります。このとき、サイコロを振る「実験」の起こり方は「6とおり」であるといいます。

◎班長を選ぶ行為

　10人の班で、班長をくじびきで1人選ぶ行為は、1つの実験です。なぜなら、各人の選ばれる確率は $\frac{1}{10}$ と定まるからです。こ

の「実験」の起こり方は「10とおり」となります。

2つの実験が起こる場合

1つの実験の起こり方は簡単に分かったと思います。次に、2つの実験の起こる場合を考えましょう。

<2つの実験の起こり方>
実験1にはmとおりの起こり方があり、実験2にはnとおりの起こり方があるとする。このとき、実験1と実験2の全体では、m×nとおりの起こり方がある。

考え方

実験1と実験2の間を、次の図のようにして、線を結んでいけば明らかになります。

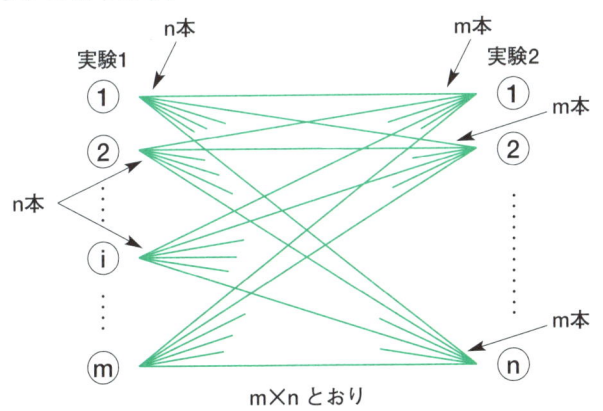

実験1がmとおり起こり、実験2がnとおり起こるとき、全体ではm×n本の線が結べることになり、m×nとおりの起こり方があることになる

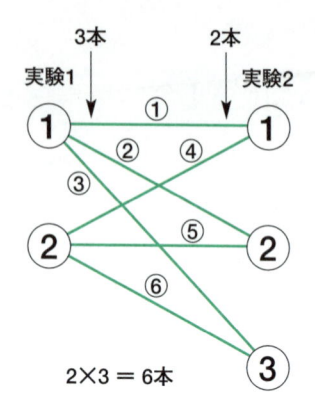

```
        3本      2本
   実験1 ↓       ↓ 実験2
    ①──────①
         ②  ④
      ③
    ②        ①
           ⑤
         ⑥
              ③
   2×3 = 6本
```

実験1が2とおり、実験2が3とおり起こるとき、全体では結んだ線の本数6とおり起こる

　上の図から分かるように、引かれる線の本数が、2つの実験をあわせた「全体での起こり方」になりますから、m×n＝mnとおりの起こり方となります。

　やさしく言い換えると、次のような考え方となります。

2つの実験の起こり方

　実験1のmとおりの起こり方の1つ1つについて、実験2の起こり方がnとおり対応しているから、全部で、m×n＝mnとおりの起こり方となる。

　例題で確認しておきましょう。

例題2.1

往年の男子の名テニスプレーヤー、「ローズウォール」、「ボルグ」、「コナーズ」、「マッケンロー」と，女子の名プレーヤー、「キング夫人」、「ナブラチロワ」、「クリス・エバート」で、混合ダブルスのチームを作るとしたら、何組の混合チームが作れますか。

解

・実験1：男子の4人のプレーヤーから1人選ぶこと
・実験2：女子の3人のプレーヤーから1人選ぶこと

とすると、実験1には4とおりの起こり方、実験2には3とおりの起こり方があります。

「2つの実験の起こり方」より、実験1の4とおりの起こり方の1つ1つについて、実験2の起こり方が3とおり対応しているから、4×3＝12とおりの混合ダブルスのチームが可能です。

それらを列挙すると、次のとおりになります。

ローズウォールと キング夫人	ローズウォールと ナブラチロワ	ローズウォールと クリス・エバート
ボルグと キング夫人	ボルグと ナブラチロワ	ボルグと クリス・エバート
コナーズと キング夫人	コナーズと ナブラチロワ	コナーズと クリス・エバート
マッケンローと キング夫人	マッケンローと ナブラチロワ	マッケンローと クリス・エバート

3つ以上の実験が起こる場合

ここでは、3つ以上の実験の起こり方を考えましょう。

<3つ以上の実験の起こり方>
実験1にはn_1とおりの起こり方、実験2にはn_2とおりの起こり方、……、実験rにはn_rとおりの起こり方があるとき、r個の実験全体では、

　　$n_1 \times n_2 \times \cdots\cdots \times n_r = n_1 n_2 \cdots\cdots n_r$　とおり

の起こり方がある。

考え方

最初に、実験1と実験2に限定して考えましょう。実験1と実験2全体では、$n_1 \times n_2$とおりの起こり方がありました。これを1つの実験としてまとめておきます（実験1・2とする）。

次に、実験1・2と実験3に限定して考えましょう。この2つの実験の起こり方は、

　　$(n_1 n_2) \times n_3 = n_1 n_2 n_3$ とおり

となります。

このように、3つ以上ある実験でも、2つの実験の起こり方になおして考えていけば、いいのです。もし、実験rまで続けるとしたら、r個の実験全体では「$n_1 \times n_2 \cdots\cdots \times n_r$」とおりの起こり方があります。

●3つ以上の実験の起こり方の考え方

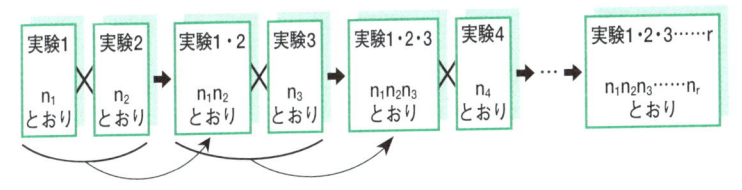

実験1		実験2		実験1・2		実験3		実験1・2・3		実験4			実験1・2・3……r
n_1 とおり	×	n_2 とおり	→	n_1n_2 とおり	×	n_3 とおり	→	$n_1n_2n_3$ とおり	×	n_4 とおり	…	→	$n_1n_2n_3……n_r$ とおり

例題2.2

次の架空のプロレスの試合を考えましょう。「日本」、「米国」、「その他の国」のプロレスの選手が次のようにあげられています。各国から1人ずつ選んで1つのタッグチームを作るとすると、何組のタッグチームが組めるか、考えましょう。

　　日本　　　：力道山、馬場、猪木
　　米国　　　：ルー・テーズ、ブルーノ・サンマルチノ、
　　　　　　　　ハルク・ホーガン
　　その他の国：ダラ・シン、オルテガ

解

・実験1：日本の3選手から1人を選ぶこと
・実験2：米国の3選手から1人を選ぶこと
・実験3：その他の国の2選手から1人を選ぶこと

とすると、「3つ以上の実験の起こり方」より、$3 \times 3 \times 2 = 18$ とおりとなります。

　この例題2.2を使って、「3つ以上の実験の起こり方」で説明した内容を具体的に解説しましょう。

●3つの実験の起こり方の具体例

実験1　実験2　　　　　実験（1・2）　実験3　　　　実験（1・2・3）

```
[力道山]   [テーズ]          力道山―テーズ              力道山―テーズ―シン
[馬場 ] × [サンマルチノ] →  力道山―サンマルチノ   ×  [シン]  →  力道山―テーズ―オルテガ
[猪木 ]   [ホーガン]         力道山―ホーガン          [オルテガ]   力道山―サンマルチノ―シン
  (3)       (3)              馬場―テーズ                 (2)       力道山―サンマルチノ―オルテガ
                             馬場―サンマルチノ                    力道山―ホーガン―シン
                             馬場―ホーガン                        力道山―ホーガン―オルテガ
                             猪木―テーズ                          馬場―テーズ―シン
                             猪木―サンマルチノ                    馬場―テーズ―オルテガ
                             猪木―ホーガン                        馬場―サンマルチノ―シン
                                 (9)                              馬場―サンマルチノ―オルテガ
                                                                  馬場―ホーガン―シン
                                                                  馬場―ホーガン―オルテガ
                                                                  猪木―テーズ―シン
                                                                  猪木―テーズ―オルテガ
                                                                  猪木―サンマルチノ―シン
                                                                  猪木―サンマルチノ―オルテガ
                                                                  猪木―ホーガン―シン
                                                                  猪木―ホーガン―オルテガ
                                                                       (18)
```

　まず、実験1（日本人レスラーを選ぶ）と実験2（米国人レスラーを選ぶ）に限定すると、9とおりの起こり方があります。この9とおりの一つ一つに対して、実験3（他の国のレスラーを選ぶ）の2とおりが起こるので、3つの実験全体（日本、米国、他の国から1人ずつのタッグチーム）では、9×2＝18とおりの起こり方があります。

2-2 順列

ここでは、順列について説明します。

> **順列とは**
> 考慮している対象物を、重複なく並べたものを、順列といいます。

打順を考える

理解しやすくするために、具体的な例をあげて解説していきましょう。

あなたはある野球チームの監督だとします。試合が近づいているので、チームの打順を考える必要があります。

いま、あなたのチームにいる「松井」、「清原」、「高橋（由伸）」で、クリーンアップを構成（打順の3番と4番と5番を決める）したいとします。では、この3人を重複なく並べる方法は、何とおりあるでしょうか。

以下の表を作れば、6とおりの方法があることが分かります。

	3番	4番	5番
1.	松井	清原	高橋
2.	松井	高橋	清原
3.	清原	松井	高橋
4.	清原	高橋	松井
5.	高橋	松井	清原
6.	高橋	清原	松井

順列は、考慮しているすべての対象物を使わない場合も考えられます。

　例えば、「松井」、「清原」、「高橋」の3人のうち、2選手を使って、3番、4番を構成する方法は、何とおりあるでしょうか。同じように表を作ると、次の6とおりがあります。

	3番	4番
1.	松井	清原
2.	清原	松井
3.	松井	高橋
4.	高橋	松井
5.	清原	高橋
6.	高橋	清原

順列を一般化して考えよう

　順列が何とおりあるのかを知りたいときに、簡単に計算できるようになると便利になります。

　では、n個の対象物の中から、r個を抽出して並べる方法の数を知るための計算式を考えてみましょう。

　まず、1からrまでの番号のついた空箱を考えます。これらを「箱1、箱2、……、箱r」と呼ぶことにしましょう。そして、対象物をこの箱の中に入れていきます。ここで、3つ以上の実験の起こり方を使って、ステップごとに考えていきましょう。

●対象物を箱の中に入れていく

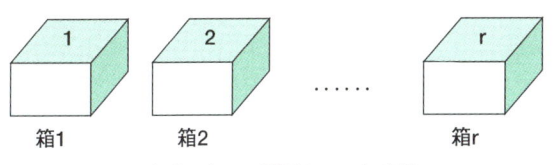

箱1　箱2　……　箱r

1からrまでの番号のついた空箱

(1) 「箱1」の中には、n個の対象物のいずれがきてもいいので、入れる方法は「n」とおりあります。

(2) 「箱2」の中に入れる方法は、「箱1」に入れた対象物は選べないので、「n−1」とおりの方法があります。

(3) 「箱1」で選んだn個の対象物の一つ一つに対して、「箱2」に入れる方法が「n−1」とおりあるので、「箱1」と「箱2」までで、入れる方法は、n×(n−1)=n(n−1) とおりです。

(4) 「箱1」と「箱2」を1つの箱（箱1・2）とします。「箱3」の中へ入れる方法は、「箱1・2」に入れた2つの対象物は選べないので、入れる方法は「n−2」とおりです。

(5) 「箱1・2」で選んだn(n−1)個の対象物の一つ一つに対して、「箱3」に入れる方法が「n−2」とおりあるので、「箱1」、「箱2」、「箱3」までで、入れる方法は、n(n−1)×(n−2)=n(n−1)(n−2)とおりです。

(6) ……（以下対象物の数まで、繰り返していきます）

同様の手順を「箱r」まで繰り返します。すると、n個の対象物をr個の箱へ入れる方法は、

　　n(n−1)(n−2)(n−3)……[n−(r−1)] とおり

となります。

順列・組み合わせ

●n個の対象物をr個の箱へ入れる方法の数

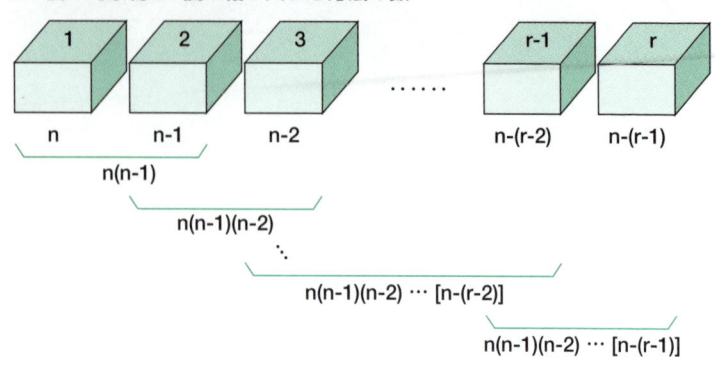

1	2	3	……	r-1	r
n	n-1	n-2		n-(r-2)	n-(r-1)

$n(n-1)$

$n(n-1)(n-2)$

$n(n-1)(n-2) \cdots [n-(r-2)]$

$n(n-1)(n-2) \cdots [n-(r-1)]$

ちょっと一言

　上図で、「(r−1) 番目の箱)」に対象物を入れる方法は、「n−(r−2)」とおり、「r番目の箱」に入れる方法は「n−(r−1)」とおりとなっていますが、これは、次の類推から得ることができます。

　たとえば、2番目の箱に入れる方法を考えてみましょう。

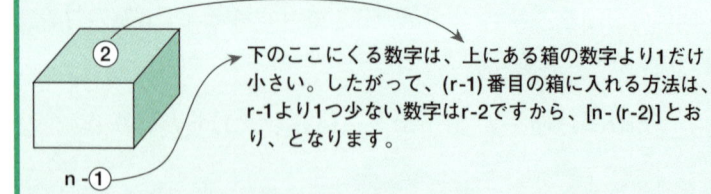

②
n −①

下のここにくる数字は、上にある箱の数字より1だけ小さい。したがって、(r-1) 番目の箱に入れる方法は、r-1より1つ少ない数字はr-2ですから、[n-(r-2)]とおり、となります。

n個の対象物をr個の箱へ入れる方法の数を求める式が得られました。使いやすくするために、もう少し簡単な式にしてみましょう。

　この式は長いので、

$$A = n(n-1)(n-2)(n-3)\cdots[n-(r-1)]$$

とおいておきましょう。

　ここで、「$n! = n \times (n-1) \times \cdots \times 1$」を利用します。

Aを使ってn!を表すと、

$$n! = \underbrace{n(n-1)(n-2)\cdots[n-(r-2)][n-(r-1)]}_{= A} \times B$$

（ただし $B = (n-r)[n-(r+1)]\cdots 2 \cdot 1$ を意味します）

ですから、

$$n! = A \times (n-r)[n-(r+1)]\cdots 2 \cdot 1$$

となります。この式をよく見ると、右側にあるBは、

$$(n-r)[n-(r+1)]\cdots 2 \cdot 1 = (n-r)!$$

ですから、

$$n! = A \times (n-r)!$$

となります。この式を「A=」の形にして、

$$A = \frac{n!}{(n-r)!}$$

を得ます。

　ここで、n個の対象物からr個抽出して並べる順列の数を、「$_nP_r$」と表すことにしましょう。すると、次の公式を得ます。

n個の対象物からr個を抽出して並べる順列の数の公式

n個の対象物からr個を抽出して並べる順列の数

$$_nP_r = \frac{n!}{(n-r)!}$$

ここで、r＝nとすると、

$$_nP_n = \frac{n!}{0!} = n!$$

を得ます。すなわち、「n個を並べる順列の数はn！とおり」となります。

ちょっと一言

n！は、次のように定義されます。n！は「nの階乗」と読みます。
　　n！＝n×(n−1)×……×1
また、上式で、
　　0！＝1
と定義されます。

例2.3

　以下のような「日本のプロ野球選手」と「大リーグの選手」の9人がいます。いま、この9人でバッティングオーダー（打順）を構成するものとします。

　　日本　　：イチロー、松井、高橋由伸
　　米国　　：マグワイアー、グリフィー、ピアッツア、
　　　　　　　グウィン
　　ドミニカ：ソーサ、ラミレス

(1) この9人で、何とおりのバッティングオーダーが作れますか。
(2) 「ソーサ」、「マグワイアー」、「グリフィー」は、必ずクリーンアップにするとしたら、何とおりのバッティングオーダーが作れますか。
(3) 「日本の選手」を、かたまって並べるものとすると、何とおりのバッティングオーダーが作れますか。
(4) 「同じ国籍の選手」を、かたまって並べるものとすると、何とおりのバッティングオーダーが作れますか。

解

(1) 9人の選手がいて、その9人を並べる順列です。$_9P_9 = 9! = 362{,}880$ とおりのオーダーが作れます。
(2) まず、「ソーサ」、「マグワイアー」、「グリフィー」で3番、4番、5番を占める方法の数を求めます。これは、この3人を並べる方法の数ですから、$_3P_3 = 3!$ とおり。

|打順 →|1|2|3|4|5|6|7|8|9|

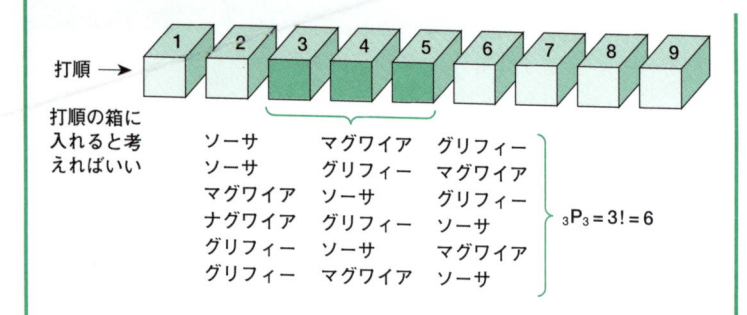

打順の箱に入れると考えればいい

ソーサ	マグワイア	グリフィー
ソーサ	グリフィー	マグワイア
マグワイア	ソーサ	グリフィー
マグワイア	グリフィー	ソーサ
グリフィー	ソーサ	マグワイア
グリフィー	マグワイア	ソーサ

$_3P_3 = 3! = 6$

　残りの6人を、1番、2番、6番、7番、8番、9番（3番、4番、5番以外）に並べる方法の数は、$_6P_6=6!$ とおり。クリーンアップの「3！」とおりの一つ一つに対し、残りの6人の並べる方法が6！とおりあるので、全部で3！×6！＝4,320とおりです。

(3) 日本人の3選手を1つのかたまりと見れば、全部で7つの対象物を並べる方法になるので、7！とおりの並べ方があります。

　この7つの対象物の一つ一つに対して、日本人のかたまりの内部での「3人の並べ方」が $_3P_3=3!$ とおりあるから、全部で7！×3！＝30,240とおりのオーダーが作れます。

(4) 日本人の選手、米国の選手、ドミニカの選手をそれぞれ1つのかたまりと見ると、3つの対象物の並べ方になるので、並べ方は3！とおりです。

　いま、分かりやすくするために、図のように、

[日本人の選手]　[米国人の選手]　[ドミニカの選手]

という順番にオーダーを固定して考えると、次のように実験を定義できます。
- 実験1：日本人の並べ方から1つの並べ方を選ぶこと
- 実験2：米国人の並べ方から1つの並べ方を選ぶこと
- 実験3：ドミニカ人の並べ方から1つの並べ方を選ぶこと

　実験1の起こり方は、日本人内部の並べ方の数であるから、3！とおり、

　実験2の起こり方は、米国人内部の並べ方の数であるから、4！とおり、

　実験3の起こり方は、ドミニカ人内部の並べ方であるから、2！とおり、

であり、これは3つ以上の実験の起こり方になります。上のように、国籍の順番を日本→米国→ドミニカの順に固定したときのバッティングオーダーは全部で3！4！2！とおりです。

　最後に、3つの国籍の並べ方は3！とおりありますから、この3！とおりの一つ一つに対し、上で説明したように、3！4！2！とおりのオーダーがあるので、結局、全部では、

　　3！(3！4！2！)＝3！3！4！2！＝1,728とおり
の方法があります。

2-3 組み合わせ

ここでは、組み合わせについて学びましょう。

> 組み合わせとは
> n個の対象物からr個を抽出する場合、取り出す結果だけに注目し、取り出す順番を考慮しないとき、取り出される1つ1つの結果を「組み合わせ」といいます。

ビートルズのメンバーから2人を選ぶ

たとえば、ビートルズのメンバー、「ポール・マッカートニー」、「ジョン・レノン」、「リンゴ・スター」、「ジョージ・ハリソン」の4人から2人を選ぶ方法は、いくつあるでしょうか。実際に書いてみますと、

　　{ポール、ジョン}
　　{ポール、リンゴ}
　　{ポール、ジョージ}
　　{ジョン、リンゴ}
　　{ジョン、ジョージ}
　　{リンゴ、ジョージ}

の6とおりがあります。

ここで、4人から2人を抽出して並べる方法を、前節で学んだ順列の公式で計算すると、どうなるでしょうか。

$$_4P_2 = \frac{4!}{2!} = \frac{4 \times 3 \times 2}{2} = 12 とおり$$

となります。これは、順列で計算すると、上に書き出した6とおりの一つ一つに対して、内部での並べ方を数えているためです。内部での並べ方が $_2P_2=2!=2$ とおりですから、$6×2=12$ とおりになります。この考え方で、組み合わせの方法の数を算出する公式を導くことができます。

では、組み合わせの数を算出する公式を考えてみましょう。

組み合わせの数を計算する式

最初に、公式を算出するための考え方を説明しましょう。

「A、B、C、D、E、F、G、H」の8つの対象物から、3つの対象物を取り出す場合を考えましょう。

(1) まず、1つの組み合わせを取り出します。

たとえば、{A、B、C}を取り出すと、この内部での並べる方法は $_3P_3=3!$ とおりです。

(2) 次に、(1)とは異なる別の組み合わせを取り出します。

たとえば、{A、B、D}を取り出すと、この内部での並べる方法は $3!$ とおりです。

ちょっと一言

前ページの表示で、{ } を用いましたが、これは集合を表す表示です（詳しくは第3章で説明します）。ここでは、{ } の中に入っている対象物は、順番には関係しないと覚えてください。つまり、

{a、b}＝{b、a}です。

( ) で表したときは、順番に関係する順序列を表します。

(a、b)≠(b、a)です。

いい例が「座標の表示」(x, y) です。最初の要素が「x成分」、次の要素が「y成分」というように、順番が決まっています。

(3) 次に、(1)、(2)とは異なる組み合わせを取り出します。

たとえば、{A、B、E}を取り出すと、この内部での並べる方法は3!とおりです。

$$\vdots \quad \vdots \quad \vdots$$

(k) 最後に、上の「(1)、(2)、……、(k−1)」とは異なる組み合わせを取り出します。

最後に残った組み合わせが、たとえば、{F、G、H}だとすると、この内部での並べる方法は3!とおりです。

上の操作から、kとおりの組み合わせの方法の数があることが分かりました。各々の段階で、内部での並べ方が3!とおりありますので、全部合わせると、k×3!とおりの順列があることになります。

そしてこのk×3!とおりの順列は、8個の対象物から3個を抽出して並べた順列と、当然ながら等しくなります。そこで、k×3!と順列の計算式$_8P_3$が等しいとおきます。

$$k \times 3! = {}_8P_3 = \frac{8!}{(8-3)!} = \frac{8!}{5!} = 6 \times 7 \times 8 = 336$$

上の式を「k=」の形にすると、組み合わせの数kは、

$$k = \frac{336}{3!} = 56 とおり$$

あることになります。

上で示した例では、「対象物を8個、取り出す個数を3個」としましたが、これを一般的に導くには、「対象物をn個、取り出す個数をr個」として同じことを行えばよいのです。

n個からr個取り出す組み合わせの数がkとおりあるものとする

と、各々の組み合わせの内部での並べ方（順列）の数がr！とおりあるので、次に示す考え方となります。

n個からr個取り出す組み合わせの数の公式を求める考え方		
組み合わせNO.	組み合わせ	組み合わせの内部での順列の数
1	ある1つの組み合わせ	r！
2	1とは異なる組み合わせ	r！
3	1、2とは異なる組み合わせ	r！
・	・	
・	・	
・	・	
k	1、2、3、……、k－1とは異なる組み合わせ	r！
	合　　計	k×r！

1からkまで、各組み合わせの内部における順列の数「r！」の合計「k×r！」は、n個からr個取り出す順列の数「$_nP_r$」と等しくなりますので、次式が成立します。

$$k \cdot r！= {}_nP_r = \frac{n！}{(n-r)！}$$

この式を「k＝」の形にすると、

$$k = \frac{n！}{r！(n-r)！}$$

を得ます。

ここで、n個からr個取り出す「組み合わせの数」を $\binom{n}{r}$ と表すことにすると、公式として次式を得ます。

n個の対象物からr個を取り出す組み合わせの数

n個の対象物からr個を取り出す組み合わせの数

$$\binom{n}{r} = \frac{n!}{r!(n-r)!}$$

ちょっと一言

組み合わせの数の公式を求める際に述べましたが、「組み合わせ」と「順列」の次の関係を、はっきりと理解しておきましょう。

n個からr個取り出す「組み合わせ」の1つ1つについて、内部でr!とおりの「順列」がありますから、

$$\binom{n}{r} r! = {}_nP_r$$

という関係があります。実際に計算しますと、

$$\binom{n}{r} r! = \frac{n!}{r!(n-r)!} \times r! = \frac{n!}{(n-r)!} = {}_nP_r$$

となります。

例題2.4

8問中5問解くことを要求されているテストがあります。

(1) 答える方法は何とおりありますか。
(2) 第2問と第5問は、必ず答えるとしたら、答える方法は何とおりありますか。
(3) 最初の4問中、少なくとも3問、答えるとしたら、答える方法は何とおりありますか。

解

(1) 8問から5問抽出する方法ですから

$$\binom{8}{5} = \frac{8!}{5!(8-5)!} = \frac{8!}{5!\,3!} = \frac{6 \cdot 7 \cdot 8}{2 \cdot 3} = 56 とおり。$$

(2) 8問中5問解くことを要求されているので、第2問と第5問は必ず答えなければならないということは、残りの6問（8問−2問＝6）から、3問（5問−2問＝3）答えることです。

$$\binom{6}{3} = \frac{6!}{3!(6-3)!} = \frac{6!}{3!\,3!} = \frac{4 \cdot 5 \cdot 6}{2 \cdot 3} = 20 とおり。$$

ちょっと一言

$\binom{8}{5}$ の計算方法

$$\binom{8}{5} = \frac{8!}{5!\,3!} = \frac{1 \times 2 \times 3 \times 4 \times 5 \times 6 \times 7 \times 8}{1 \times 2 \times 3 \times 4 \times 5 \times 3!} = \frac{6 \times 7 \times 8}{3!}$$

5と3では5のほうが大きいので、まず8！を5！で約して、分子を6・7・8とします。

(3) 場合に分けて考えます。

① 最初の4問中3問答える場合：

最初の4問中、3問答える方法は$\begin{pmatrix} 4 \\ 3 \end{pmatrix}$とおりであり、この$\begin{pmatrix} 4 \\ 3 \end{pmatrix}$とおりの各々に対し、残りの4問（8問－4問＝4）中、2問（5問－3問＝2）答える方法$\begin{pmatrix} 4 \\ 2 \end{pmatrix}$とおりがあるから、最初の4問中、3問答える場合の方法は、

$$\begin{pmatrix} 4 \\ 3 \end{pmatrix}\begin{pmatrix} 4 \\ 2 \end{pmatrix} = \frac{4!}{3!\,1!} \times \frac{4!}{2!\,2!} = 4 \times 6 = 24 \text{とおり}$$

② 最初の4問中4問答える場合：

最初の4問中4問答える方法$\begin{pmatrix} 4 \\ 4 \end{pmatrix}=1$とおりの各々に対して、残りの4問中1問答える方法は、$\begin{pmatrix} 4 \\ 1 \end{pmatrix}$とおりがあるから、最初の4問中4問答える方法は

$$\begin{pmatrix} 4 \\ 4 \end{pmatrix}\begin{pmatrix} 4 \\ 1 \end{pmatrix} = 4 \text{とおり}$$

以上より、最初の4問中少なくとも3問答える方法は、

$$\begin{pmatrix} 4 \\ 3 \end{pmatrix}\begin{pmatrix} 4 \\ 2 \end{pmatrix} + \begin{pmatrix} 4 \\ 4 \end{pmatrix}\begin{pmatrix} 4 \\ 1 \end{pmatrix} = 24 + 4 = 28 \text{とおり}$$

となります。

上の例題の(3)の結果を具体的に示すと、次の表のようになります。〇で囲った数字が答える問題番号です。

●表2-1

　　　　　　　　　　　　　　　　　残りの4問中2問答える方法の数 ─┐

	①	②	③	4	⑤	⑥	7	8	1
	①	②	③	4	⑤	6	⑦	8	2
	①	②	③	4	⑤	6	7	⑧	3
1	①	②	③	4	5	⑥	⑦	8	4
	①	②	③	4	5	⑥	7	⑧	5
	①	②	③	4	5	6	⑦	⑧	6 ◀
	①	②	3	④	⑤	⑥	7	8	
	①	②	3	④	⑤	6	⑦	8	
	①	②	3	④	⑤	6	7	⑧	
2	①	②	3	④	5	⑥	⑦	8	
	①	②	3	④	5	⑥	7	⑧	
	①	②	3	④	5	6	⑦	⑧	
	①	2	③	④	⑤	⑥	7	8	
	①	2	③	④	⑤	6	⑦	8	
	①	2	③	④	⑤	6	7	⑧	
3	①	2	③	④	5	⑥	⑦	8	
	①	2	③	④	5	⑥	7	⑧	
	①	2	③	④	5	6	⑦	⑧	
	1	②	③	④	⑤	⑥	7	8	
	1	②	③	④	⑤	6	⑦	8	
	1	②	③	④	⑤	6	7	⑧	
▶4	1	②	③	④	5	⑥	⑦	8	
	1	②	③	④	5	⑥	7	⑧	
	1	②	③	④	5	6	⑦	⑧	
	①	②	③	④	⑤	6	7	8	1
▶1	①	②	③	④	5	⑥	7	8	2
	①	②	③	④	5	6	⑦	8	3
	①	②	③	④	5	6	7	⑧	4 ◀

　　　　　　　　　　　　　　　残りの4問中1問答える方法の数 ─┘

└── 最初の4問中3問答える方法の数
└── 最初の4問中4問答える方法の数

2 順列・組み合わせ

組み合わせに関した簡単な公式

組み合わせに関して、次の2つのことを覚えておくと便利です。

n個の対象物から1個を取り出す組み合わせの数

$$\binom{n}{1} = \binom{n}{n-1} = n$$

例

$$\binom{10}{1} = 10 \qquad \binom{24}{1} = 24$$

$$\binom{9}{8} = 9 \qquad \binom{100}{99} = 100$$

n個の対象物からk個を取り出す組み合わせの数

$$\binom{n}{k} = \binom{n}{n-k}$$

例

$$\binom{5}{3} = \binom{5}{2} \qquad \binom{25}{10} = \binom{25}{15}$$

例2.5

次のような「日本のプロ野球選手」と「大リーグの選手」の9人で、バッティングオーダー（打順）を構成するものとします。

　　日本　　：イチロー、松井、高橋由伸
　　米国　　：マグワイアー、グリフィー、ピアッツア、
　　　　　　　グウィン
　　ドミニカ：ソーサ、ラミレス

(1) 2番と6番は日本の選手でなければならないとしたら、何とおりのバッティングオーダーが作れますか。

(2) 2番と6番は日本の選手、4番と5番は米国の選手でなければならないとしたら、何とおりのバッティングオーダーが作れますか。

(3) クリーンアップ（3番、4番、5番）は、3つの国の選手が1人ずつ占めなければならないとしたらバッティングオーダーは何とおり作れますか。

解

(1) まず3人の日本人選手から、2番と6番の2人を選ぶ方法は $\binom{3}{2}$ とおりあり、選んだ2人を2番と6番に割り振る方法は2!とおりです。3人の日本人選手を2番と6番に割り振る方法は $\binom{3}{2} \times 2!$ とおりです。

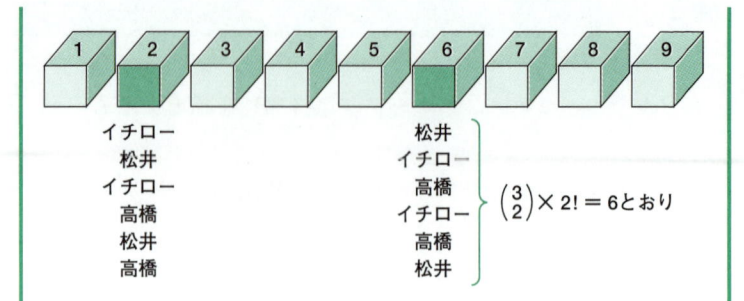

1	2	3	4	5	6	7	8	9

2番	6番
イチロー	松井
松井	イチロー
イチロー	高橋
高橋	イチロー
松井	高橋
高橋	松井

$\binom{3}{2} \times 2! = 6$ とおり

次に、残りの選手の並べ方を考えます。

例えば、日本の選手の中から、イチローが2番、松井が6番と決められたとき、残りの7つの打順に残る7人の選手を並べる方法は、7！とおりです。

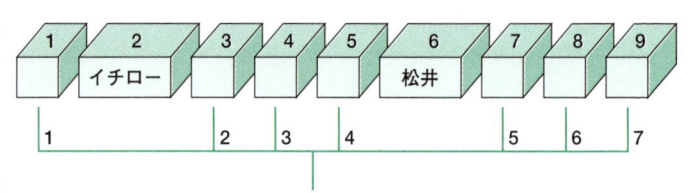

イチロー、松井以外の7人の選手を、残りの7つの打順に並べる方法は7！とおり

これより、日本人選手2人を2番と6番におく $\binom{3}{2} 2!$ の各方法について、残りの7人の選手を並べる方法が7！とおりあるから、全部あわせると、

$$\binom{3}{2} \times 2! \times 7! = 30,240 \text{ とおり}$$

(2) 2番と6番に日本人選手を割り振る方法$\binom{3}{2}2!$とおりの各々に対して、米国人選手を4番と5番に割り振る方法が$\binom{4}{2}2!$とおりです。したがって、日本人選手を2番と6番、米国人選手を4番と5番に割り振る方法は、$\binom{3}{2}2!・\binom{4}{2}2!$とおりあることになります。

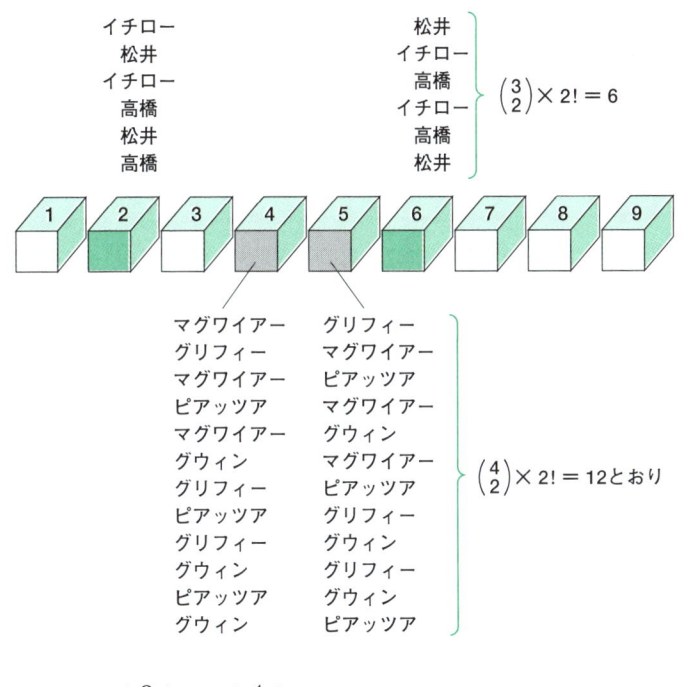

イチロー	松井
松井	イチロー
イチロー	高橋
高橋	イチロー
松井	高橋
高橋	松井

$\binom{3}{2} \times 2! = 6$

| 1 | 2 | 3 | 4 | 5 | 6 | 7 | 8 | 9 |

マグワイアー	グリフィー
グリフィー	マグワイアー
マグワイアー	ピアッツア
ピアッツア	マグワイアー
マグワイアー	グウィン
グウィン	マグワイアー
グリフィー	ピアッツア
ピアッツア	グリフィー
グリフィー	グウィン
グウィン	グリフィー
ピアッツア	グウィン
グウィン	ピアッツア

$\binom{4}{2} \times 2! = 12$とおり

この$\binom{3}{2}2!・\binom{4}{2}2!$とおりの各々に対して、残りの5選手を2番、6番、4番、5番以外の5つの打順に並べる方

法が5！とおりあるから、全部あわせると、

$$\binom{3}{2}2!\binom{4}{2}2!5! = 8,640 とおり$$

の方法があることになります。

(3) 3番、4番、5番に3つの国籍を並べる方法は、3！とおりです。

いま、国籍を、

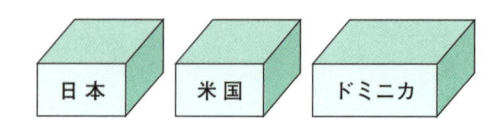

[日本] [米国] [ドミニカ]

の順に並べるクリーンアップを考えてみます。日本の起こり方は、3人から1人選ぶから$\binom{3}{1}$とおりであり、同様に、米国の起こり方は$\binom{4}{1}$とおり、ドミニカの起こり方は$\binom{2}{1}$とおりです。「3つ以上の実験の起こり方」を使って、上のように、国籍を固定したときの起こり方は、$\binom{3}{1}\binom{4}{1}\binom{2}{1}$とおりになります（次図）。

国籍の並べ方の3！とおりの各々に対して$\binom{3}{1}\binom{4}{1}\binom{2}{1}$とおりの方法があるから、クリーンアップに3つの国の選手を1人ずつ割り振る方法は、$3!\binom{3}{1}\binom{4}{1}\binom{2}{1}$

| 3 | 4 | 5 |
| 日 本 | 米 国 | ドミニカ |

イチロー	マグワイアー	ソーサ
イチロー	マグワイアー	ラミレス
イチロー	グリフィー	ソーサ
イチロー	グリフィー	ラミレス
イチロー	ピアッツア	ソーサ
イチロー	ピアッツア	ラミレス
イチロー	グウィン	ソーサ
イチロー	グウィン	ラミレス
松井	マグワイアー	ソーサ
松井	マグワイアー	ラミレス
松井	グリフィー	ソーサ
松井	グリフィー	ラミレス
松井	ピアッツア	ソーサ
松井	ピアッツア	ラミレス
松井	グウィン	ソーサ
松井	グウィン	ラミレス
高橋	マグワイアー	ソーサ
高橋	マグワイアー	ラミレス
高橋	グリフィー	ソーサ
高橋	グリフィー	ラミレス
高橋	ピアッツア	ソーサ
高橋	ピアッツア	ラミレス
高橋	グウィン	ソーサ
高橋	グウィン	ラミレス

$\binom{3}{1} \times \binom{4}{1} \times \binom{2}{1} = 24$ とおり

とおりです。この方法の各々に対して、残りの6人の選手をクリーンアップ以外の6つの打順に並べる方法が6！とおりあるから、全部で、

$$3! \binom{3}{1}\binom{4}{1}\binom{2}{1} \times 6! = 103,680 \text{とおり}$$

あることになります。

3章 確率

3-1

標本空間と事象

　ここでは、確率の基礎知識から説明を始めます。最初に集合とは何かということについて、次に標本空間と事象について説明しましょう。

集合とは

物の集まりを集合といいます。

集合の表し方

　たとえば、a、b、c、dの4つの対象物からなる集合を
　　　{a, b, c, d}
のように表します。

- **「集合は、要素を記す順番には関係しません」**

　　たとえば、a、b、c、dを含む集合は、a、b、c、dを含んでいれば、どれも等しくなります。
　　　{a, b, c, d}＝{b, c, a, d}＝{d, c, a, b}

- **「同じ要素は、2回以上書きません」**

　　したがって、次の表記はいずれも間違いです。
　　　{a, b, a, d}、{2, 4, 8, 8, 10}、
　　　{巨人, 阪神, 中日, 阪神, 巨人, 阪神}

● **「要素が多いときは {x| xの性質} で表します」**

たとえば、1から100までの5の倍数をすべて列挙すると、
{5, 10, 15, 20, 25, 30, 35, 40, 45, 50, 55, 60, 65, 70, 75, 80, 85, 90, 95, 100}

のように表せますが、要素の数が多すぎて読みづらくなります。そこで、要素の数が多いときは、{x | xの性質} の形で表すことができます。

{x | xは5の倍数, 1≦x≦100}
{x | x=5d, d=1, 2, ……, 20}

標本空間

実験の起こりうるすべての結果を集めた集合を標本空間といい、通常Sで表します。

◎標本空間の例
(1)「サイコロを1回振る実験の標本空間」

1の目、2の目、……、6の目のいずれかが出るから、
S={1, 2, 3, 4, 5, 6}
となります。

ここで、注意することは、Sの要素である「1, 2, ……, 6」は「数字」ではなく、「起こっている現象」を表しているということです。したがって、

$$S = \left\{ \boxed{\cdot}, \boxed{\cdot\cdot\cdot}, \boxed{\cdot\cdot\cdot}, \boxed{::}, \boxed{:\cdot:}, \boxed{:::} \right\}$$

とした方がより具体的です。

(2) 「コインを3回投げる実験の標本空間」

コインの表を「H」、裏を「T」と表してみましょう（英語で表をHead、裏をTailといいます）。

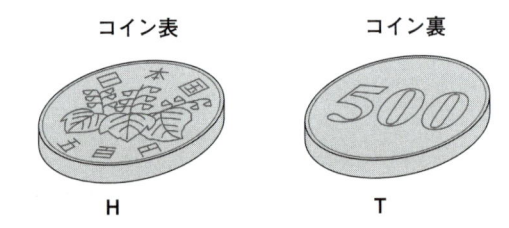

コイン表　　コイン裏

H　　　　T

1回投げるごとに、HかTのいずれかが出るから、3回投げると、次の8つの結果のいずれかが起こります。

●表3-1

1回	2回	3回
H	H	H
H	H	T
H	T	H
T	H	H
H	T	T
T	H	T
T	T	H
T	T	T

標本空間は、
　　S＝{HHH, HHT, HTH, THH, HTT, THT, TTH, TTT}
と表されます。

(3) 「コインを表が出るまで投げ続ける実験の標本空間」

ただし、「表」が出なくても、5回で打ち切るものとします。

たとえば、3回目にはじめて「表」が出る場合は、最初の2回が「裏」で、3回目が「表」ですから「TTH」と表すことができます。

　　S＝{H, TH, TTH, TTTH, TTTTH, TTTTT}

(4) 「コインとサイコロを同時に投げる実験の標本空間」

たとえば、コインが「裏」で、サイコロの「4」の目が出たときは、「T4」と表すことができます。

ちょっと一言

「並べる順序」
　Sの集合を書くときの順番ですが、
　　　表が3回出るときの結果：HHH
　　　表が2回出るときの結果：HHT、HTH、THH
　　　表が1回出るときの結果：HTT、THT、TTH
　　　表が0回出るときの結果：TTT
の順で並べるのが一般的です。

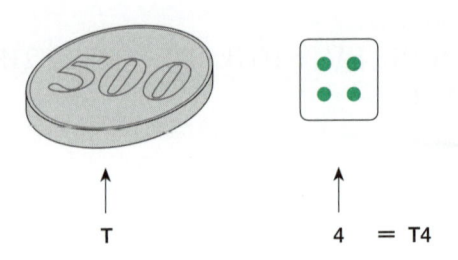

$$S = \{H1,\ H2,\ H3,\ H4,\ H5,\ H6,\ T1,\ T2,\ T3,\ T4,\ T5,\ T6\}$$

(5) 「サイコロを2回投げる実験の標本空間」

実験の結果を、

$$(i,\ j)$$
　　↑　↑
　　1回目の値、2回目の値

と表すと、Sは36個の要素からなる集合になります。最初に1回目の結果、次に2回目の結果というように、順番が決まっているので、要素を「(,)」で表します。

$$\begin{aligned}
S = \{ &(1,1),\ (1,2),\ (1,3),\ (1,4),\ (1,5),\ (1,6), \\
&(2,1),\ (2,2),\ (2,3),\ (2,4),\ (2,5),\ (2,6), \\
&(3,1),\ (3,2),\ (3,3),\ (3,4),\ (3,5),\ (3,6), \\
&(4,1),\ (4,2),\ (4,3),\ (4,4),\ (4,5),\ (4,6), \\
&(5,1),\ (5,2),\ (5,3),\ (5,4),\ (5,5),\ (5,6), \\
&(6,1),\ (6,2),\ (6,3),\ (6,4),\ (6,5),\ (6,6) \}
\end{aligned}$$

あるいは、

$$S = \{(i,\ j)\ |\ i,\ j = 1,\ 2,\ 3,\ 4,\ 5,\ 6\}$$

＊補足：空間というと、何も含んでいないかたまりという感じを受けますが、「標本空間」は、上の例で示したように「集合」です。

これまで、実験のすべての可能な結果を表す点の集合のことを標本空間といい、集合を構成するものを要素という言葉を使ってきましたが、標本空間に対しては「標本点」という言葉が使われますので、説明しましょう。

> **標本点**
> 標本空間の1つ1つの要素を標本点（あるいは、略して、単に「点」ということもある）といいます。

事象

> 標本空間の標本点を集めた集合を事象といいます。

標本空間は起こりうるすべての結果を集めたものですから、全事象（全体集合）ともいえます。事象の要素は、すべて標本空間に含まれるので、事象は標本空間の一部分（部分集合）となります。

事象は通常、アルファベットの大文字で表します。では、事象の例を紹介しましょう。

◎事象の例
・「サイコロを1回振る実験」の場合
　　　A：偶数の目が出る事象
　　　B：奇数の目が出る事象
とすると、
　　　A＝{2, 4, 6}
　　　B＝{1, 3, 5}
となります。

・「コインを3回投げる実験」の場合
　　　A：「表」がちょうど2回出る事象
　　　B：「表」が少なくとも2回出る事象
　　　C：「表」と「裏」が交互に出る事象
　　　D：3回とも同じ結果が出る事象
とすると、
　　　A＝{HHT, HTH, THH}
　　　B＝{HHH, HHT, HTH, THH}
　　　C＝{HTH, THT}
　　　D＝{HHH, TTT}
となります。

・「サイコロを2回振る実験」の場合
　　　A：1回目の結果が4である事象
　　　B：2つのサイコロの目の値の和が6である事象
とすると、
　　　A＝{(4, 1), (4, 2), (4, 3), (4, 4), (4, 5), (4, 6)}
　　　B＝{(1, 5), (2, 4), (3, 3), (4, 2), (5, 1)}

となります。

Aが起こるとは？

実験を行い、「事象A」に含まれる標本点のいずれかが結果として生ずるとき、「Aが起こる」といいます。以下に2つの例を示します。

(1) サイコロを振る実験で、「A：偶数の目が出る事象」とします。

このとき、サイコロを振って4の目が出たとき、「Aが起こった」といいます。

事象　A＝{2,4,6}
事象　B＝{1,3,5}

→ ……… 「Aが起こった」という

（実験の結果4が出た）

(2) コインを3回投げる実験で、「B：表がちょうど2回出る事象」とします。

この実験を行い、THHであったとき、「Bが起こった」といいます。

事象の和

「事象A」と「事象B」が定義されているとき、AとBのいずれか、あるいは両方に含まれる点の集合を、事象Aと事象Bの和といい、「A∪B」と表します。（少なくともAまたはBが起こる）

◎事象の和の例
- **「コインを3回投げる実験」の場合**
　　A：1回目が「表」である事象
　　B：結果が交互に出る事象
とすると、
　　A＝{HHH, HHT, HTH, HTT}
　　B＝{HTH, THT}
であり、
　　事象の和　A∪B＝{HHH, HHT, HTH, HTT, THT}
となります。

点「HTH」は、AにもBにも含まれますが、集合では同じ要素は2回以上は書かないので、「A∪B」には、「HTH」は1回しか書きません。

「A∪B」を求めるのに、順番はどうでも構わないのですが、通常は、Aの点を書き、次に、Aには属さないBの点を書くのが良いでしょう。

- **「サイコロを2回振る実験」の場合**
　　A：1回目の目の値が5である事象

B：2回目の目の値が5である事象
とすると、
　　A＝{(5, 1), (5, 2), (5, 3), (5, 4), (5, 5), (5, 6)}
　　B＝{(1, 5), (2, 5), (3, 5), (4, 5), (5, 5), (6, 5)}
ですから、
　　事象の和　A∪B＝{(5, 1), (5, 2), (5, 3), (5, 4),
　　　　　　　　　　　(5, 5), (5, 6), (1, 5), (2, 5),
　　　　　　　　　　　(3, 5), (4, 5), (6, 5)}
となります。(5, 5) は、AとBの両方に含まれていますが、「A∪B」では1回しか書きません。

　意味的には、「A∪B」は、「少なくともどちらかの回数で5が出る事象」ということができます。

　以上より、動的な意味では、**事象の和A∪Bは、AとBの少なくともどちらかが起こる事象**であるということができます。

事象の積

　事象Aと事象Bの両方に含まれる点の集合を、事象Aと事象Bの積といい、ABと表します。(AとBが同時に起こる)

◎事象の積の例
・**「コインを3回投げる実験」の場合**
　　A：2回目が「表」である事象
　　B：「表」がちょうど2回出る事象
とすると、
　　A＝{HHH, HHT, THH, THT}

B＝{HHT, HTH, THH}
となります。事象の積は、AとBの共通な点を選んで、
　　　事象の積　AB＝{HHT, THH}
を得ます。

・「サイコロを2回振る実験」の場合

　　　A：1回目の目の値が5である事象
　　　B：2回目の目の値が5である事象
とすると、
　　　A＝{(5, 1), (5, 2), (5, 3), (5, 4), (5, 5), (5, 6)}
　　　B＝{(1, 5), (2, 5), (3, 5), (4, 5), (5, 5), (6, 5)}
となります。事象の積は、AとBの共通な点を選んで、
　　　事象の積　AB＝{(5, 5)}
となります。この場合、ABは、「2回とも5である事象」となります。

　動的な意味では、**事象の積ABは、AとBが同時に起こる事象**ということができます。

　多くの解説書では、AとBの積をA∩Bと表していますが、複数の事象の演算では、A∩Bと表すと、∪や∩が入り交じり、わけが分からなくなります。そこで本書では、事象の積を「AB」と表します。

余事象

　事象Aが決して起こらない事象を事象Aの余事象といい、A′で表します。

　A′は、標本空間Sの点のうち、Aに含まれない点の集合となります。(Aは起こらない)

◎余事象の例
・**「サイコロを振る実験」の場合**
　　　A：偶数の目が出る事象
　とすると、
　　　起こりうるすべての結果(標本空間)　S＝{1,2,3,4,5,6}
　　　事象　A＝{2, 4, 6}
　ですから、余事象A′は、Aに含まれない標本空間Sの点を選んで、
　　　A′＝{1, 3, 5}
　となります。これより、余事象A′は「奇数の目が出る事象」となります。

空事象

　決して起こらない事象を空事象といいます。
　空事象は、その中に何も含まない事象であり、一般にギリシャ文字の「ϕ(ファイ)」で表します。
　何も含まないので { } と表すこともあります。

◎空事象の例
- **「コインを3回投げる実験」の場合**
    A:「表」がちょうど2回出る事象
    B:「表」がちょうど1回出る事象
とすると、
    A={HHT, HTH, THH}
    B={HTT, THT, TTH}
であり、AとBには共通の点がないので、AB=ϕであり、事象ABは空事象となります。

- **「コインを3回投げる実験」の場合**
    A:表が4回出る事象
とすると、Aは決して起こらないので、空事象となります。

単一事象

標本空間の標本点1つからなる集合を単一事象といいます。
 実験を行い、標本空間Sがn個の標本点から構成されるとき、Sは標本空間(起こりうるすべての結果)ですから、必ず起こり、また、n個の単一事象のいずれか1つが、必ず起こります。

◎単一事象の例
(1) **「サイコロを振る実験」の場合**
    標本空間を、
    S={1, 2, 3, 4, 5, 6}
とすると、{1}、{2}、{3}、{4}、{5}、{6}は単一事象です。

〔　〕で囲いましたから、上記の6つはそれぞれが単一事象になります。〔　〕で囲まないと、単なる点になります。いま、サイコロを振って、5の目が出たとき、事象〔5〕が起こったことになります。

排反

実験を行うとき、AとBは同時に起こることがないとき、AとBは排反であるといいます。

AとBが同時に起こることはないということは、AとBは共通の点を含んでないということです。AとBが排反のとき、事象の積ABは、空事象、すなわち、AB＝ϕとなります。

◎排反事象の例
・**「コインを3回投げる実験」の場合**
　　A：1回目が「表」である事象
　　B：1回目が「裏」である事象
とすると、
　　A＝{HHH, HHT, HTH, HTT}
　　B＝{THH, THT, TTH, TTT}
となります。このとき、AとBには共通な点がないので、AとBは同時には起こりません。ABは空事象（AB＝ϕ）ですから、AとBは排反です。また、
　　C：「表」がちょうど2回出る事象
　　D：「裏」がちょうど2回出る事象

とすると、
　　C＝{HHT, HTH, THH}
　　D＝{HTT, THT, TTH}
となります。CとDには共通な点がないので、CとDは同時には起こりません。CDは空事象（CD＝ϕ）ですから、CとDは排反です。

・「サイコロを2回振る実験」の場合

　　A：1回目の目の値が1である事象
　　B：1回目と2回目の目の値の和が8である事象
とすると、
　　A＝{(1, 1), (1, 2), (1, 3), (1, 4), (1, 5), (1, 6)}
　　B＝{(2, 6), (3, 5), (4, 4), (5, 3), (6, 2)}
となります。AとBには共通な点がないので、同時には起こりません。AB＝ϕより、AとBは排反です。

ベン図

「事象の和」、「事象の積」、「排反」などや、また、これから説明する複数の事象の演算には、「ベン図」を利用すると理解の助けになります。

複雑そうな演算もベン図を描くことで簡単に整理できますので、ぜひ慣れておきましょう。

では、ベン図を説明いたします。

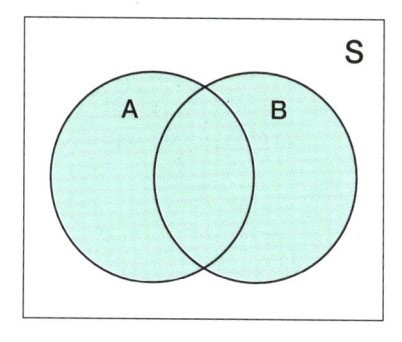

事象の和　A∪B

A∪B

事象の積　AB

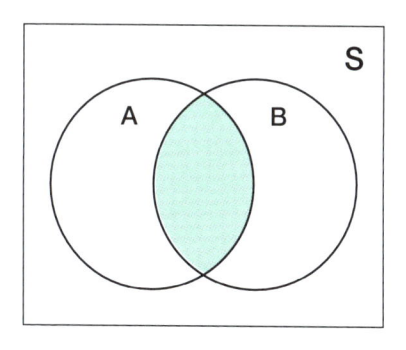

AB

排反 $AB = \phi$

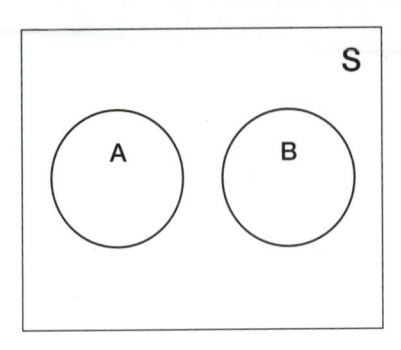

$AB = \phi$

余事象 A'

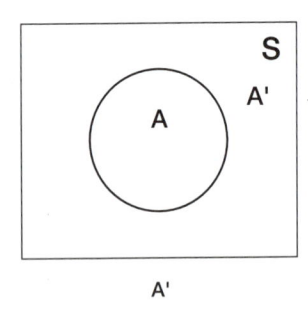

A' あるいは A'

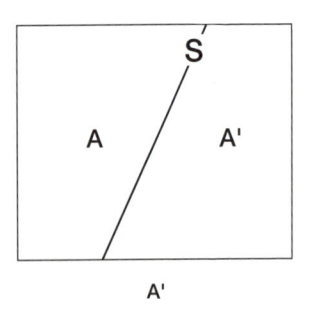

3-2 事象の演算法則

それでは、事象を使った演算のきまりを学びましょう。

演算の基本式

最初の6つの公式は、事象の和、事象の積の定義から明らかですが、しっかり頭に入れておきましょう。

和の基本式

◎和の基本式①

$$A \cup A = A$$

事象Aと事象Aの和はAになります。集合の要素は、同じ要素は1回しか書けないので、上式は明らかでしょう。

たとえば、A＝{a, b, c, d, e} とすると、

$$A \cup A = \{a, b, c, d, e\} \cup \{a, b, c, d, e\} = \{a, b, c, d, e\} = A$$

となります。

◎和の基本式②

$$A \cup S = S$$

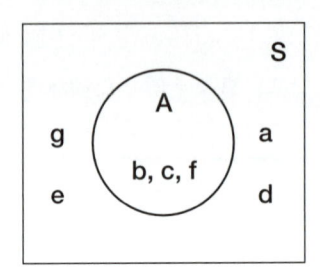

$A \cup S = S$

事象Aは標本空間S（起こりうるすべての結果）に含まれるので、上式は明らかでしょう。

たとえば、
 標本空間$S = \{a, b, c, d, e, f, g\}$
 事象$A = \{b, c, f\}$
とすると、同じ要素は1回しか書けないので、
$$A \cup S = \{a, b, c, d, e, f, g\} \cup \{b, c, f\}$$
$$= \{a, b, c, d, e, f, g\} = S$$

◎和の基本式③

$$A \cup A' = S$$

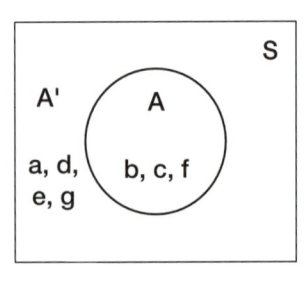

$A \cup A' = S$

余事象A′は、事象Aに含まれない標本空間Sの点から成り立つので、上式は明らかでしょう。

たとえば、
　　標本空間S＝{a, b, c, d, e, f, g}
　　事象A＝{b, c, f}
とすると、余事象A′＝{a, d, e, g} であり、
　　A∪A′＝{b, c, f}∪{a, d, e, g}
　　　　　＝{b, c, f, a, d, e, g}＝S
となります。

積の基本式

◎積の基本式①

$$AA = A$$

$$\begin{pmatrix}A\\a,b,c\end{pmatrix} \times \begin{pmatrix}A\\a,b,c\end{pmatrix} = \begin{pmatrix}A\\a,b,c\end{pmatrix}$$

　　A ・ A ＝ A
　　AとAの共通の点

事象Aと事象Aの共通の点はAの点ですから、上式が成り立つのは明らかでしょう。

たとえば、
　　A＝{a, b, c, d, e}
とすると、
　　AA＝{a, b, c, d, e}{a, b, c, d, e}
　　　　＝{a, b, c, d, e}＝A
となります。

◎積の基本式②

$$AS = A$$

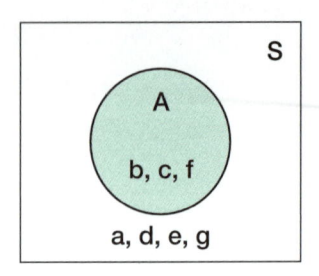

AS = A

事象Aの点はすべて標本空間Sに含まれるので、AとSの共通の点はAの点になります。

たとえば、
　　S＝{a, b, c, d, e, f, g}
　　A＝{b, c, f}
とすると、
　　AS＝{b, c, f}{a, b, c, d, e, f, g}＝{b, c, f}＝A
となります。

◎積の基本式③

$$AA' = \phi$$

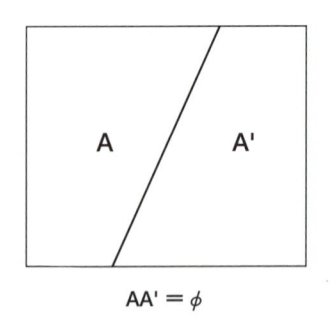

AA' = ϕ

余事象A′は、事象Aに含まれない標本空間Sの点からなる集合ですから、AとA′には共通な点は存在しません。

　　S＝{a, b, c, d, e, f, g}
　　A＝{b, c, f}

とすると、余事象A′＝{a, d, e, g}であり、

　　AA′＝{b, c, f}{a, d, e, g}＝ϕ

となります。

交換法則

　集合の要素は、並べる順番には関係しないので、2つあるいは3つの事象の間に、次に示す交換法則の式が成り立ちます。

◎和の交換法則

$$A \cup B = B \cup A$$

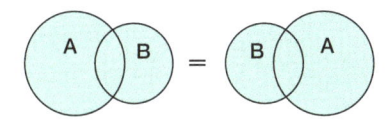

◎積の交換法則

$$AB = BA$$

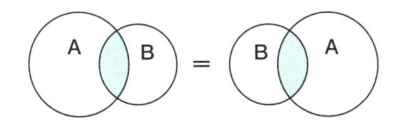

結合法則

実数a、b、cの間では、$(a+b)+c=a+(b+c)$ および $(ab)c=a(bc)$ の結合法則が成り立ちます。同じように事象の間にも、結合法則の関係が成り立ちます。

◎和の結合法則

$$(A \cup B) \cup C = A \cup (B \cup C)$$

（AとBの和事象）とCの和は、Aと（BとCの和事象）の和に等しいことを意味しています。

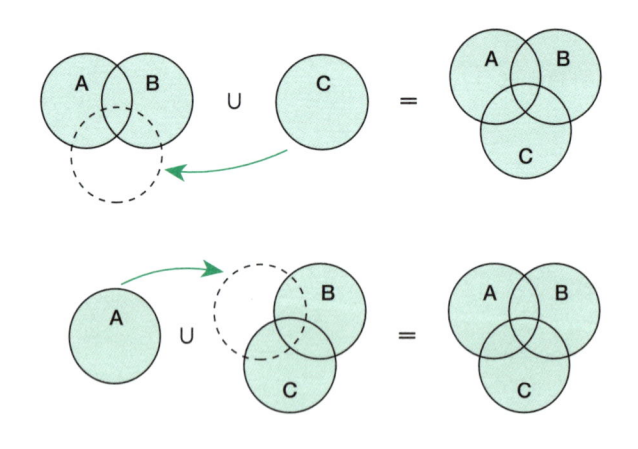

◎積の結合法則

$$(AB)C = A(BC)$$

(AとBの積事象)とCの積事象は、Aと(BとCの積事象)の積に等しいことを意味しています。

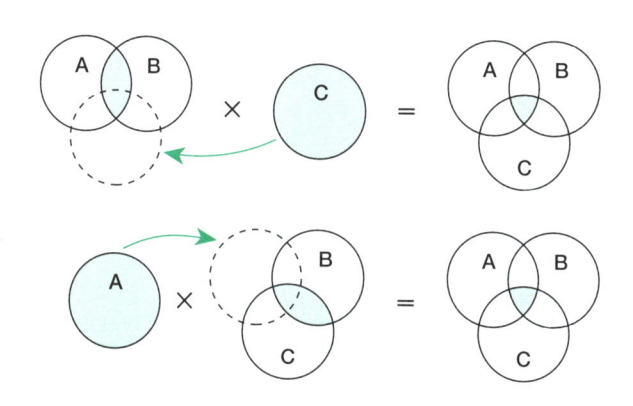

分配法則

分配法則については、次の2つがあります。

分配法則(1)
$$(A \cup B)C = AC \cup BC$$

(AとBの和事象)とCの積事象は、(AとCの積事象)と(BとC

の積事象)の和事象に等しいことを意味しています。実数a、b、cの間の $(a+b)c = ac+bc$ と同じような関係であり、覚えやすいでしょう。

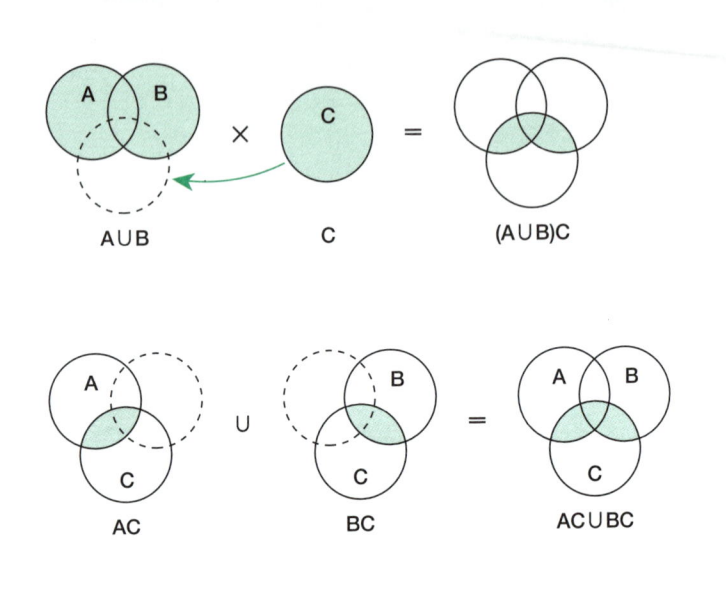

[図: $(A \cup B) \times C = (A \cup B)C$]

[図: $AC \cup BC = AC \cup BC$]

> **分配法則(2)**
> $AB \cup C = (A \cup C)(B \cup C)$

この関係は、覚えにくい式であり、覚える必要はありません。ただし、式の展開で、右辺から左辺へ導けるようになってください（展開方法は後述します）。

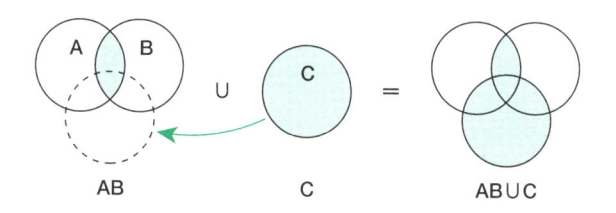

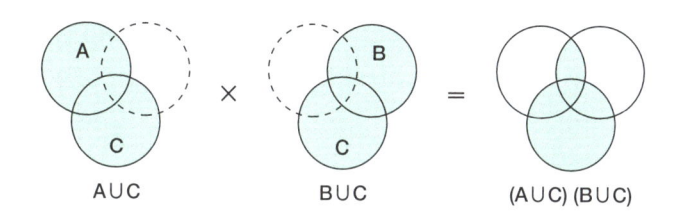

AB ∪ C

(A∪C) × (B∪C) = (A∪C)(B∪C)

分配法則

$AB \cup C = (A \cup C)(B \cup C)$
$BC \cup D = (B \cup D)(C \cup D)$
$CD \cup E = (C \cup E)(D \cup E)$

3-3 演算の基本式

次の式は、事象の演算で、これからもよく使う非常に重要な式です。必ず使いこなせるようにしましょう。

演算の重要な基本式　A∪AB＝A

> 演算の基本式
> A∪AB＝A

ABの点はすべてAに含まれるので、上式は明らかでしょう。
次のベン図で成り立つことを確認してください。

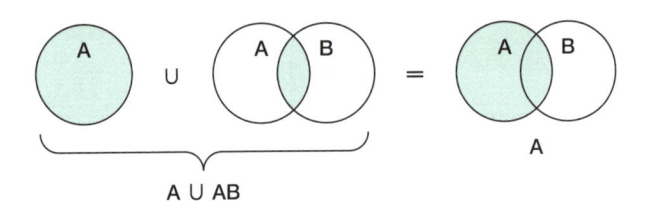

たとえば、
　A＝{a, b, c, d, e}、B＝{d, e, f, g}
とすると、
　AB＝{d, e}
であり、
　A∪AB＝{a, b, c, d, e}∪{d, e}＝{a, b, c, d, e}＝A
となります。

◎演算例

演算の基本式を用いて、分配法則(2)「$AB \cup C = (A \cup C)(B \cup C)$」について、右辺から左辺を導いてみましょう。

最初に、実数の演算の展開式「$(a+c)(b+c) = ab + ac + bc + c^2$」と全く同じ様に、$(A \cup C)(B \cup C)$ を展開します。

$$(A \cup C)(B \cup C) = AB \cup AC \cup BC \cup CC$$
$$\cdots\cdots \quad (\because \quad CB = BC)$$

ここで、「$\because$」は、「なぜならば」という数学表現です。なお、「$\therefore$」は「ゆえに」という数学表現です。

$CC = C$（積の基本式(1)）ですから、

$$(A \cup C)(B \cup C) = AB \cup \underbrace{AC \cup BC \cup C}_{注目}$$

となります。ここで、上式右辺の「$AC \cup BC \cup C$」に注目してください。

$$\underline{AC \cup BC} \cup C = (A \cup B)C \cup C$$
$$\cdots\cdots \quad （Cでくくり出します）$$

です。ここで、「$A \cup B = D$」とおけば、上式は、

$$DC \cup C$$

となります。これは、演算の基本式（$A \cup AB = A$）より「C」になります。

したがって、

$$(A \cup C)(B \cup C) = AB \cup C$$

を得ます。

◎演算の基本式の変形

演算の基本式は、とても重要な式ですから、「$A \cup AB = A$」の

形の変形に慣れておきましょう。

(a) A∪AB∪ABC＝A
(b) ABC∪ABCD＝ABC
(c) ABCD∪BC＝BC

（a）は、「AB∪ABC」の部分を「A」でくくりだして、A∪A(B∪BC)の形にし、「D＝B∪BC」とおけば、「A∪AD」という形になりますから、演算の基本式より「A」になります。

(b) は、(ABC)∪(ABC)Dの形にして、「E＝ABC」とおけば、「E∪ED」という形になりますから演算の基本式より、「E」になり、E＝ABCになります。

(c) は、BCを括弧でくくり、A(BC)D∪(BC) の形にし、(BC)AD∪(BC) にします。「E＝BC」、「F＝AD」とおけば、「EF∪E＝E∪EF」という形になりますから、演算の基本式より「E∪EF＝E」になり、E＝BCになります。

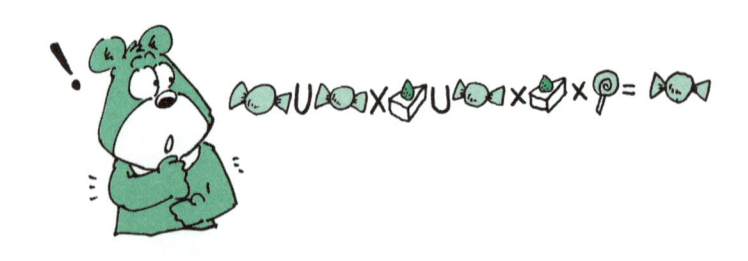

ちょっと難しいかな

なぜ、AとBの積事象を一般的に用いられているように$A \cap B$と表さずに、本書ではABと表したかについて説明しましょう。

たとえば、次の演算を考えてみましょう。

$$[A \cup (B \cap C)] \cap [(A \cap B) \cup C] \cap [(A \cap C) \cup (A \cap B)]$$

一見しただけでは、∪や∩が入り交じりわけが分かりません。これを∩を用いずに書き直すと

$$(A \cup BC)(AB \cup C)(AC \cup AB)$$

となり、ずいぶん、すっきりします。

では、実際に展開してみましょう。見やすさを比べてください。

最初に、第1項と第2項を展開しましょう。

$$(A \cup BC)(AB \cup C) = AAB \cup AC \cup BCAB \cup BCC$$

ここで、

$$AAB = AB \quad BCAB = ABBC = ABC \quad BCC = BC$$

ですから、

$$(A \cup BC)(AB \cup C) = AB \cup AC \cup ABC \cup BC$$

となります。さらに、上式右辺の$ABC \cup BC$の部分は、次の計算によりBCになります。

$$ABC \cup BC = A(BC) \cup (BC) = BC$$

　　　　　　　　　　　(∵　$A \cup AB = A$という演算の基本式を用いた)

よって、

$$(A \cup BC)(AB \cup C) = AB \cup AC \cup BC$$

を得ます。これより、$(A \cup BC)(AB \cup C)(AC \cup AB)$は次のように展開できます。

$$(A \cup BC)(AB \cup C)(AC \cup AB) = (AB \cup AC \cup BC)(AC \cup AB)$$

$$= AABC \cup AABB \cup AACC \cup AABC \cup ABCC \cup ABBC$$

$$= ABC \cup AB \cup AC \cup ABC \cup ABC \cup ABC = AB \cup AC \cup ABC$$

$$= AB \cup AC \quad\quad\quad (∵\ \ AC \cup ABC = (AC) \cup (AC)B = AC)$$

このように、∩を用いるとわけが分からなかった演算が、本書の表記法を用いると、楽に演算することができます。

例3.1

コインを4回投げる実験を行うものとします。ここで、事象を次のように定義します。

 A：1回目が「表」である事象
 B：最初の3回のうち、「表」が2回である事象
 C：「表」がちょうど2回出る事象

このとき、AB、AC、BC、ABCを求めなさい。

考え方

標本空間の標本点は、4回投げるので4つの空箱を考えると、

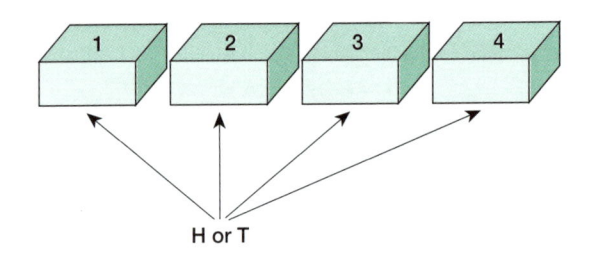

各箱には、HかTのどちらかが入ります。各箱を実験と考えると、各実験の起こり方は、2とおりですから、3つ以上の実験の起こり方（第2章）より、全部で2×2×2×2＝16とおりの起こり方があります。

これより、標本空間は、2×2×2×2＝16個の標本点からなることが分かります。実際、それらは、

 表が4回の点：HHHH
 表が3回の点：HHHT、HHTH、HTHH、THHH

表が2回の点：HHTT、HTHT、HTTH、THHT、
　　　　　　　　THTH、TTHH
　　表が1回の点：HTTT、THTT、TTHT、TTTH
　　表が0回の点：TTTT
で与えられます。これより、標本空間は、
　　S＝{HHHH, HHHT, HHTH, HTHH, THHH,
　　　　HHTT, HTHT, HTTH, THHT, THTH, TTHH,
　　　　HTTT, THTT, TTHT, TTTH, TTTT}
となります。
　各事象は、
　　A＝{HHHH, HHHT, HHTH, HTHH, HHTT,
　　　　HTHT, HTTH, HTTT}
　　B＝{HHTH, HTHH, THHH, HHTT, HTHT,
　　　　THHT}
　　C＝{HHTT, HTHT, HTTH, THHT, THTH, TTHH}
となります。
　では、AB、AC、BCを求めてみましょう。
　ABを求めるには、AよりBのほうが点が少ないので、まずBの点を1つずつさらっていき、それがAに含まれているかどうかを調べるといいでしょう。
　　AB＝{HHTH, HTHH, HHTT, HTHT}
　同様に、ACを求めるには、Cの点を1つずつさらっていき、それがAに含まれているかどうかを調べます。
　　AC＝{HHTT, HTHT, HTTH}
　BCは次のようになります。
　　BC＝{HHTT, HTHT, THHT}
　次に、ABCを求めましょう。ABとC（あるいは、ACと

B、あるいはBCとA）の共通する点を求めてもよいのですが、ABとACの積事象は、ABAC＝ABCとなります。

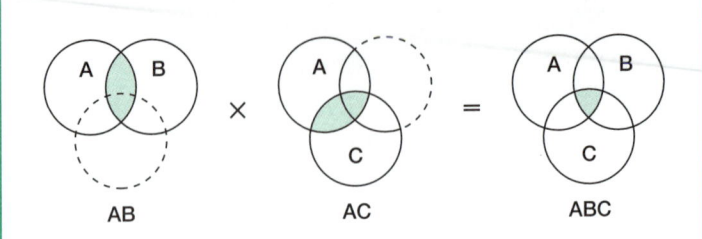

AB × AC = ABC

同様に、ABとBCの積事象はABBC＝ABC、ACとBCの積事象はACBC＝ABCですから、こちらの方を利用したほうが簡単です。ABより、ACとBCの点のほうが少ないので、ここでは、ACとBCの積事象を求めてみましょう。

ACBC＝ABC＝{HHTT, HTHT}

A∪B∪Cと8つの排反事象

A、B、Cの和事象「A∪B∪C」は、7つの排反事象の和に変換されます。さらに、「A∪B∪C」の外の事象「A′B′C′」と合わせると、標本空間Sは互いに排反である8つの事象に分割されます。

次の図で、たとえば、「A′BC′」と表示されている部分（事象）については、ここに含まれている点は、Aに含まれず（A′に含まれる）かつBに含まれ、かつCに含まれない（C′に含まれる）ので、A′BC′に含まれることになります。他のそれぞれの部分（事象）についても、同じように表されますので、一つ一つ比較してみてください。

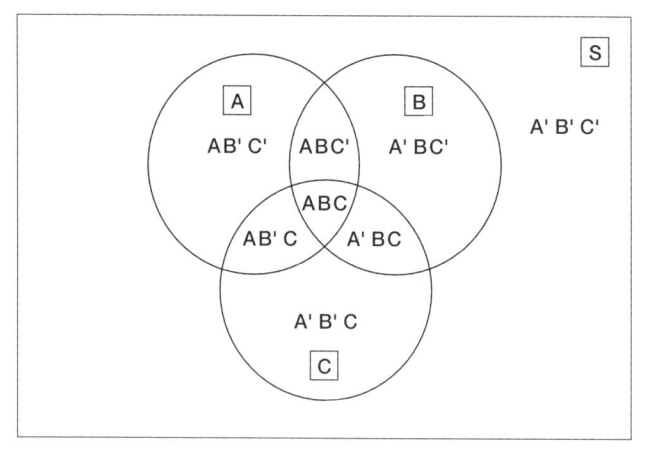

S ＝ ABC∪ABC'∪AB' C∪A' BC∪AB' C'∪A' BC'∪A' B' C∪A' B' C' で、8つの事象は互いに排反

例3.2

1～15までの番号が記された球が、箱の中に入っています。いま、この箱から1球抽出する実験を行います。

ここで、3つの事象A、B、Cを、
　A：奇数の番号の球が抽出される事象
　B：3の倍数の番号の球が抽出される事象
　C：4の倍数か5の倍数の番号の球が抽出される事象
と定義します。このとき、
　S＝{1, 2, 3, 4, 5, 6, 7, 8, 9, 10, 11, 12, 13, 14, 15}
　A＝{1, 3, 5, 7, 9, 11, 13, 15}

B = {3, 6, 9, 12, 15}
C = {4, 5, 8, 10, 12, 15}

となり、前図で示した8つの排反事象へ入る標本点は、次のようになります。

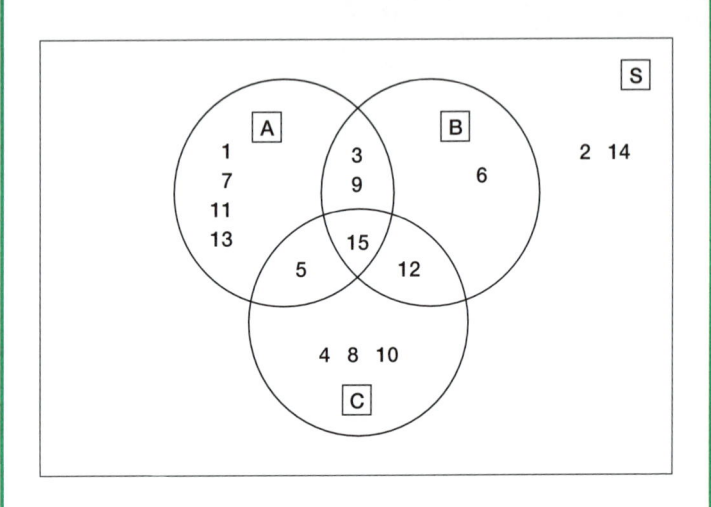

[図: S の中に A, B, C の3つの円のベン図]
- A のみ: 1, 7, 11, 13
- A∩B: 3, 9
- B のみ: 6
- A∩C: 5
- A∩B∩C: 15
- B∩C: 12
- C のみ: 4, 8, 10
- S (どれにも属さない): 2, 14

ちょっと一言

　事象の積に関する交換法則「AB＝BA」と、結合法則「(AB)C＝A(BC)」は、複数の事象の積を計算するとき、並ぶ順番を変えても、どの部分を先に計算してもよいことを述べています。

　これより、たとえば、「AB′C′」と「AB′C」は、前頁の図より、排反であることは明らかですが、次の計算によっても、排反であることが分かります。

$$(AB′C′)(AB′C) = AB′C′AB′C = AAB′B′CC′ = AB′\phi = \phi$$

$$(AA = A,\ B′B′ = B′,\ CC′ = \phi)$$

3-4

排反事象の和への変換

重要な基本式　A∪B＝A∪A'B

　確率を計算する上で、「2つの事象の和」を「排反事象の和」へ変換することは、非常に重要になります。この「排反事象の和」へ変換する方法は、きわめて簡単ですので、ぜひマスターしましょう。

> **排反事象の和への変換の基本式**
> A∪B＝A∪A'B

　上式で、左辺のAとBは、排反とは限りません。右辺のAとA'Bは、お互いの積をとり共通点があるかどうかをみると、
　　A(A'B)＝AA'B＝ϕB＝ϕ
となりますから、排反です。

　上式は、「A∪B」と「A∪A'B」は、含んでいる点が同じことを示しています。

　ベン図で、上の基本式が成り立つことを確認しましょう。次に例題で理解してください。

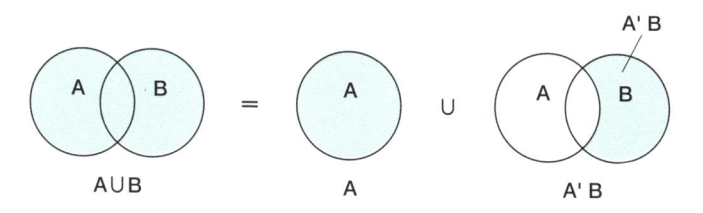

例3.3

サイコロを振る実験で、

　　A：偶数の目が出る事象
　　B：3の倍数の目が出る事象

とすると、

　　S＝{1, 2, 3, 4, 5, 6}
　　A＝{2, 4, 6}
　　B＝{3, 6}

となります。ここで、AとBの共通点は、

　　AB＝{6}

となり、AとBは排反ではありません。

Aの余事象A′は、

　　A′＝{1, 3, 5}

ですので、

　　A′B＝{3}

となります。一方、

　　A∪B＝{2, 3, 4, 6}

であり、AとBは点6を共通に含んでいます。

ところが、「A∪A′B」もやはり、

　　A∪A′B＝{2, 3, 4, 6}

となります。AとA′Bは共通の要素を含んでいませんので排反です。

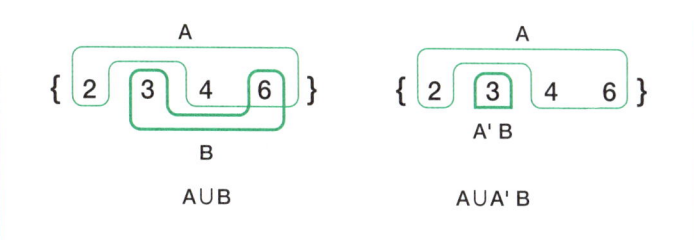

```
    A                        A
{ 2  3  4  6 }        { 2  3  4  6 }
    B                      A'B
   A∪B                    A∪A'B
```

例3.4

コインを3回振る実験で、

 A：「表」がちょうど2回出る事象
 B：1回目が「表」である事象

とすると、

 S={HHH, HHT, HTH, THH, HTT, THT, TTH, TTT}
 A={HHT, HTH, THH}
 B={HHH, HHT, HTH, HTT}

となります。

 A∪B={HHH, HHT, HTH, HTT, THH}

ここで、

 AB={HHT, HTH}

なので、AとBは排反ではありません。

一方、

 A′={HHH, HTT, THT, TTH, TTT}

ですので、

 A′B={HHH, HTT}

を得ます。A∪A′Bもやはり、

 A∪A′B={HHT, HTH, THH, HHH, HTT}

となりますが、AとA'Bは共通の要素を含んでいません。

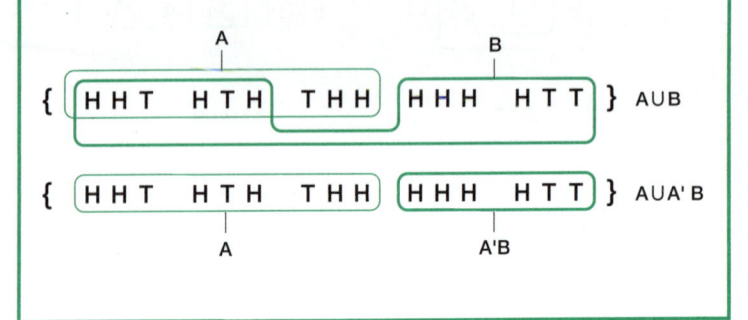

{ [HHT HTH THH] [HHH HTT] } A∪B
      A   B

{ [HHT HTH THH] [HHH HTT] } A∪A'B
      A   A'B

ちょっと一言

先に示したA∪Bのベン図で、A∪Bは、3つの互いに排反な事象AB'、AB、A'Bの和でも表されます。

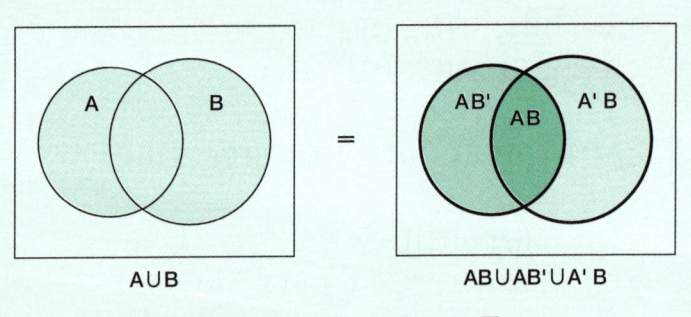

A∪B = AB∪AB'∪A'Bのベン図

ベン図から明らかですが、計算では、次のように求まります。
$$A \cup B = A \cup A'B$$
の右辺のAに、

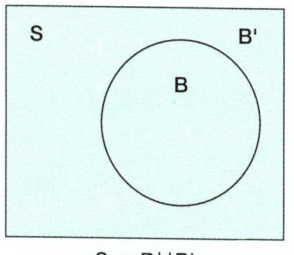

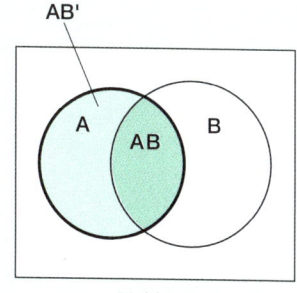

$A = AS = A(B \cup B') = AB \cup AB'$

を代入すると、

$A \cup B = AB \cup AB' \cup A'B$ ……（3つの互いに排反の事象の和）

を得ます。

ちょっと一言

今までの内容は、かなり手応えがあったと思います。ここで、一息いれましょう。ビールでも飲みたいところですが、そうもいかないので、酒に関連した英語の表現を紹介しましょう。

・酔っ払ったとき：I'm drunk. よりも、「I'm smashed.」という表現をよく使います。
・ぐでんぐでんに酔った状態のとき：「I'm drunk as a skunk.」といいます。skunkは動物のスカンクです。
・大酒のみのこと：「He drinks like a fish.」といいます。
・ホロ酔い加減のいい気持ちのとき：「I'm higher than a kite.」kiteは凧のことです。
・酒によらず、非常に気持ちがいいとき：「I'm on cloud nine.」という表現もよく使います。
・禁酒している状態のとき：「I'm on the wagon.」
・禁酒していたが、禁酒を止めた状態のとき：「I'm off the wagon.」といいます。

3-5

確率の基礎

これから、いよいよ確率に入ります。**確率は、事象に対して定義されます。**

最初に、確率記号の表し方を、次に、当たり前のように感じることと思いますが、出発点として、3つのことがらを公理として設定します。この3つの公理から、さまざまな状況における確率が計算されます。

確率の表し方

確率を表す記号はPを使います。PはProbabilityの頭文字をとったものです。例えば、

$P(××××) = 0.5$

のように表します。この意味は、「( )の中のことが起こる確率は0.5」となります。以下に例を示します。統計では、よく使いますので、慣れるようにしましょう。

・$P(明日は雨が降る) = 0.6$ ……（明日の降水確率は $0.6 = 60\%$ である）

・$P(電話代 > 1万円) = 0.05$ ……（電話代が1万円を超す確率は0.05である）

・$P(英語の点数 < 60点) = 0.4$ ……（英語の点数が60点以下の確率は0.4である）

・$P(a + b = 0) = 0.11$ ……（aとbの和が0になる確率は0.11である）

・$P(A) = 0.2$ ……（事象Aが起こる確率は0.2である）

確率の3つの公理

　確率は、0から1までの間をとります。0より小さくなったり、1より大きくなることはありません。

〈確率の公理1〉
　事象Aに対し、確率は0と1の間の数値で定義されます。
　$0 \leq P(A) \leq 1$

〈確率の公理2〉
　実験を行うと、標本空間Sのいずれかの点が結果として生じますから（Sは必ず起こる）
　$P(S) = 1$

　標本空間は、起こりうるすべての結果を表したものですから、必ずどれかが起こることになり、1になります。また、標本空間を構成する標本点（要素）の一つ一つを事象（単一事象）とし、これらの単一事象の起こる確率をすべて足すと1になります。

〈確率の公理3〉
　事象AとBが排反のとき、次の式が成り立ちます。
　$P(A \cup B) = P(A) + P(B)$

公理を使ってみよう

　サイコロを振る実験で、確率の公理の考え方を確認しましょう。偏りのないサイコロを1回振る実験を行うものとします。いま、

A：偶数の目が出る事象
　　B：3の倍数の目が出る事象
とするとき、A∪Bの確率P(A∪B) を求めてみましょう。

　サイコロを振る実験ですから、このときの標本空間は、
　　S＝{1, 2, 3, 4, 5, 6}
です。サイコロを1回振ると、「1, 2, 3, 4, 5, 6」のいずれかが生じるので、標本空間Sは必ず起こり、その確率は、
　　P(S)＝1　……（公理2）
となります。

　サイコロには偏りがないので、どの目も同等に出やすいと考えられます。6つの単一事象 {1}、{2}、{3}、{4}、{5}、{6} は、どれも起こる確率は $\frac{1}{6}$ と考えられます。

$$P\{1\}=P\{2\}=P\{3\}=P\{4\}=P\{5\}=P\{6\}=\frac{1}{6}$$

　ここで、事象Aの確率P(A) を求めてみましょう。
　　A＝{2, 4, 6}
です。事象Aは、3つの排反事象 {2}, {4}, {6} の和で表されています。
　　A＝{2}∪{4}∪{6}
　したがって、事象の確率は、「確率の公理3」より、
　　事象Aの確率　P(A)＝P{2}＋P{4}＋P{6}
$$=\frac{1}{6}+\frac{1}{6}+\frac{1}{6}=\frac{1}{2}$$

となります。

　私たちは、偏りのないサイコロの場合、偶数の目の数と奇数の目の数が等しいことを知っていますので、偶数の目が出る確率

は$\frac{1}{2}$とすぐ答えられますが、これは、無意識に公理3を使っているのです。

一方、事象Bは、「3の倍数の目が出る事象」ですから、
　　B＝{3, 6}
です。ここで事象AとBの和を求めると、
　　A∪B＝{2, 3, 4, 6}
となります。A∪Bは、互いに排反な4つの単一事象の和で表されるので、A∪Bの起こる確率は、
　　P(A∪B)＝P{2}＋P{3}＋P{4}＋P{6}
$$=\frac{1}{6}+\frac{1}{6}+\frac{1}{6}+\frac{1}{6}=\frac{2}{3}$$
と計算されます。

◎P(A∪B)をA∪A′Bへ変換することで求める

次に、P(A∪B) を「排反事象の和」へ変換することで、確率P(A∪B) を求めてみましょう。

排反事象の和への変換の基本式は、「A∪B＝A∪A′B」でした。

そこでまず、余事象A′を求めます。余事象A′は、奇数の目が出る事象ですから、
　　A′＝{1, 3, 5}
です。次に、A′Bを求めます。Bは3の倍数の目がでる事象なので、
　　A′B＝{3}
となり、その確率は、一つの単一事象ですから、
$$P(A'B)=\frac{1}{6}$$

となります。「A」と「A'B」は排反ですから、「確率の公理3」より、

$$P(A \cup B) = P(A \cup A'B) = P(A) + P(A'B) = \frac{1}{2} + \frac{1}{6} = \frac{2}{3}$$

（排反事象の和への変換）（確率の公理3）

となり、先に求めた値と同じ結果を得ます。

確率の基本定理

次に、確率に関する基本的な定理を2つ述べておきましょう。

◎確率の基本定理(1)

> **定理3.1**
> $P(A') = 1 - P(A)$

(考え方)

AとA'は排反であり、
　$A \cup A' = S$
ですから、両辺の確率をとります。
　$P(A \cup A') = P(S)$
左辺は「確率の公理3」より、右辺は「確率の公理2」より、次式を得ます。
　$P(A) + P(A') = 1$
整理して「$P(A') = $」の形にすると、

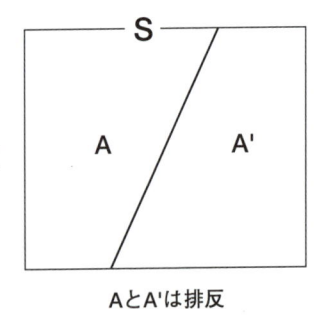

AとA'は排反

$$P(A')=1-P(A)$$

となります。

◎例題でP(A′)＝1－P(A)を確認してみましょう

例3.5

偏りのないサイコロを振る実験で、
　　事象　A＝{1, 4, 5, 6}
とするとき、Aの確率と余事象A'の確率を求めましょう。

解

Aの確率をとると、

$$P(A)=\frac{1}{6}+\frac{1}{6}+\frac{1}{6}+\frac{1}{6}=\frac{4}{6}=\frac{2}{3}$$

となります。ここで、「余事象A'」の確率は、定理3.1より、

$$P(A')=1-P(A)=1-\frac{2}{3}=\frac{1}{3}$$

となります。

実際に、余事象　A'＝{2, 3} ですから、A'は、互いに排反な2つの単一事象 {2} と {3} の和で表されます。したがって、起こる確率は、$\frac{1}{6}+\frac{1}{6}=\frac{1}{3}$ となり、一致します。

◎確率の基本定理(2)

定理3.2　加法定理
$$P(A\cup B)=P(A)+P(B)-P(AB)$$

考え方

$A \cup B$ は、排反事象の和への変換の基本式より、2つの排反な事象「A」と「$A'B$」の和で表されます。

$$A \cup B = A \cup A'B$$

これより、$A \cup B$ の確率をとると、$P(A \cup B)$ は、「確率の公理3」から次のように展開されます。

$$P(A \cup B) = P(A \cup A'B) = P(A) + P(A'B) \quad \text{式 (A)}$$

一方、「事象B」は、次のように、2つの排反事象、「AB」と「$A'B$」の和で表されます。

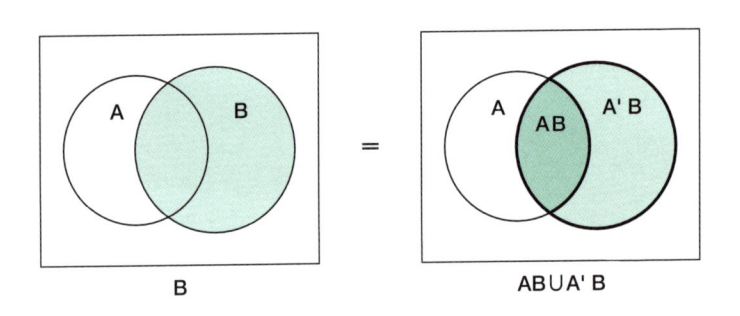

| B | = | $AB \cup A'B$ |

(Aと B の図、および AB と A'B の図)

B　　　　　　　　　　　　AB∪A'B

$$B = AB \cup A'B$$

「$B = AB \cup A'B$」の両辺の確率をとると、「確率の公理3」より、

$$P(B) = P(AB \cup A'B) = P(AB) + P(A'B)$$

となります。これより、

$$P(A'B) = P(B) - P(AB)$$

となります。これを式 (A) に代入すると、

$$P(A \cup B) = P(A) + P(A'B) = P(A) + P(B) - P(AB)$$

となります。

例3.6

偏りのないサイコロを振る実験で、

　A：偶数の目が出る事象
　B：3の倍数が出る事象

とするとき、P(A∪B) を定理3.2「加法定理」を用いて求めてみましょう。

まず、各事象を求めます。

　事象A＝{2, 4, 6}　　事象B＝{3, 6}　　事象AB＝{6}

次に各確率を求めます。

$$P(A)=\frac{1}{2} \qquad P(B)=\frac{1}{3} \qquad P(AB)=\frac{1}{6}$$

となるので、

$$P(A\cup B)=P(A)+P(B)-P(AB)=\frac{1}{2}+\frac{1}{3}-\frac{1}{6}=\frac{2}{3}$$

と計算され、先の例でP(A) とP(A′B) の和で求めた結果と一致します。

ちょっと一言

　B＝AB∪A′B

この式は計算でも、次のように導くことができます。

　B＝BS＝B(A∪A′)＝AB∪A′B

3-6 各結果が同等に起こりやすい標本空間の場合の事象Aの確率

標本空間の標本点が同等に起こりやすい場合、要するに、単一事象の起こる確率が等しいと考えられる場合の確率については、もう少し深く解説してみましょう。

偏りのないサイコロ

偏りのないサイコロを振る場合、標本空間は、次のように表されます。

$$S = \{1, 2, 3, 4, 5, 6\}$$
$$= \{1\} \cup \{2\} \cup \{3\} \cup \{4\} \cup \{5\} \cup \{6\}$$

単一事象 $\{1\}, \{2\}, \{3\}, \{4\}, \{5\}, \{6\}$ は互いに排反ですから、上式の両辺の確率をとると、

$$P(S) = P\{1, 2, 3, 4, 5, 6\}$$
$$= P(\{1\} \cup \{2\} \cup \{3\} \cup \{4\} \cup \{5\} \cup \{6\})$$
$$= P\{1\} + P\{2\} + P\{3\} + P\{4\} + P\{5\} + P\{6\}$$
$$= 1$$

を得ることができます。また、サイコロに偏りがないので、単一事象は、どれも同等に起こりやすいと考えられますから、

$$P\{1\} = P\{2\} = P\{3\} = P\{4\} = P\{5\} = P\{6\} = \frac{1}{6}$$

となります。

いま、「A：偶数の目が出る事象」としますと、

$$A = \{2, 4, 6\}$$

となります。Aは互いに排反な3つの単一事象の和で表されます

から、

　　　A={2}∪{4}∪{6}

となります。事象Aの確率をとると、

$$P(A) = P\{2, 4, 6\} = P\{2\} + P\{4\} + P\{6\} = \frac{3}{6}$$

となります。さて、上式に注目してください。ここで、

　　　分子の3：事象Aの点の個数を表しています

　　　分母の6：標本空間の標本点の個数を表しています

となっているのが分かります。このことから、

各結果が同等に起こりやすい標本空間Sの場合、事象Aの起こる確率P(A) は、

$$\mathbf{P(A)} = \frac{\text{事象Aの点の個数}}{\text{標本空間Sの点の個数（起こりうるすべての個数）}}$$

となります。

例3.7

偏りのないサイコロを2回投げる実験の標本空間は、3章のはじめの部分で述べましたように、36個の標本点からなります。このとき、目の和が5である確率を求めましょう。

解

標本空間Sは36個の点から成り立ち、題意より、36個の点はどれも同等に起こりやすいと考えられます。

　　　A：目の和が5である事象

とすると、

　　　A={(1, 4), (2, 3), (3, 2), (4, 1)}

であり、Aは4個の点から成り立つので、事象Aの確率は、次

のようになります。

$$P(A) = \frac{\text{Aの点の個数}}{\text{Sの点の個数}} = \frac{4}{36} = \frac{1}{9}$$

例3.8

偏りのないコインを3回投げる実験を行います。

　A：「表」がちょうど2回出る事象
　B：2回目が「表」である事象

とするとき、事象Aと事象Bの起こる確率を求めましょう。

解

標本空間Sは、次のように8個の点から成り立ちます。

　S＝{HHH, HHT, HTH, THH, HTT, THT, TTH, TTT}

コインに偏りがないので、8つの点は同等に起こりやすいと考えられます。

　A＝{HHT, HTH, THH}
　B＝{HHH, HHT, THH, THT}

なので、事象Aと事象Bのそれぞれの起こる確率は、次のようになります。

$$P(A) = \frac{\text{Aの点の個数}}{\text{Sの点の個数}} = \frac{3}{8}$$

$$P(B) = \frac{\text{Bの点の個数}}{\text{Sの点の個数}} = \frac{4}{8} = \frac{1}{2}$$

3-7

トランプの問題

ここでは、トランプの「ブラックジャック」と、「ポーカー」に関する確率を計算してみましょう。「順列・組み合わせ」の知識を必要としますので、必要とあれば、第2章を参照しながら考えてみてください。

トランプの確率を解くコツは、最初は数字のみに限定して考え、次にマークに拡張することです。ここでの問題は、興味深く、また頭の訓練にもなりますので、まず、自分で考えてみましょう。

ブラック・ジャック

最初に配られた手がブラックジャックである確率を求めましょう。

ブラックジャックとは、2枚のカードが、「絵札か10のカード」と「エース」になることを言います。

使用するトランプカードの枚数は、ジョーカーを除いた52枚になります。まず標本空間を求めましょう。

52枚から2枚取り出すわけですから、標本空間は $\binom{52}{2}$ とおりの点で構成されます。そして、

この $\binom{52}{2}$ とおりの点は同等に起こりやすいと考えられます。

ここで、「A:ブラックジャックとなる事象」とすると、問題は、事象Aの点の個数を求めればいいことになります。

Aの個数が求まれば、これを標本空間の標本点の個数 $\binom{52}{2}$ で

割れば、求める解となります。

(1) カードの数字のみに限定して考える

いま、カードの数字に注目します。そして最初に配られたカードを、

　　　○、☆　　　（○：絵札か10、☆：エース）

というように限定して考えます。

このとき、○の起こり方は、10、11（ジャック）、12（クイーン）、13（キング）のいずれかであるので、4とおりあります。

☆の起こり方は、A（エース）なので1とおりです。

よって、数字に限定した場合のブラックジャックの起こり方は、

　　　$4 \times 1 = 4$とおり

になります。

(2) マークに拡張して考える

いま、

　　　12（クイーン）、エース

というブラックジャックを考えてみましょう。

12という起こり方は、「ハート」、「ダイヤ」、「スペード」、「クラブ」の4種類があるので、4とおりあります。エースの起こり方も同様に4とおりです。

よって、「クイーン」、「エース」というブラックジャックの起こり方は

　　　$4 \times 4 = 4^2$とおり。

(3) 数字の起こり方とマークの起こり方をあわせる

数字に限定した4とおりの一つ一つについて、マークに拡張し

た起こり方が4^2とおりあるので、ブラックジャックの起こり方は全部で、

　　4×4^2とおり

あることになります。

　これより、配られた手がブラックジャックである確率は以下のようになります。

$$P(A) = \frac{Aの個数}{Sの個数} = \frac{4 \times 4^2}{\binom{52}{2}} = \frac{64}{1326} = 0.0483$$

ポーカー

　最初に配られた手が、(1)ツーペア、(2)フルハウスである確率を求めましょう。

◎ツーペア
(1) 数字に限定して考える
　いま、配られた5枚のカードで、○が2個、☆が2個、△が1個でツーペアを表すことにします。

　○と☆の2つの数字の起こり方は、1～13までの数字から2つの数字を抽出する方法の数だけあるので、$\binom{13}{2}$とおり。この$\binom{13}{2}$とおりの各々に対して、△の起こり方が11とおりあります（○と☆の2つの数字は選べないので13－2＝11）。
これより、数字に限定したツーペアの起こり方は、

　　$\binom{13}{2}$ 11とおり

となります。

(2) マークに拡張して考える

いま、「5、5、8、8、12」というツーペアに固定して考えてみましょう。

「5、5」の起こり方は、「ハート」、「ダイヤ」、「スペード」、「クラブ」の4種類から2つを取り出す組み合わせの数だけありますから、

$\binom{4}{2}$ とおり。「8、8」という起こり方も $\binom{4}{2}$ とおり。

12の起こり方は4とおりですから、「3つ以上の実験の起こり方」(86p)より、「5、5、8、8、12」というツーペアの起こり方は、

$$\binom{4}{2}\binom{4}{2}4 \text{とおり}$$

となります。

(3) 数字の起こり方とマークの起こり方をあわせる

数字に限定した起こり方 $\binom{13}{2}11$ の各々に対して、マークに拡張したときの起こり方 $\binom{4}{2}\binom{4}{2}4$ とおりがあるから、ツーペアーの起こり方は全部で、

$$\binom{13}{2}11\binom{4}{2}\binom{4}{2}4 \text{とおり}$$

となります。

標本空間の点の個数は、

52枚から5枚とりだす方法だから $\binom{52}{5}$ とおりであり、これが標本空間の標本点の数となります。

このうち、ツーペアーとなる点の個数は $\binom{13}{2} 11 \binom{4}{2}\binom{4}{2} 4$ とおりですから、配られた手がツーペアーである確率は、

$$\frac{\binom{13}{2} 11 \binom{4}{2}\binom{4}{2} 4}{\binom{52}{5}} = 0.0475$$

となります。

◎フルハウス
(1) 数字に限定して考える

○と☆の2つの数字で、フルハウスを構成するとしましょう。

○、☆という2つの数字の起こり方は $\binom{13}{2}$ とおりになります。

ここで、○が3個、☆が2個というフルハウスの起こり方と、○が2個、☆が3個というフルハウスの起こり方があります。したがって、数字に限定したフルハウスの起こり方は、

$\binom{13}{2} 2$ とおり

となります。

(2) マークに拡張して考える

「3、3、3、9、9」というフルハウスに固定して考えてみましょう。「3、3、3」の起こり方は、「ハート」、「ダイヤ」、「スペード」、「クラブ」の4種類から、3つを取り出す組み合わせの数だけあるから、

$\binom{4}{3}$ とおり。

「9、9」の起こり方は、同様に $\binom{4}{2}$ とおりあるから、「3、3、3、9、9」というフルハウスの起こり方は、

$$\binom{4}{3}\binom{4}{2} とおり$$

になります。

(3) 数字の起こり方とマークの起こり方をあわせる

数字に限定した起こり方 $\binom{13}{2}2$ とおりの各々に対して、マークを考慮したときの起こり方が、$\binom{4}{3}\binom{4}{2}$ とおりあるから、フルハウスの起こり方は全部で、

$$\binom{13}{2}2\binom{4}{3}\binom{4}{2} とおり$$

になります。これより、配られた手がフルハウスである確率は、

$$\frac{\binom{13}{2}2\binom{4}{3}\binom{4}{2}}{\binom{52}{5}} = 0.0014$$

となります。

4章

条件付確率と事象の独立

4-1

条件付確率とは

　偏りのないコインを3回投げる実験を考えてみましょう。

　この実験で、「表」が少なくとも2回出たという情報を得たものとします。では、この情報を得たという条件のもとで、1回目が「表」である確率はどうなるでしょうか。

　コインを3回投げる実験の標本空間は、以下のように8点からなります。

　　S={HHH, HHT, HTH, THH, HTT, THT, TTH, TTT}

　ここで、「表」が少なくとも2回出たという事実から、「事象A」を、

　　「A：表が少なくとも2回出る事象」

と定義します。これにより、考える対象を事象A、

　　A={HHH, HHT, HTH, THH}

に限定することができます。このことは、**事象Aを仮の新しい標本空間と考える**ことを意味します。

　この新しい標本空間A上で、1回目が「表」である点は「HHH、HHT、HTH」の3つです。事象A上の4つの点はどれも同等に起こりやすいので、1回目が「表」である確率は、$\frac{3}{4}$となります。

　ここで、1回目が表であることを「事象B」と定義しましょう。

　　「B：1回目が表である事象」

　　B={HHH, HHT, HTH, HTT}

　このとき、事象A（少なくとも表が2回出る）が起こったという条件のもとで、事象B（1回目が表である）が起こるというこ

とを満足する点は、図のように、すべて「AB」に含まれます。

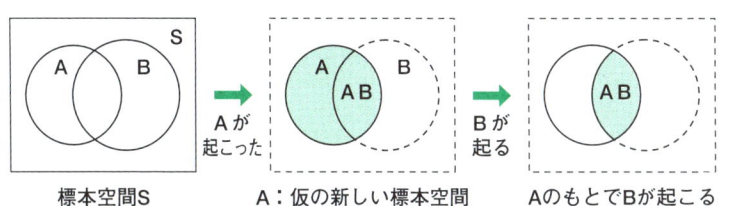

標本空間S　　　　　　A：仮の新しい標本空間　　　Aのもとで Bが起こる
（Aが起こったという事実のもとで、Bが起こる）→（ABが起こる）

上図より、「事象A」が起こったという条件のもとで、「事象B」が起こるという確率を、P(A) に対する P(AB) の比で定義し、P(B | A) と記します。

Aが起こったという条件のもとでBが起こる確率

$$P(B \mid A) = \frac{P(AB)}{P(A)}$$

この例では、
　　AB＝{HHH, HHT, HTH}
となり、

$$P(A) = \frac{4}{8} \qquad P(AB) = \frac{3}{8}$$

より、

$$P(B \mid A) = \frac{P(AB)}{P(A)} = \frac{\frac{3}{8}}{\frac{4}{8}} = \frac{3}{4}$$

となります。

例4.1

偏りのないサイコロを2回投げたところ、目の和が6であった。1回目が4である確率を求めましょう。

解

標本空間は、サイコロを2回投げるので、

$$S = \{(i, j) \mid i, j = 1, 2, 3, 4, 5, 6\}$$

で表されます。2回振りますから$6 \times 6 = 36$の標本点はどれも同等に起こりやすいと考えられます。

題意から、事象Aと事象Bを、

A：目の和が6である事象
B：1回目の目の値が4である事象

とすると、

$$A = \{(1, 5), (2, 4), (3, 3), (4, 2), (5, 1)\}$$
$$B = \{(4, 1), (4, 2), (4, 3), (4, 4), (4, 5), (4, 6)\}$$

となり、

$$AB = \{(4, 2)\}$$

となります。

事象Aと事象ABの起こる確率は、

$$P(A) = \frac{5}{36} \qquad P(AB) = \frac{1}{36}$$

より、次のようになります。

$$P(B \mid A) = \frac{P(AB)}{P(A)} = \frac{\frac{1}{36}}{\frac{5}{36}} = \frac{1}{5}$$

例4.2

　山田氏には2人の子供がいて、そのうち少なくとも1人は男であることが分かっています。もう1人も男である確率はいくらでしょうか。ただし、全国の男の子の数と女の子の数は等しいものとします。

解

　この問題は一見すると確率は$\frac{1}{2}$であるように思えます。しかし、次に示すように、$\frac{1}{2}$は間違いであることが分かります。

　男の子をb、女の子をgとすると、標本空間は、
　　　S＝{bb, bg, gb, gg}
と表されます。題意より、標本空間の4つの標本点はどれも同等に起こりやすいと考えられます。ここで、たとえば、bgは第1子が男（bはboyのb）、第2子が女（gはgirlのg）を表しています。

　いま、事象を、
　　　A：少なくとも1人は男の子である事象
　　　B：2人とも男の子である事象
と定義します。これより、
　　　A＝{bb, bg, gb}

$\qquad$ B = { bb }

であり、

$\qquad$ AB = { bb }

となります。事象Aと事象ABの起こる確率は、

$P(A) = \dfrac{3}{4}$

$P(AB) = \dfrac{1}{4}$

より、求める解 $P(B | A)$ は、次のとおりです。

$$P(B | A) = \frac{P(AB)}{P(A)} = \frac{\frac{1}{4}}{\frac{3}{4}} = \frac{1}{3}$$

この問題を「第1子が男であることが分かっているとき」とすると、解は $\dfrac{1}{2}$ となります。

氷るという条件のもとで
滑る確率

$P(滑る | 氷る) = \dfrac{P(滑る \times 氷る)}{P(氷る)}$

4-2 ベイズの公式

次のような問題を考えてみましょう。

問題

ある大学の男子学生の比率は75％、女子学生の比率は25％です。

男子学生の8％、女子学生の12％は、映画「カサブランカ」を見たことがあります。

いま、1人の学生に「カサブランカ」を見たことがあるか、とたずねたところ、見たことがあると答えました。この学生が男子学生である確率はいくらでしょうか。

考え方

この問題では、標本空間が具体的に与えられていません。この問題の標本空間については、後で考えることにし、題意から事象を定義してみましょう。

「1人の学生に**「カサブランカ」を見たことがある**か、とたずねたところ、見たことがあると答えた。**この学生が男子学生である**確率は」

とありますから、上の太字部分に注目し、事象Aと事象Bを考えます。

　　A：その学生が男子学生である事象
　　B：その学生が「カサブランカ」を見たことがあるという事象

と定義します。

ここで、次の確率が題意から求まります。

①男子学生の比率が0.75ですから、任意の1人を選んだとき、その学生が男子学生である確率は0.75です。したがって、事象Aの起こる確率は、

$P(A) = 0.75$

になります。なお、事象Aの余事象A′は、「A′：その学生が女子学生である事象」となり、その確率は、

$P(A′) = 0.25$

となります。

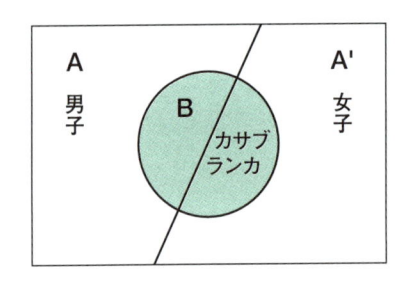

②男子学生の8％が「カサブランカ」を見たことがあるわけです。これは、「男子学生を選んだという条件のもとで、その学生がカサブランカを見たことがある」ということですから、前節で学んだ条件付確率になります。式では、$P(B|A)$ と表されます。題意より、

$P(B|A) = 0.08$

となります。

③同様に、女子学生の12％が「カサブランカ」を見たことがあるわけです。これは、「女子学生を選んだという条件のもとで、そ

の学生がカサブランカを見たことがある」ということですから、その確率は、やはり条件付確率になり、式では$P(B \mid A')$と表されます。題意より、

$$P(B \mid A') = 0.12$$

となります。

◎ $P(A \mid B)$ を求める

求める問題は、「カサブランカを見たことがあるという条件のもとで、その学生が男子学生である確率」ですから、条件付確率になります。式で表すと、$P(A \mid B)$ を求めることです。

$$P(A \mid B) = \frac{P(AB)}{P(B)}$$

そのために「その学生が「カサブランカ」を見たことがある確率」である$P(B)$を求めましょう。

前にも説明しましたが、「事象B」は、2つの排反な「事象AB」と「事象A′B」の和で表すことができます。

$$B = BS = B(A \cup A') = AB \cup A'B$$

上式の両辺の確率をとります。

$$P(B) = P(AB \cup A'B)$$

この式に、「確率の公理3」を適用すると、次式を得ます。

$$P(B) = P(AB \cup A'B) = P(AB) + P(A'B) \quad \cdots\cdots\cdots\cdots 式B$$

一方、$P(AB)$を求めるために、条件付確率の公式、

$$P(B \mid A) = \frac{P(AB)}{P(A)}$$

の両辺に$P(A)$を掛けることにより、

$$P(A) \times P(B \mid A) = \frac{P(AB)}{P(A)} \times P(A)$$

$$P(AB) = P(A)P(B \mid A) \quad \cdots\cdots\cdots\cdots\cdots\cdots\cdots\cdots\cdots\cdots\text{式C}$$

を得ます。同様に、$P(A'B)$ を求めるために、条件付確率の公式、

$$P(B \mid A') = \frac{P(A'B)}{P(A')}$$

の両辺に $P(A')$ を掛けることにより、

$$P(A'B) = P(A')P(B \mid A') \quad \cdots\cdots\cdots\cdots\cdots\cdots\cdots\cdots\text{式D}$$

を得ます。式Cと式Dを、先に求めた式Bに代入すると、

$$\begin{aligned}P(B) &= P(AB) + P(A'B) \\ &= P(A)P(B \mid A) + P(A')P(B \mid A')\end{aligned}$$

を得ます。

以上より、求める $P(A \mid B)$ の式に代入して、次式を得ます。

$$P(A \mid B) = \frac{P(AB)}{P(B)} = \frac{P(A)P(B \mid A)}{P(A)P(B \mid A) + P(A')P(B \mid A')}$$

ここで、次の公式を得ます。

ベイズの公式

$$P(A \mid B) = \frac{P(AB)}{P(B)} = \frac{P(A)P(B \mid A)}{P(A)P(B \mid A) + P(A')P(B \mid A')}$$

では、先の「カサブランカ」と学生の問題の解を、導き出した式を利用して、実際に求めてみましょう。まず、事象Bの起こる確率 $P(B)$ を求めます。

先ほど求めた $P(A) = 0.75$、$P(A') = 0.25$、$P(B \mid A) = 0.08$、$P(B \mid A') = 0.12$ を代入して、以下を得ます。

$$\begin{aligned}P(B) &= P(A)P(B \mid A) + P(A')P(B \mid A') \\ &= 0.75 \times 0.08 + 0.25 \times 0.12 = 0.09\end{aligned}$$

以上より、この大学の学生全体では、9％の学生が「カサブランカ」を見たことがあることになります。これより、

$$P(A|B) = \frac{P(A)P(B|A)}{P(A)P(B|A)+P(A')P(B|A')}$$
$$= \frac{0.75 \times 0.08}{0.09} = \frac{2}{3}$$

を得ます。

以上より、学生に「カサブランカ」を見たかどうかをたずねたとき、その学生が見たという条件のもとで、その学生が男子学生である確率は$\frac{2}{3}$となります。

次に、理解を深めるために、この問題の標本空間を考えてみましょう。

標本空間を考える（その1）

いま、標本空間の点を表すために、「男子学生：1」、「女子学生：0」、「映画を見た：1」、「映画を見てない：0」とすると、

　　　　　　（　□　　　　　　□）
　　　　　　　　↑　　　　　　↑
男子学生なら…1　　カサブランカを見たことがあれば…1
女子学生なら…0　　カサブランカを見たことがなければ…0
(11)…男子学生でカサブランカを見たことがある
(10)…男子学生でカサブランカを見たことがない
(01)…女子学生でカサブランカを見たことがある
(00)…女子学生でカサブランカを見たことがない

と表すことができます。

すると、標本空間は
　　S＝{11, 10, 01, 00}
と表されます。

ここで、各事象を、
　　A：その学生が男子学生である事象
　　A′：その学生が女子学生である事象
　　B：その学生がカサブランカを見たことがある事象
としましたから、
　　A＝{11, 10}　A′＝{01, 00}　B＝{11, 01}
となります。

ベン図で表すと、次のようになります。

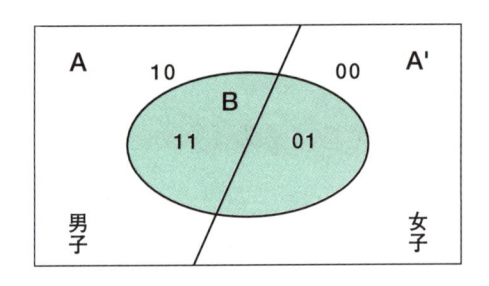

ただし、4つの標本点は、起こる確率は等しくありません。

標本空間を考える（その2）

別の標本空間も考えられます。

学生数が三桁の人数なら、学生に1から順に番号をつけ、最初の3つの数字で学生を表します。

例えば、学生数が858人なら、001から858まで番号をつけま

す。そして、次のように「5桁の数字」で標本点を表します。

| □□□ | □ | □ （5桁の数字） |

↑　　　　　　　　　↑　　　　　　　　↑

学生に1から順に　　男子学生なら…1　　カサブランカを見たこ
番号をつけます　　　女子学生なら…0　　とがあれば　…1
　　　　　　　　　　　　　　　　　　　カサブランカを見たこ
　　　　　　　　　　　　　　　　　　　とがなければ…0

　05611…学生番号56、　男子学生、カサブランカを見たこと
　　　　　がある
　35710…学生番号357、男子学生、カサブランカを見たこと
　　　　　がない
　54901…学生番号549、女子学生、カサブランカを見たこと
　　　　　がある

というように表されます。

この場合の標本空間の標本点の個数は、学生数と一致します。そして、どの標本点も起こりやすさは同じになります。

例4.3

ここに2つのコインがあります。1つは通常のコインであり、他の1つは両面とも表のコインです。いま、無作為に1つのコインを選び、投げたところ、表が出ました。これが通常のコインである確率を求めましょう。ただし、2つのコインとも偏りがないものとします。

解

この問題も、標本空間が具体的に与えられてないので、最初はとまどうかもしれません。標本空間は後に示しますが、

標本空間を意識しなくても解くことができます。

◎**問題から事象を定義する**

まず、問題から、どのように事象を定義するかを考えます。「無作為に1つのコインを選び、投げたところ、**表が出ました。これが通常のコインである確率**を求めましょう」とあるので、1つの事象を、

　　A：通常のコインを選ぶ事象

と定義します。もう1つの事象は、

　　B：表が出る事象

と定義します。

求める確率は、「「表」が出たという条件のもとで、それが「通常のコイン」である確率」ですから、$P(A \mid B)$ となります。

また、題意から、次の確率が計算なしに分かります。

①2つのコインから、1つを無作為に選ぶので、「通常のコインを選ぶ確率」は、

$$P(A) = \frac{1}{2}$$

②通常のコインを選んだという条件のもとで、「表」が出る確率は$\frac{1}{2}$ですから、

$$P(B \mid A) = \frac{1}{2}$$

③異常のコインを選んだという条件のもとで、「表」が出る確率は、両面とも表なので、必ず表が出るから確率は1です。

　　「余事象A′：異常のコインを選ぶ事象」

　　$P(B \mid A') = 1$

これより、「表が出る確率$P(B)$」は、

$$P(B) = P(A)P(B \mid A) + P(A')P(B \mid A')$$
$$= \frac{1}{2} \times \frac{1}{2} + \frac{1}{2} \times 1 = \frac{3}{4}$$

となります。「表」が出る確率が $\frac{3}{4}$ と求まりました。

「表」が出たという条件のもとで、それが通常のコインである確率は、$P(A \mid B)$ で与えられるので、ベイズの公式より、

$$P(A \mid B) = \frac{P(A)P(B \mid A)}{P(A)P(B \mid A) + P(A')P(B \mid A')} = \frac{\frac{1}{4}}{\frac{3}{4}} = \frac{1}{3}$$

を得ます。

◎標本空間

この問題の標本空間はどうなるでしょうか。

標本点を次のように表しましょう。

```
      (×      ×)
       ↑       ↑
  表なら…1   通常のコインなら…1
  裏なら…0   異常なコインなら…0
```

このとき、標本空間は、

S = {11, 10, 01, 00}

となります。各事象は、

A：表が出る事象

B：通常のコインを選ぶ事象

ですから、

A = {11, 10}

B = {11, 01}

となります。

ちょっと一言

映画カサブランカのなかで、ハンフリー・ボガートがイングリッド・バーグマンに言った有名な言葉があります。

　　　Here's to looking at you, kid.

「あなたの美しさに乾杯」というような意味ですが、テレビで見た映画の字幕スーパーでは、これを「君の瞳に乾杯」と訳していました。アメリカ女性とデートしたとき、ホテルのレストランでワインで乾杯するとき、kidを女性の名前に変えて、この言葉を彼女に投げかければ、食後、希望どおりのシナリオが展開するでしょう。

なお、映画で使われた言葉ではないのですが、テレビでコメディアンのフリップ・ウィルソンが連発して有名になった言葉があります。

　　　The devil made me do it.

直訳すると、「悪魔が私にそれをさせた」であり、子供が母親に叱られたときなど、この言葉を使えば、効果満点でしょう。米国人なら誰でも知っている言葉なので、ビジネスなどの場で、ユーモアとして発すれば、その場の雰囲気が打ちとけることでしょう。

4-3 事象の独立

ここでは、事象の独立について、説明しましょう。

2つの事象の独立
事象Aの起こることが、事象Bの起こることに何の影響も与えないとき、AとBは独立であるといいます。

Aが起こったという条件のもとでも、Bが起こる確率は変わらないということですから、このことを式で表すと、

$$P(B \mid A) = P(B)$$

ということになります。上式を変形すると、

$$P(B \mid A) = \frac{P(AB)}{P(A)} = P(B)$$

より、AとBが互いに独立である条件は、式では、次のように表せます。

事象Aと事象Bが独立であるための条件式
$$P(AB) = P(A)P(B)$$

上式は、AとBについて対称ですので、事象Aの起こることが事象Bの起こることに何の影響も与えないなら、逆に、事象Bの起こることが事象Aの起こることに何の影響も与えないことになります。

事象Aと事象Bが、独立であるかどうかは、一見して分かる場合と、分からない場合があります。理解を深めるために、それぞ

れの場合について考えてみましょう。

AとBが独立かどうか、題意から分かる場合

◎コインに偏りがないとき

偏りのないコインを3回投げる実験を行うものとします。

事象AとBを、

　　事象A：1回目が表である事象

　　事象B：2回目が表である事象

とすると、1回1回のコイン投げは**独立試行**（各回の結果は、他の回の結果に影響を及ぼさない）になります。そのため、1回目が「表」であっても「裏」であっても、2回目の結果には影響を及ぼさないので、意味から考えて、AとBは独立であることが分かります。

◎計算で確かめよう

実際に、独立かどうかを計算してみましょう。まず、$P(A)$ と $P(B)$ を求めます。

標本空間は、

　　S＝{ HHH, HHT, HTH, THH, HTT, THT, TTH, TTT }

となり、コインに偏りがないので、8つの標本点はどれも同等に起こりやすいと考えられます。

　　事象A＝{ HHH, HHT, HTH, HTT }
　　事象B＝{ HHH, HHT, THH, THT }

であり、事象A、事象Bともに、同等に起こりやすい4つの点を含むので、

$$P(A) = P(B) = \frac{4}{8} = \frac{1}{2}$$

を得ます。コインに偏りがないので、各試行で「表」が出る確率は、意味から考えて$\frac{1}{2}$となることは明白でしょう。

次に、P(AB) を求めます。事象ABは、

　　事象AB ={ HHH, HHT }

であり、事象ABは、2つの標本点で構成されるので、

$$P(AB) = \frac{2}{8} = \frac{1}{4}$$

を得ます。

$$P(A)P(B) = \frac{1}{2} \times \frac{1}{2} = \frac{1}{4} = P(AB)$$

ちょっと一言

コインに偏りがないので、8つの標本点は同等に起こりやすく、8つの単一事象が起こる確率はどれも$\frac{1}{8}$としました。しかし、各回のコイン投げが「独立試行」と考えられるので、単一事象の起こる確率は、次のように計算でも求まります。

たとえば、単一事象〔HTH〕の起こる確率は、1回1回の結果は、HであろうとTであろうと、コインに偏りがなく、$\frac{1}{2}$と考えられますから、

1回　2回　3回
$$\frac{1}{2} \times \frac{1}{2} \times \frac{1}{2} = \frac{1}{8}$$

と計算されます。

以上から、独立であるための条件式「P(AB)＝P(A)P(B)」が成り立っているので、事象Aと事象Bは独立となります。

◎コインに偏りがあるとき

先の例の「A：1回目が「表」である事象、B：2回目が「表」である事象」の場合、意味から考えて（1回1回のコイン投げは独立試行より）、AとBは独立であると言いました。したがって、コインに「偏り」があっても独立になるはずです。これを示しましょう。

いま、「表」が出る確率が $\frac{2}{3}$、「裏」が出る確率が $\frac{1}{3}$ であるコインを3回投げる実験を行うものとします。

このとき、標本空間は、

　　S＝{ HHH, HHT, HTH, THH, HTT, THT, TTH, TTT }

となり、この単一事象の起こる確率は、それぞれ、

$$P\{HHH\} = \frac{2}{3} \times \frac{2}{3} \times \frac{2}{3} = \frac{8}{27}$$

$$P\{HHT\} = \frac{2}{3} \times \frac{2}{3} \times \frac{1}{3} = \frac{4}{27}$$

$$P\{HTH\} = \frac{2}{3} \times \frac{1}{3} \times \frac{2}{3} = \frac{4}{27}$$

$$P\{THH\} = \frac{1}{3} \times \frac{2}{3} \times \frac{2}{3} = \frac{4}{27}$$

$$P\{HTT\} = \frac{2}{3} \times \frac{1}{3} \times \frac{1}{3} = \frac{2}{27}$$

$$P\{THT\} = \frac{1}{3} \times \frac{2}{3} \times \frac{1}{3} = \frac{2}{27}$$

$$P\{TTH\} = \frac{1}{3} \times \frac{1}{3} \times \frac{2}{3} = \frac{2}{27}$$

$$P\{TTT\} = \frac{1}{3} \times \frac{1}{3} \times \frac{1}{3} = \frac{1}{27}$$

となります。

＊（上の8つの確率の和は1になることを確認しましょう。）

これより、1回目が「表」の確率P(A) と、2回目が「表」の確率P(B) は、それぞれ次のようになります。

$$P(A) = P\{HHH, HHT, HTH, HTT\}$$
$$= P\{HHH\} + P\{HHT\} + P\{HTH\} + P\{HTT\}$$
$$= \frac{8}{27} + \frac{4}{27} + \frac{4}{27} + \frac{2}{27} = \frac{18}{27} = \frac{2}{3}$$

$$P(B) = P\{HHH, HHT, THH, TTH\}$$
$$= P\{HHH\} + P\{HHT\} + P\{THH\} + P\{TTH\}$$
$$= \frac{8}{27} + \frac{4}{27} + \frac{4}{27} + \frac{2}{27} = \frac{18}{27} = \frac{2}{3}$$

一方、

$$AB = \{HHH, HHT\}$$

より、

$$P(AB) = P\{HHH, HHT\} = P\{HHH\} + P\{HHT\}$$
$$= \frac{8}{27} + \frac{4}{27} = \frac{12}{27} = \frac{4}{9}$$

であり、

$$P(A)P(B) = \frac{2}{3} \times \frac{2}{3} = \frac{4}{9}$$

ですから、独立であるための条件式「P(AB)＝P(A)P(B)」が成り立っているので、事象Aと事象Bは独立です。

AとBが独立であることが一見しただけでは分からない場合

◎コインに偏りがないとき

偏りのないコインを3回投げる実験で、

　　A：1回目が表である事象
　　B：3回とも同じ結果である事象

とすると、一見しただけでは、AとBは独立かどうか分かりません。

この場合の確率を求めてみましょう。

　　A＝{HHH, HHT, HTH, HTT}
　　B＝{HHH, TTT}

より、

$$P(A)=\frac{4}{8}=\frac{1}{2} \qquad P(B)=\frac{2}{8}=\frac{1}{4}$$

となります。一方、

　　AB＝{HHH}

より

$$P(AB)=\frac{1}{8}$$

であり、

$$P(A)P(B)=\frac{1}{2}\times\frac{1}{4}=\frac{1}{8}$$

ですから、独立であるための条件式「P(AB)＝P(A)P(B)」が成り立つので、AとBは独立です。

◎コインに偏りがあるとき

しかし、上記の場合で、「表」が出る確率が$\frac{2}{3}$、「裏」が出る確

率が $\frac{1}{3}$ である偏りのあるコインとすると、AとBは次に示すように、独立とはなりません。

$$P(A) = P\{HHH, HHT, HTH, HTT\}$$
$$= P\{HHH\} + P\{HHT\} + P\{HTH\} + P\{HTT\}$$
$$= \frac{8}{27} + \frac{4}{27} + \frac{4}{27} + \frac{2}{27} = \frac{18}{27} = \frac{2}{3}$$

＊(「表」の出る確率が $\frac{2}{3}$ ですから、意味から考えても、「A：1回目が「表」である事象」ですから、$P(A) = \frac{2}{3}$ となることが分かります。)

$$P(B) = P\{HHH, TTT\}$$
$$= P\{HHH\} + P\{TTT\}$$
$$= \frac{8}{27} + \frac{1}{27} = \frac{9}{27} = \frac{1}{3}$$

一方、
$$AB = \{HHH\}$$
ですから、
$$P(AB) = \frac{8}{27}$$
であり、
$$P(A)P(B) = \frac{2}{3} \times \frac{1}{3} = \frac{2}{9}$$

となり、「$P(AB)$ と $P(A)P(B)$ は等しくない」ので、AとBは独立ではありません。

例4.4

コインを3回投げる実験で、コインに偏りがある場合、次の事象Aと事象Bは独立になりますか、それともなりませんか。

A：1回目が表である事象　　B：結果が交互に出る事象

解

いま、このコインの「表」が出る確率を「p」としてみましょう（偏りのないコインの場合は、pは$\frac{1}{2}$です）。「裏」の出る確率は、「$1-p$」となります。

「表」の出る確率が「p」ですから、事象Aの起こる確率は、$P(A)=p$ となります。

事象 $B=\{HTH, THT\}$ より、

$$P(B) = P\{HTH\} + P\{THT\}$$
$$= p^2(1-p) + p(1-p)^2$$
$$= p^2 - p^3 + p - 2p^2 + p^3 = p - p^2$$

となります。これより、

$$P(A)P(B) = p \times (p-p^2) = p^2 - p^3$$

を得ます。一方、

$AB = \{HTH\}$ より、

$$P(AB) = p^2(1-p) = p^2 - p^3$$

となります。これは、表が出る確率「$p(0<p<1)$」が、どんな値でも、「$P(AB)=P(A)P(B)$」が成り立つことを示しており、AとBはコインに偏りがあっても独立となります。

ちょっと一言

Aの単一事象の起こる確率を計算して、和をとってもpとなります。

$P(A) = P\{HHH\} + P\{HHT\} + P\{HTH\} + P\{HTT\}$

$= \boxed{p \times p \times p} + \boxed{p \times p \times (1-p)} + \boxed{p \times (1-p) \times p} + \boxed{p \times (1-p) \times (1-p)}$

$= \boxed{p^3} + \boxed{2p^2(1-p)} + \boxed{p(1-p)^2} = p^3 + 2p^2 - 2p^3 + p - 2p^2 + p^3 = p$

1月1日生まれであること　この2つは独立である　重いこと

4-4 ネットワーク問題

次のようなネットワークがあります。

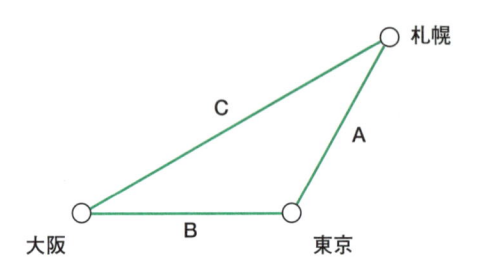

```
                          ○ 札幌
                    C    ╱│
                   ╱     │ A
                  ╱      │
                 ○───────○
               大阪   B   東京
```

ここで、事象を次のように定義します。

　A：東京－札幌間のネットワークが機能する事象
　B：東京－大阪間のネットワークが機能する事象
　C：大阪－札幌間のネットワークが機能する事象
　T：メッセージが札幌から大阪に伝達される事象

また、A、B、Cは互いに独立であるものとします。要するに、各ネットワークが機能するかどうかは、他のネットワークが機能するかどうかに無関係とします。

さらに、
$$P(A)=P(B)=P(C)=p$$
とします。

いま、メッセージが、札幌から大阪に伝達されることを考えます。このときの経路は、

　　札幌 ⟶ 大阪　　　　　……C
　　札幌 ⟶ 東京 ⟶ 大阪　……AB

の2とおりあります。

「Cが起こるか」、あるいは、「AとBが両方とも起こるか」のいずれかが起これればメッセージは伝達されるので、

$$T = C \cup AB$$

と表されます。

ここで、メッセージが、札幌から大阪に伝達される確率を、加法定理（$P(A \cup B) = P(A) + P(B) - P(AB)$）で求めてみましょう。

$$\begin{aligned} P(T) &= P(C \cup AB) = P(C) + P(AB) - P(ABC) \\ &= P(C) + P(A)P(B) - P(A)P(B)P(C) \\ &= p + p^2 - p^3 \end{aligned}$$

＊（上式で、A、B、Cが互いに独立であるとき、$P(ABC) = P(A)P(B)P(C)$ と計算しましたが、これについては、以下のコラムを参照してください。）

では、次の2つの確率を求めてみましょう。

$P(C \mid T)$「メッセージが札幌から大阪に伝達される条件のもとに、大阪ー札幌間のネットワークが機能する確率」

$P(T \mid C)$「大阪ー札幌間のネットワークが機能する条件のもとに、メッセージが札幌から大阪に伝達される確率」

P(C | T)

$T = C \cup AB$、$CC = C$ ですから、

$$CT = C(C \cup AB) = CC \cup CAB = C \cup C(AB) = C$$

より、

$$P(C \mid T) = \frac{P(CT)}{P(T)} = \frac{P(C)}{P(T)} = \frac{p}{p + p^2 - p^3}$$

となります。

P(T│C)

　Cが起これば、当然、メッセージが伝達されるわけですから、計算なしで、答えは1となることが分かります。

　実際、上で示したように、
　　　CT＝C
ですから、

$$P(T│C) = \frac{P(CT)}{P(C)} = \frac{P(C)}{P(C)} = 1$$

となります。

ちょっと難しいかな

　C∪ABを「排反事象の和」（A∪B＝A∪A′B）へ変換して、上のネットワーク問題の確率を計算してみましょう。

　その前に、次の3つのことを使うので、先に述べておきましょう。

●その1

「Aが起こることが、Bが起こることに影響を与えない」
ということは、当然、
　「Aが起こることは、Bが起こらないことに影響を与えない」
　「Aが起こらないことは、Bが起こることに影響を与えない」
　「Aが起こらないことは、Bが起こらないことに影響を与えない」
ということでもありますから、次のことが言えます。

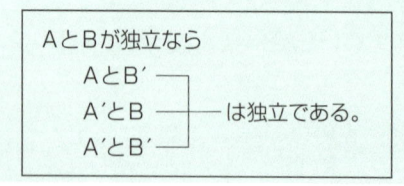

```
AとBが独立なら
    AとB′  ┐
    A′とB  ├─ は独立である。
    A′とB′ ┘
```

●その2

> 3つの事象A、B、Cは、次の4つの条件を満たすとき、互いに独立であると定義します。
> P(ABC)＝P(A) P(B) P(C)
> P(AB)＝P(A) P(B)
> P(AC)＝P(A) P(C)
> P(BC)＝P(B) P(C)

●その3

A、B、Cが互いに独立なら、AはBとCが起こる、起こらないに全く影響されないわけですから、次のことが言えます。

> A、B、Cが互いに独立なら、Aは、BとCを組み合わせてできるいかなる事象とも独立である。すなわち、
>
> Aと $\begin{cases} BC \\ B'C \\ BC' \\ B \cup C \\ B' \cup C \\ B \cup C' \end{cases}$ は独立である。

では、C∪ABを、「排反事象の和」に変換して、P(C∪AB)を求めてみましょう。

　　C∪AB＝C∪C'AB　………（排反事象の和への変換式）

ですから、「確率の公理3」より、次式を得ます。

　　P(T)＝P(C∪C'AB)＝P(C)＋P(C'AB)

ここで、A, B、Cは互いに独立ですから、「A」と「BC'」は独立であり（その3参照）、

　　P(C'AB)＝P(ABC')＝P(A) P(BC')

となります。さらに、BとCは独立ですから、「B」と「C'」も独立であり、

　　P(BC')＝P(B) P(C')

となるので、
$$P(C'AB) = P(A)P(B)P(C')$$
を得ます。以上より、
$$P(T) = P(C) + P(A)P(B)P(C')$$
$$= p + p \times p \times (1-p) = p + p^2 - p^3$$
を得ます。

ちょっと一言

このネットワーク問題の標本空間を考えてみましょう。標本点を次のように3桁の数で、

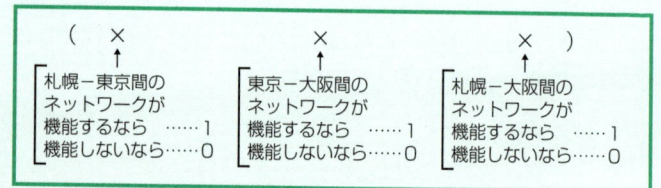

```
(   ×              ×              ×   )
 ┌─────────┐   ┌─────────┐   ┌─────────┐
 │札幌-東京間の│   │東京-大阪間の│   │札幌-大阪間の│
 │ネットワークが│   │ネットワークが│   │ネットワークが│
 │機能するなら …1│ │機能するなら …1│ │機能するなら …1│
 │機能しないなら…0│ │機能しないなら…0│ │機能しないなら…0│
 └─────────┘   └─────────┘   └─────────┘
```

と表すと、標本空間Sは、
$$S = \{111, 110, 101, 011, 100, 010, 001, 000\}$$
と表すことができます。このときメッセージが、札幌から大阪に伝達される事象は、(札幌-東京間のネットワークが機能し、かつ東京-大阪間のネットワークが機能する)、あるいは(札幌-大阪間のネットワークが機能する)のいずれかですから(両方とも機能する場合を含む)、直接、$T = \{111, 110, 101, 011, 001\}$と求まります。

一方、$A = \{111, 110, 101, 100\}$　$B = \{111, 110, 011, 010\}$　$C = \{111, 101, 011, 001\}$であり、p197で示した $T = C \cup AB = AB \cup C$ を求めると、$AB = \{111, 110\}$ より、
$$T = AB \cup C = \{111, 110, 101, 011, 001\}$$
となり、直接得た場合の事象Tと、当然なことですが一致することが分かります。

5章

確率変数

5-1

確率変数とは

　第3章、第4章で述べましたように、事象Aに対して確率は、P(A) で定義されました。しかしながら、P(A) という表現ですと、それ以上の発展が期待できません。ところが、Aの部分を数値で表現できると、横軸に数値、縦軸に確率を表すというようなグラフ表現が可能になります。さらに、確率に関するさまざまな発展が可能となります。

　そのために、本章では、「確率変数」という概念を導入し、それを説明します。後章で学ぶ「推定・検定」の理解のためには、確率変数をしっかり理解しておくことが大切です。

確率の新しい表現「確率変数」

　いま、偏りのないコインを3回投げる実験を考えます。標本空間（起こりうるすべての結果）は、

　　S＝{HHH, HHT, HTH, THH, HTT, THT, TTH, TTT}

と表されます。標本点は全部で$2^3＝8$点で構成されます。

　いま、各「標本点」における「表」(H) が出た回数に注目してみましょう。

　　HHH：3回　　HHT：2回　　HTH：2回
　　THH：2回　　HTT：1回　　THT：1回
　　TTH：1回　　TTT：0回

　ご覧のように、「表」が出た回数は、「0、1、2、3」の数値をとることが分かります。ここで、「表」が出た回数を「X」で表すこ

とにしましょう。すると、「X」は「0、1、2、3」の値をとる「変数」となります。

例えば、「X」が「0」のときの事象は｛TTT｝(すべて裏)となります。そこで、変数「X」がある数「x」であるときの事象を｛X＝x｝と表すと、次の関係が成り立ちます。

表が出た回数　　事象
　｛X＝0｝ ＝ ｛TTT｝
　｛X＝1｝ ＝ ｛HTT, THT, TTH｝
　｛X＝2｝ ＝ ｛HHT, HTH, THH｝
　｛X＝3｝ ＝ ｛HHH｝

これを使うと、確率の表現P｛ ｝は、次のように表すことができます。

$$P\{X=0\}=\frac{1}{8} \qquad P\{X=1\}=\frac{3}{8}$$

$$P\{X=2\}=\frac{3}{8} \qquad P\{X=3\}=\frac{1}{8}$$

ここで、導入した「X」を**確率変数**といいます。確率変数は、一般にアルファベットの大文字で表します。

確率変数
Xが次の条件を満たすとき、確率変数といいます。
・Xは変数である。
・Xは、定まった確率に従って値をとる。

確率変数の例

ここで、確率変数の例を見てみましょう。

◎**例1**：「サイコロの出る目」

偏りのないサイコロを1回振る実験で、

　　　「X：出る目の値」

とすると、

① Xは「1、2、3、4、5、6」の値をとるので「変数」です。
② $P\{X=1\}=P\{X=2\}=P\{X=3\}=P\{X=4\}=P\{X=5\}$

$$=P\{X=6\}=\frac{1}{6}$$

ですから、Xがとる値の確率が定まります。P{ }の{ }の中は事象を表します。

以上のことから、Xは「確率変数」です。

◎**例2**：「サイコロの目の和」

偏りのないサイコロを2回振る実験で、

　　　「X：目の和」

> **ちょっと一言**
>
> 本文の表現から分かるように、{X＝x}は標本点の集合で表されていますから、第3章の冒頭で述べた、集合を{x｜xの性質}という形を使って、
> 　　{ω｜X＝x}　……「X＝xであるような標本点ωの集合」
> と表すべきところです。しかし、いちいち、{ω｜X＝x}と表すと煩わしいのと、また、{X＝x}という表現でも誤解を生じないので、単に、{X＝x}と表します。

とすると、

① Xは「2、3、4、5、6、7、8、9、10、11、12」の値をとる「変数」です。
② 標本空間は36個の点からなり、「確率変数X」と「事象」との関係は、

$\{X=2\}=\{(1, 1)\}$
$\{X=3\}=\{(1, 2),(2, 1)\}$
$\{X=4\}=\{(1, 3),(2, 2),(3, 1)\}$
$\{X=5\}=\{(1, 4),(2, 3),(3, 2),(4, 1)\}$
$\{X=6\}=\{(1, 5),(2, 4),(3, 3),(4, 2),(5, 1)\}$
$\{X=7\}=\{(1, 6),(2, 5),(3, 4),(4, 3),(5, 2),(6, 1)\}$
$\{X=8\}=\{(2, 6),(3, 5),(4, 4),(5, 3),(6, 2)\}$
$\{X=9\}=\{(3, 6),(4, 5),(5, 4),(6, 3)\}$
$\{X=10\}=\{(4, 6),(5, 5),(6, 4)\}$
$\{X=11\}=\{(5, 6),(6, 5)\}$
$\{X=12\}=\{(6, 6)\}$

となります。これより、Xが「2、3、4、5、6、7、8、9、10、11、12」の値をとる確率は、次のように定まります。

$P\{X=2\}=\dfrac{1}{36}$ $P\{X=3\}=\dfrac{2}{36}$ $P\{X=4\}=\dfrac{3}{36}$

$P\{X=5\}=\dfrac{4}{36}$ $P\{X=6\}=\dfrac{5}{36}$ $P\{X=7\}=\dfrac{6}{36}$

$P\{X=8\}=\dfrac{5}{36}$ $P\{X=9\}=\dfrac{4}{36}$ $P\{X=10\}=\dfrac{3}{36}$

$P\{X=11\}=\dfrac{2}{36}$ $P\{X=12\}=\dfrac{1}{36}$

以上より、Xは「確率変数」です。

確率分布

確率分布は、「確率変数Xの値」と「確率」との対応関係を表したものです。

> **確率分布**
> 確率変数Xがとる値と、その値に対する確率をまとめて表したものを、「確率分布」といいます。

すでに先の2つの例で、「確率分布」(Xがとる値と確率との対応関係)を、次のように表しています。

◎例1における確率分布
・例1「サイコロを1回振る実験」……「確率変数X:出る目の値」の場合:

$$P\{X=1\}=P\{X=2\}=P\{X=3\}=P\{X=4\}=P\{X=5\}$$
$$=P\{X=6\}=\frac{1}{6}$$

◎例2における確率分布
・例2「サイコロを2回振る実験」……「確率変数X:目の和」の場合:

$$P\{X=2\}=\frac{1}{36} \quad P\{X=3\}=\frac{2}{36} \quad P\{X=4\}=\frac{3}{36}$$

$$P\{X=5\}=\frac{4}{36} \quad P\{X=6\}=\frac{5}{36} \quad P\{X=7\}=\frac{6}{36}$$

$$P\{X=8\}=\frac{5}{36} \quad P\{X=9\}=\frac{4}{36} \quad P\{X=10\}=\frac{3}{36}$$

$$P\{X=11\} = \frac{2}{36} \qquad P\{X=12\} = \frac{1}{36}$$

確率分布の表し方

「確率分布」は、次のように表現したほうが、より数学的になります。上記の表現と比べてみてください。$P\{X=x\}$ を $p(x)$ と表します。

◎・例1「サイコロを1回振る実験」……「X:出る目の値」

$$p(x) = \begin{cases} \dfrac{1}{6} & \cdots\cdots\ x=1,2,3,4,5,6 \\ \\ 0 & \cdots\cdots\ \text{その他の} x \end{cases}$$

◎・例2「サイコロを2回振る実験」……「X:目の和」

$$p(x) = \begin{cases} \dfrac{1}{36} & \cdots\cdots\ x=2 \\ \dfrac{1}{18} & \cdots\cdots\ x=3 \\ \dfrac{1}{12} & \cdots\cdots\ x=4 \\ \dfrac{1}{9} & \cdots\cdots\ x=5 \\ \dfrac{5}{36} & \cdots\cdots\ x=6 \\ \dfrac{1}{6} & \cdots\cdots\ x=7 \\ \dfrac{5}{36} & \cdots\cdots\ x=8 \end{cases} \quad \begin{array}{l} \dfrac{1}{9} \ \cdots\cdots\ x=9 \\ \dfrac{1}{12} \ \cdots\cdots\ x=10 \\ \dfrac{1}{18} \ \cdots\cdots\ x=11 \\ \dfrac{1}{36} \ \cdots\cdots\ x=12 \\ 0 \ \cdots\cdots\ \text{その他の} x \end{array}$$

確率分布のグラフ表現

確率変数を使うと、グラフ表現が可能になります。「確率分布」は、横軸にXの数値、縦軸に確率をとって、一般に次のようなグラフで表現します。

◎・例1：サイコロを1回振る実験の確率分布 p(x) のグラフ

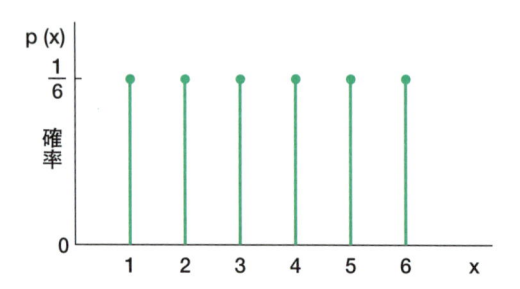

◎・例2：サイコロを2回振る実験の確率分布 p(x) のグラフ

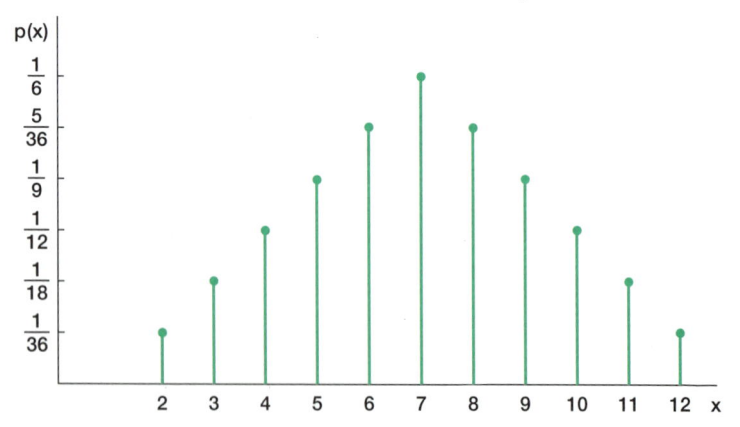

確率分布の条件

　もう一度、先の2つの例の「確率分布」をみてください。「p(x)＝P{X＝x}」は確率を表していますから、負の値をとっていません。また、各p(x_i) の合計は「1」になっています。実際に確認してみましょう。

◎・例1：「サイコロを1回振る実験の場合」……「X：出る目の値」

$$p(1)+p(2)+p(3)+p(4)+p(5)+p(6)$$
$$=\frac{1}{6}+\frac{1}{6}+\frac{1}{6}+\frac{1}{6}+\frac{1}{6}+\frac{1}{6}=1$$

◎・例2：「サイコロを2回振る実験の場合」……「X：目の和」

$$p(2)+p(3)+p(4)+p(5)+p(6)+p(7)+p(8)+p(9)+p(10)+p(11)+p(12)$$

$$=\frac{1}{36}+\frac{1}{18}+\frac{1}{12}+\frac{1}{9}+\frac{5}{36}+\frac{1}{6}+\frac{1}{36}+\frac{1}{9}+\frac{1}{12}+\frac{1}{18}+\frac{1}{36}$$

$$=\frac{1+2+3+4+5+6+5+4+3+2+1}{36}=1$$

> **ちょっと一言**
>
> 「離散確率変数」
>
> ここまで説明してきた「確率変数」は、グラフを見ても分かるように、とびとびの値をとりました。このように、確率変数がとびとびの値をとるとき、これを「離散確率変数」といいます。
>
> 「離散確率変数」の確率分布は、先の2つの例で示したように、一般に、以下のように表します。
>
> $$p(x) = \begin{cases} p(x_1) & \cdots\cdots x = x_1 \\ p(x_2) & \cdots\cdots x = x_2 \\ \vdots & \qquad \vdots \\ p(x_r) & \cdots\cdots x = x_r \\ 0 & \cdots\cdots その他のx \end{cases}$$
>
> 上記のように、「離散確率変数」の確率分布は、一般に「p(x)」で表します。p(x) は、P{X=x} と同じ意味です。
>
> $p(x) = P\{X = x\}$
>
> また、大文字「X」と小文字「x」を混同しないようにしてください。
>
> - 大文字「X」は、ある定まった確率に従って、いろいろな値をとる「変数」です。
> - 小文字「x」は、Xがとるいろいろな「値を代表する変数」です。
>
> 確率分布の横軸には、小文字「x」を記します。

以上より、p(x) が「確率分布」であるための「条件」が次のように定まります。

---

p(x) が確率分布であるための条件

(1) $p(x_i) \geqq 0$ …… $x = x_1, x_2, \cdots\cdots, x_r$ （確率は負にならない）

(2) $p(x_1) + p(x_2) + \cdots\cdots + p(x_r) = \sum_{i=1}^{r} p(x_i) = 1$

（合計は1）

例5.1

偏りのないコインを3回投げる実験を行うものとします。確率変数Xを、

「X：結果が交代する回数」

と定義するとき、Xの確率分布を求めましょう。

解

標本空間は、

S={HHH, HHT, HTH, THH, HTT, HTH, THH, TTT}

となります。「標本点」と「Xの値」と「確率」の対応表を次のように作ります。

標本点 ω	X	$P\{\omega\}$
HHH	0	$\frac{1}{8}$
HHT	1	$\frac{1}{8}$
HTH	2	$\frac{1}{8}$
THH	1	$\frac{1}{8}$
HTT	1	$\frac{1}{8}$
THT	2	$\frac{1}{8}$
TTH	1	$\frac{1}{8}$
TTT	0	$\frac{1}{8}$

対応表より、次の確率分布になります。

$$p(x) = \begin{cases} \dfrac{1}{4} & \cdots\cdots\cdots\cdots x=0 \\ \dfrac{1}{2} & \cdots\cdots\cdots\cdots x=1 \\ \dfrac{1}{4} & \cdots\cdots\cdots\cdots x=2 \\ 0 & \cdots\cdots\cdots\cdots その他のx \end{cases}$$

例5.2

白球4個、赤球3個が入っている箱の中味をよくかき混ぜ、3個の球を抽出する実験を行います。ここで、確率変数Xを、
「X：抽出する赤球の数」
と定義するとき、Xの確率分布を求め、そのグラフを描きましょう。

解

まず、標本空間を求めます。

7個の中から3個を抽出する方法の数は $\binom{7}{3}$ とおりであり、これが標本空間の標本点の個数となります。そして、単一事象の起こる確率は、いずれも $\dfrac{1}{\binom{7}{3}}$ です。

いま、確率変数Xは、「抽出する赤球の数」ですから、Xは「0、1、2、3」の数値をとります。

次に、それぞれのXの値と、それに対応する確率を求めましょう。

◎事象〔X＝0〕の起こる確率

X＝0のときは、赤球が0ですから、白球3個を抽出することになります。

白球4個から白球3個を抽出するときの方法は、$\binom{4}{3}$とおりあります。

この方法の数を、標本空間の標本点の個数で割れば、確率が出ます。

$$P\{X=0\} = \frac{\binom{4}{3}}{\binom{7}{3}} = \frac{4}{35}$$

・組み合わせの数は、第2章で学びました。思い出してください。

n個の対象物からr個を取り出す組み合わせの数は、以下の式でした。

$$\binom{n}{r} = \frac{n!}{r!(n-r)!}$$

◎事象〔X＝1〕の起こる確率

X＝1のときは、赤球が1個と白球を2個を抽出することになります。

赤球3個から1個を抽出する方法は$\binom{3}{1}$とおりです。

この各々に対して、白球4個から2個を抽出する方法が$\binom{4}{2}$とおりあります。

事象〔X＝1〕の起こる方法は、

$\binom{3}{1}\binom{4}{2}$ とおりとなります。

この方法の数を、標本空間の標本点の個数で割れば、確率が出ます。

$$P\{X=1\}=\frac{\binom{3}{1}\binom{4}{2}}{\binom{7}{3}}=\frac{18}{35}$$

◎**事象〔X＝2〕の起こる確率**

X＝2のときは、赤球が2個と白球を1個を抽出することになります。

赤球3個から2個を抽出する方法は $\binom{3}{2}$ とおりです。

この各々に対し、白球4個から1個を抽出する方法が $\binom{4}{1}$ とおりあります。

事象〔X＝2〕の起こる方法は、

$\binom{3}{2}\binom{4}{1}$ とおりとなります。

この方法の数を、標本空間の標本点の個数で割れば、確率が出ます。

$$P\{X=2\}=\frac{\binom{3}{2}\binom{4}{1}}{\binom{7}{3}}=\frac{12}{35}$$

◎事象〔X＝3〕の起こる確率

X＝3のときは、赤球3個を抽出することになります。

赤球3個から3個を抽出する方法は $\binom{3}{3}=1$ とおりです。

この方法の数を、標本空間の標本点の個数で割れば、確率が出ます。

$$P\{X=3\} = \frac{\binom{3}{3}}{\binom{7}{3}} = \frac{1}{35}$$

◎確率分布を表す

以上の結果から、次のように、確率分布とそのグラフを表します。

$$p(x) = \begin{cases} \dfrac{4}{35} & \cdots\cdots\cdots\ x=0 \\ \dfrac{18}{35} & \cdots\cdots\cdots\ x=1 \\ \dfrac{12}{35} & \cdots\cdots\cdots\ x=2 \\ \dfrac{1}{35} & \cdots\cdots\cdots\ x=3 \\ 0 & \cdots\cdots\cdots\ その他のx \end{cases}$$

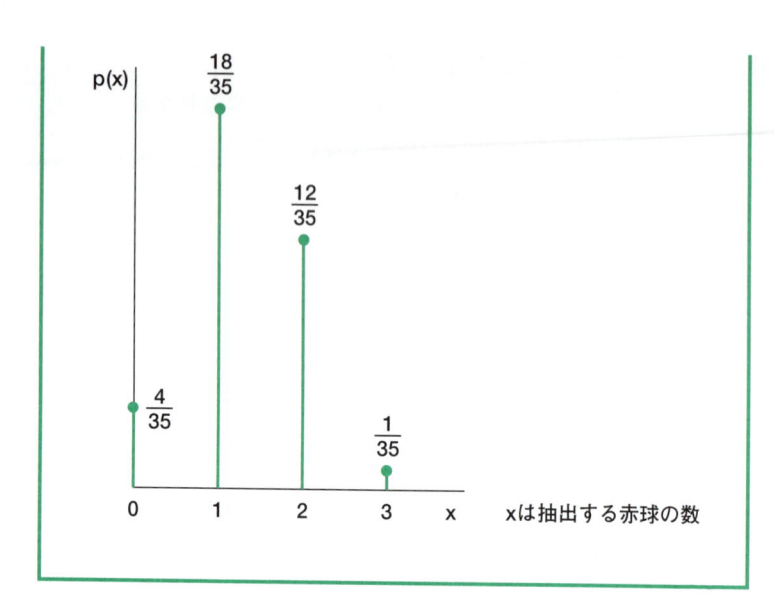

p(x)

- $\frac{4}{35}$ at 0
- $\frac{18}{35}$ at 1
- $\frac{12}{35}$ at 2
- $\frac{1}{35}$ at 3

xは抽出する赤球の数

(白球4・赤球3個)
ここから3個の球をとり出すときの **確率分布**

5-2 2項分布

　ある一つの実験を考えましょう。実験の結果が「成功」か「失敗」の2とおりのいずれかしか起こらない試行をn回行います。ただし、各試行は、他の試行に影響を与えない、すなわち、**独立試行**とします。

　いま、各試行で、「成功」の起こる確率をp（したがって、「失敗」の起こる確率は1－p）とします。

　ここで、確率変数Xを、

　　「X：n回の試行中の「成功」の回数」

とします。

　Xは、「0からn」までの値をとる確率変数になります。このときのXを**2項確率変数**と呼びます。そしてこの**2項確率変数**の確率分布を**2項分布**といいます。

2項分布の考え方

　「2項分布」の問題は、次のような「n個の空箱」を考えるのが1番分かりやすくなります。

　各空箱には、「成功」か「失敗」が入り、「成功」が入る確率をpとします。そして、

　　「確率変数X：n箱の中の「成功」の入っている数」

とします。

　では、2項確率変数Xの確率分布、P{X＝x}＝p(x) を求めてみましょう。2とおりの起こり方を便宜上、「S」と「F」としましょう（SはSuccessのS、FはFailureのF）。

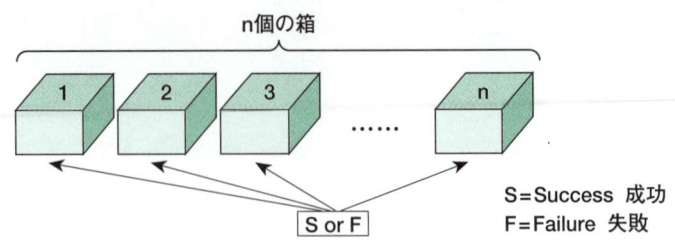

n個の箱

S=Success 成功
F=Failure 失敗

各空箱には、SかFが入り、$\begin{cases} \text{Sが入る確率はpである} \\ \text{Fが入る確率は1-pである} \end{cases}$

いま、n個の箱のうち、x個の箱には「S」が入り、残りの（n－x）個の空箱には「F」が入る例として、次のような箱の「列」を1つ考えてみましょう。

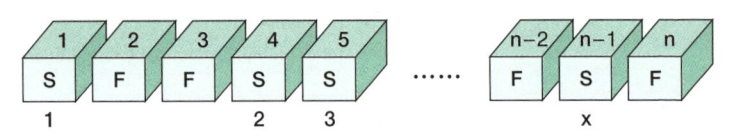

Sが入ってる箱がx個あり、Fが入っている箱が(n - x)個ある、箱の列の1つ

n個の箱のうち、x個の箱には「S」が入り、(n－x) 個の箱には「F」が入るような箱の並び方は、この図以外にもありますが、どの並び方も「S」が入る箱がx個、「F」が入る箱が (n－x) 個あることには変わりませんから、その起こる確率は、

(成功の起こる確率p)^x ×(失敗の起こる確率1－p)$^{n-x}$
$= p^x(1-p)^{n-x}$

となります。

したがって、n個の空箱に「S」をx個入れる方法の数（組み合

わせの数）を求め、その値に、x個の箱に「S」が入り（n−x）個の箱に「F」が入るような1つの列の確率「$p^x(1-p)^{n-x}$」をかけたものが$P\{X=x\}=p(x)$ となります。

n個の番号のついた空箱に「S」をx個入れる方法は、1からnまでの番号のついた箱からx個の箱を選ぶことと同じですから、$\binom{n}{x}$ とおりとなります。

ちょっと一言

たとえば、「表」の出る確率が$\frac{2}{3}$、「裏」の出る確率が$\frac{1}{3}$のコインがあるとします。このコインを4回投げる実験で、「表」が出る回数が3回の場合の列は、

　　HHHT、　　HHTH、　　HTHH、　　THHH

の4列あります。それぞれの起こる確率は、

H	H	H	T

$\frac{2}{3} \times \frac{2}{3} \times \frac{2}{3} \times \frac{1}{3}$

H	H	T	H

$\frac{2}{3} \times \frac{2}{3} \times \frac{1}{3} \times \frac{2}{3}$

H	T	H	H

$\frac{2}{3} \times \frac{1}{3} \times \frac{2}{3} \times \frac{2}{3}$

T	H	H	H

$\frac{1}{3} \times \frac{2}{3} \times \frac{2}{3} \times \frac{2}{3}$

となります。結局、どれもHが3個、Tが1個なので、起こる確率は、

　（Hの出る確率）^{3}×（Tの出る確率）$^1 = \left(\frac{2}{3}\right)^3 \times \frac{1}{3}$

となります。したがってコインを4回投げる実験で、3回「表」が出る確率は、上で求めた確率を4倍（4列あるから）すれば求まります。

したがって、2項確率変数Xの確率分布として、P{X=x}=p(x)を求める式は、次のようになります。

2項分布（2項確率変数の確率分布）

$$p(x) = \binom{n}{x} p^x (1-p)^{n-x} \qquad (x=0, 1, \ldots\ldots, n)$$

コインを3回投げて表が1回も出ない確率
$n=3, p=0.5, x=0$
$p(0) = \binom{3}{0} \times 0.5^0 \times 0.5^3 = 0.125$

ちょっと一言

「2項確率分布かどうかの判断」

次のように空箱で定式化すると、2項分布の問題かどうかが、すぐにわかります。

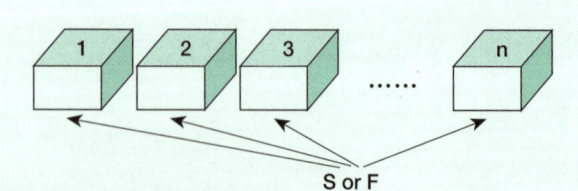

S or F

- 各箱に「S」が入る確率p、したがって、「F」が入る確率1−p。
- 「確率変数X：「S」の入る箱の数」 ……　Xは0〜nの値を取りうる。

例5.3

「表」の出る確率が0.7(したがって、「裏」の出る確率は0.3)のコインを4回投げる実験を行います。確率変数Xを、
　　「X:表の回数」
とするとき、Xの確率分布を求めましょう。

解

(1) **2項分布かどうかの判断**

次のように定式化できるので、Xは2項確率変数です。

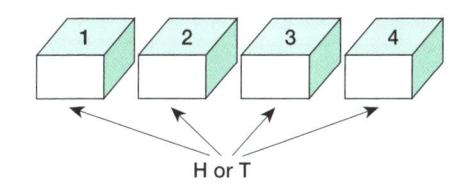

① 各箱に「表H」が入る確率は0.7である。
② X:「表H」の入る箱の数……Xは、0から4の値をとる

(2) **2項分布の公式を使う**

2項分布の公式で、箱の数n=4、確率p=0.7を代入すると、確率分布は次のようになります。

$$p(x) = \binom{n}{x} p^x (1-p)^{n-x} = \binom{4}{x} 0.7^x \, 0.3^{4-x}$$

$$(x = 0, 1, 2, 3, 4)$$

xに0から4までを代入していけば、次の結果を得ます。

- x＝0

$$p(0) = \begin{pmatrix} 4 \\ 0 \end{pmatrix} 0.7^0 \, 0.3^4 = 0.0081$$

- x＝1

$$p(1) = \begin{pmatrix} 4 \\ 1 \end{pmatrix} 0.7^1 \, 0.3^3 = 0.0756$$

- x＝2

$$p(2) = \begin{pmatrix} 4 \\ 2 \end{pmatrix} 0.7^2 \, 0.3^2 = 0.2646$$

- x＝3

$$p(3) = \begin{pmatrix} 4 \\ 3 \end{pmatrix} 0.7^3 \, 0.3^1 = 0.4116$$

- x＝4

$$p(4) = \begin{pmatrix} 4 \\ 4 \end{pmatrix} 0.7^4 \, 0.3^0 = 0.2401$$

例5.4

問題が5つある試験を行うものとします。各問題は、それぞれ3つの選択肢をもっています。この試験に、でたらめに答えるとき、6点以上をとる確率を求めなさい。ただし、1問2点で10点満点とします。

解

でたらめに答えるということは、3つの選択肢をもつ各問題で正解する確率は $\dfrac{1}{3}$（したがって、不正解の確率は $\dfrac{2}{3}$）ということです。

したがって、次のように空箱で問題を定式化できます。5個の箱の中に「正解S」を入れると考えると、各箱に「正解S」が入る確率は$\frac{1}{3}$になります。「X：正解の数」、とします。

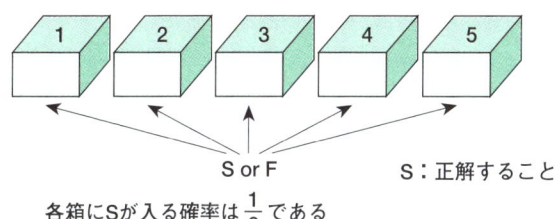

各箱にSが入る確率は$\frac{1}{3}$である

S or F　　　　　S：正解すること

2項分布の公式で、n＝5、p＝$\frac{1}{3}$ですから、確率分布は次のようになります。

$$p(x) = \binom{5}{x}\left(\frac{1}{3}\right)^x\left(\frac{2}{3}\right)^{5-x} \quad (x=0,1,2,3,4,5)$$

いま、点数を6点以上とる確率を求められているので、正解が3問以上の確率を求めればいいことになります($X \geq 3$)。つまり、3問正解、4問正解、5問正解の各場合の確率を足せばいいわけです。これより、次の結果を得ます。

$$\begin{aligned} P\{X \geq 3\} &= p(3) + p(4) + p(5) \\ &= \binom{5}{3}\left(\frac{1}{3}\right)^3\left(\frac{2}{3}\right)^2 + \binom{5}{4}\left(\frac{1}{3}\right)^4\left(\frac{2}{3}\right)^1 \\ &\quad + \binom{5}{5}\left(\frac{1}{3}\right)^5\left(\frac{2}{3}\right)^0 \\ &= 0.2099 \end{aligned}$$

2項分布の応用

ここで、もう一度、2項分布の意味を考えてみましょう。

「「成功」か「失敗」の2とおりのいずれかしか起こらない実験で、「成功」の起こる確率がpである独立試行をn回行う」とあります。

この実験を、箱から球を取り出す実験として、見方を変えてみましょう。すると、2項分布が、次の状況と同じことになります。

2項分布を応用できる場合

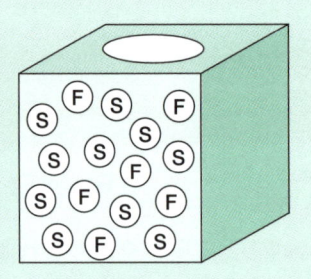

箱の中に Ⓢ と Ⓕ と記した球がたくさん入っている．
SとFの割合は，「P：1－P」

「S」と「F」と記した球が、たくさん入った箱があるとします（球を取り出した後も、「S」と「F」の球を取り出す確率が変わらないくらいたくさんの球が入っています）。そして、「S」と記した球の割合は、p（したがって、「F」と記した球の割合は$1-p$である）であるものとします。

いま、この箱の中味をよくかき混ぜ、無作為にn個の球を取り出します。このとき、確率変数を、

　　X：「S」と記された球の数

とします。

1回1回の抽出で、「S」と記された球を取り出す確率はpですから、2項分布の問題と同じになります。

これにより、次のような問題も、2項分布として解くことができるようになります。

例5.5

A社で生産される軸は、2％が不良品です。軸は10本で1つのパッケージとして出荷されます。もしパッケージの中に、不良品が2本あると返品されます。出荷されるパッケージのうち、返品される割合はいくらになるでしょうか。

解

次の図のように空箱で定式化されます（B：不良品、G：良品とします）。10個の箱に「不良品B」を入れると考えると、各箱に「不良品B」が入る確率は0.02になります。

確率変数を「X：10本中の不良品の個数」とします。

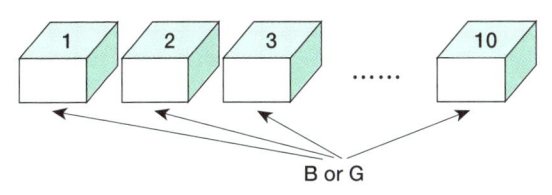

各箱にBが入る確率は0.02である（B：不良品，G：良品とする）

2項分布の式で、n＝10、p＝0.02ですから、確率分布は次

のようになります。

$$p(x) = \binom{10}{x} \times 0.02^x \times 0.98^{10-x}$$

$$(x = 0, 1, 2, 3, 4, 5, 6, 7, 8, 9, 10)$$

10本中、2本以上不良品があると返品なので、求める確率は$P\{X \geq 2\}$となります。

$$\begin{aligned}
P\{X \geq 2\} &= p(2) + p(3) + p(4) + p(5) + p(6) + p(7) \\
&\quad + p(8) + p(9) + p(10) \\
&= 1 - P\{X \leq 1\} \cdots\cdots \text{(1から返品されない確率}\\
&\qquad\qquad\qquad\qquad \text{を引いた方が計算が楽)}\\
&= 1 - p(0) - p(1) \\
&= 1 - \binom{10}{0} 0.02^0 \times 0.98^{10} \\
&\quad - \binom{10}{1} 0.02^1 \times 0.98^9 = 0.0162
\end{aligned}$$

5-3 連続確率変数

次のような問題を考えてみましょう。

> 田中さんは、7時から8時の間に駅に着きます。しかし着く時間の可能性は、この60分の間のどの瞬間も同等です。電車は、7時20分と7時50分に発車します。田中さんが電車を待つ時間が10分を超えない確率を求めなさい。

田中さんが駅に着く時間は、決まっていないので、変数で表しましょう。

　　　　「X：田中さんが駅に着く時間」

とします。すなわち、田中さんが駅に着く時間を7時X分とします。題意から、Xは7時から8時の間のいずれの時間（分）、つまり、0から60（分）の間のどんな値でもとる可能性は同じわけですから、Xはそのような確率分布に従って値をとります。これは、確率変数の定義に合致しますので、Xは「確率変数」となります。

ところで、0分から60の間には、無数の数が存在します。つまり、確率変数Xは、連続的な値をとります。そのため、Xを**連続確率変数**と言います。

◎連続確率変数の確率分布

上の例の場合、「確率分布」をどう表したらよいでしょうか。

グラフで表すと、駅に着く可能性は0と60の間の値を同等にとりやすいので、高さを一定にして、次の図のように表すのが自然でしょう。

```
         f(x)
          │─────────────────────────┐
      高  │                         │
      さ  │                         │
          │                         │
          └─────────────────────────┴──
          0                        60   x
```

◎考え方

電車は、7時20分と7時50分に発車しますので、田中さんが電車に10分も待たないで乗車するのは、次の2つの場合です。

・7時10分から7時20分の間に駅に着く。間隔：10分
・7時40分から7時50分の間に駅に着く。間隔：10分

田中さんは、7時から8時の間のどの瞬間にも、駅に同等に着きやすいわけですから、60分のうち、上の2つの間隔の合計20分の割合 $\frac{20}{60} = \frac{1}{3}$ が求める確率となることが、常識的に考えると分かります。

◎計算の方法

計算式で求めてみましょう。

田中さんは7時と8時の間に、「必ず」駅に着くわけですから、

・「田中さんが7時～8時に駅に着く確率＝1」

です。このことから、7時と8時の上にできる長方形の面積を1と

ちょっと一言

Xが連続確率変数の場合、確率分布は一般に、f(x) で表します。

し、これを確率1に対応させることができます。面積を1にするためには、長方形の高さは$\frac{1}{60}$となります。

待ち時間が10分を超えないためには、田中さんは7時10分～7時20分の間と、7時40分～7時50分の間に駅に着けばいいわけですから、求める確率（面積）は、

(7時10分～20分の上の長方形の面積)
　　　＋ (7時40分～50分の上の長方形の面積)

で与えられることになります。

$$(10+10) \times \frac{1}{60} = \frac{1}{3}$$

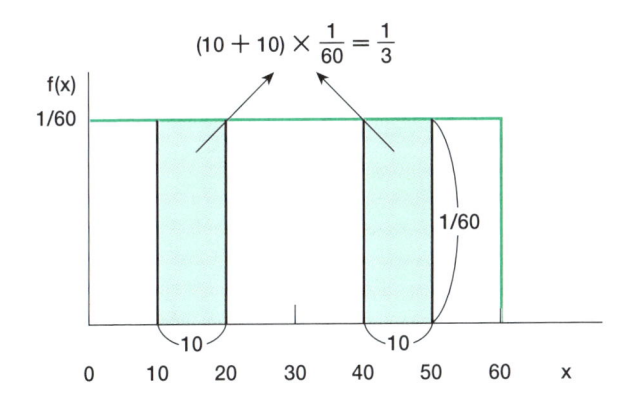

以上のように考えても、不合理なことは生じないので、この場合の確率分布は、次のように与えられます。

$$f(x) = \begin{cases} \dfrac{1}{60} & \cdots\cdots\cdots\quad 0 \leqq x \leqq 60 \\ 0 & \cdots\cdots\cdots\quad \text{その他の}x \end{cases}$$

連続確率変数の確率分布の満たす条件

では、連続確率変数の場合、確率分布 f(x) の満たすべき条件はどうなるでしょうか。

先程の例からも分かるように、次のようになります。

> 連続確率変数Xの確率分布 f(x) の満たすべき条件
> (1) f(x)≧0 ………… $-\infty < x < \infty$
> (2) f(x) とx軸で囲まれる部分の面積が1である。

上の2番目の条件は、積分記号を用いると次のようになります。

$$\int_{-\infty}^{\infty} f(x)\,dx = 1$$

* (Xの取りうる範囲が「a≦x≦b」のときでも、一般に、積分範囲（積分記号の上下につけられている）を、上式のように、「$-\infty < x < \infty$」として表すことができます。なぜなら、「x<a」および「x>b」の範囲では、f(x)=0となり、この部分の積分の値は0（面積は0）となるからです）

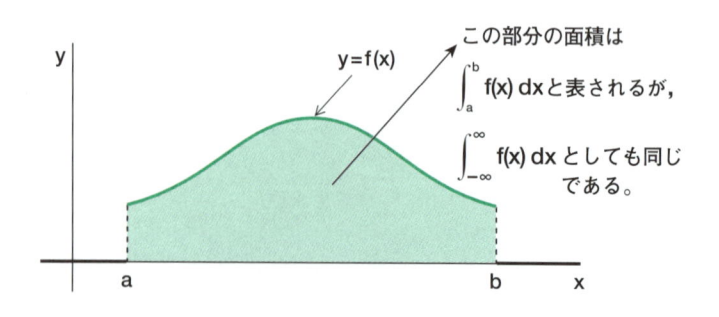

この部分の面積は $\int_{a}^{b} f(x)\,dx$ と表されるが、$\int_{-\infty}^{\infty} f(x)\,dx$ としても同じである。

連続確率変数の性質

連続確率変数の性質(1)
Xが連続確率変数の場合、Xがある1つの値をとる確率は0である。

連続確率変数Xが「a≦x≦b」の間の値をとるとき、「a」と「b」の間には、無数の数が存在します。もし、Xが「a」と「b」間のある値「c」をとる確率が0でないとすると、無数の数に対して0でない確率が定まることになり、確率の総和が1を超えてしまい矛盾を生じます。

したがって、連続確率変数Xが、ある1点の値をとる確率は0となります。しかしながら、実験を行うと、連続確率変数Xの実現値として、ある値cが結果として生じます。この場合、次のように言うこともできます。

「連続確率変数Xは0という確率で、cという値をとる。」

連続確率変数Xが、ある1点の値をとる確率は0ですから、確率は区間に対して計算されることになり、次の確率は同じになります。

連続確率変数の性質(2)
Xが連続確率変数の場合、次式が成り立つ。
$P(a<X<b)=P(a≦X<b)=P(a<X≦b)=P(a≦X≦b)$

例5.6

山田さんが駅に着く時間は、7時から7時30分までは確率が高くなり、7時30分を過ぎると低くなっていくとします。

すなわち、確率分布が次の図のようなとき、電車を待つ時間が10分を超えない確率を求めなさい。ただし、電車は7時20分と7時50分に発車します。

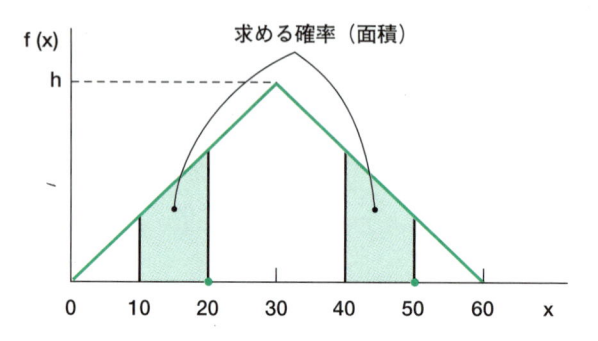

解

最初に、三角形の高さを求めましょう。

三角形の面積は、「底辺の長さ×高さ÷2」で求まります。確率分布の面積は1ですから、三角形の高さをhとすると、次式が成り立ちます。

$$60 \times h \times \frac{1}{2} = 1 \qquad \therefore \quad h = \frac{1}{30}$$

これより、高さ$h = \frac{1}{30}$となります。求める確率の面積は、辺の直線の式を求めて計算するのが一般的ですが、この三角形は、x＝30に関して左右対称ですので、次のように工夫して求めることができます。

```
f(x)
1/30
```

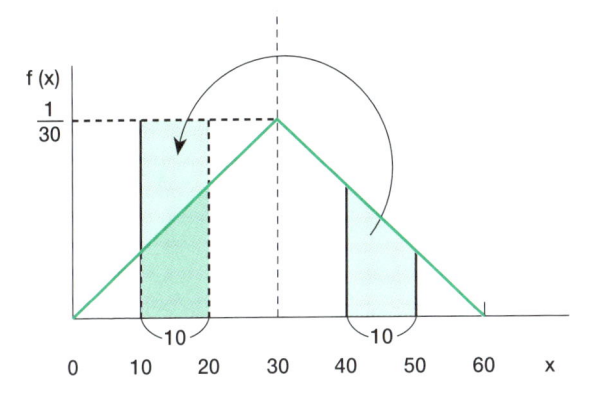

0 10 20 30 40 50 60 x

上図より、左側の色部分の二つの台形をあわせた長方形の面積を求めればよいので、面積は底辺の長さ×高さで求まります。

$$10 \times \frac{1}{30} = \frac{1}{3}$$

となり、これが求める解となります。

例5.7

次のような完全にバランスのとれた、真ん中に矢のついた円盤が2つあります。矢は回転して、円盤のどの点にも同等に止まりやすいものとします。

それぞれの確率分布を求めなさい。

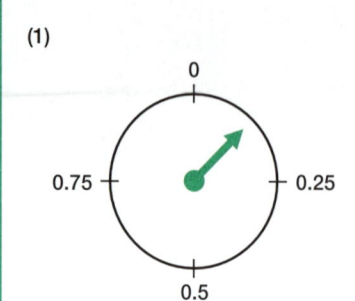

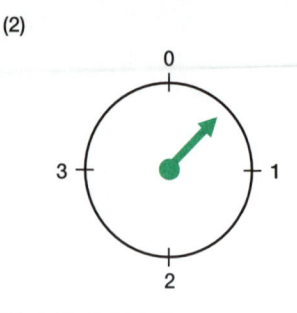

(1) (2)

解

(1) 矢は、0から1の間のどの点にも同等に止まりやすいと考えられるので、確率分布は次のようになります。

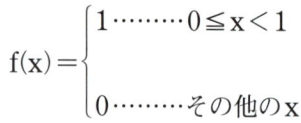

$$f(x) = \begin{cases} 1 & \cdots\cdots 0 \leq x < 1 \\ 0 & \cdots\cdots その他のx \end{cases}$$

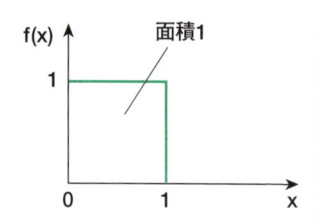

(2) 矢は0～4の間のどの点にも同等に止りやすいと考えられるので、確率分布は次のようになります。

$$f(x) = \begin{cases} \dfrac{1}{4} & \cdots\cdots 0 \leq x < 4 \\ 0 & \cdots\cdots その他のx \end{cases}$$

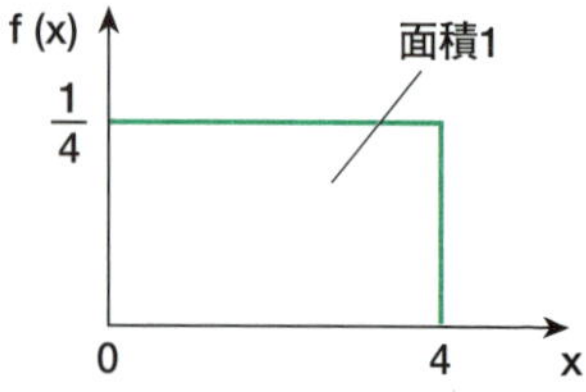

5-4 正規分布

いま、青年男子の身長を測り、その結果、次のヒストグラムが得られたものとしましょう。

●ある青年男子の身長のヒストグラム

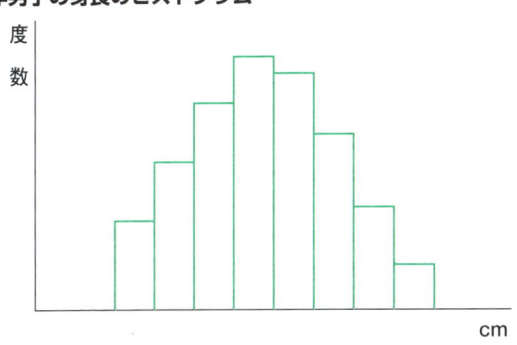

ここで、「長方形の面積の合計が1を保つように、縦軸の目盛りを変える」ことにしましょう。縦軸に相対度数[※]をとります。

この条件のもとで、サンプル数を増やし、階級の幅を狭くしていくと、たとえば、次の図のようなヒストグラムが描けるでしょう。

●サンプル数を増やし、面積の合計が1のままで目盛りを変える

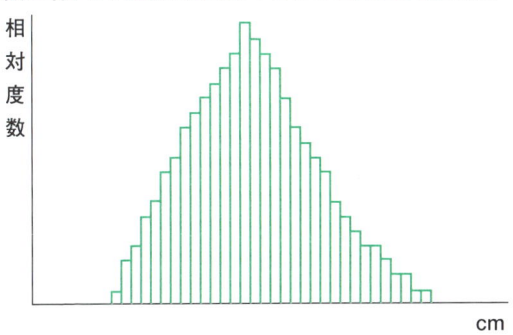

相対度数[※]：度数1を1／（クラスの幅×全体の人数）に対応させます。

この操作（サンプル数をさらに増やし、階級の幅をさらに狭くする）を続けていくと、最後に、各長方形の上辺を曲線でなぞれば、なめらかな曲線が描けます。この曲線が青年男子の身長の分布を表す曲線となります。

●さらにサンプル数を増やし階級幅を狭くする

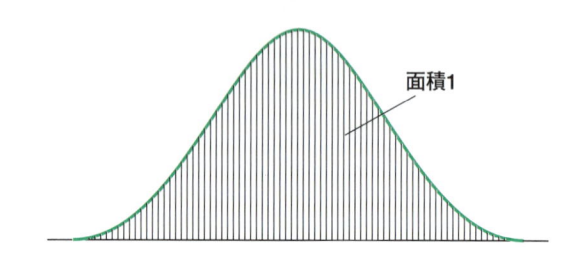

面積1

正規曲線

　上図のように、身長の場合の曲線は、左右対称の「ベル型」になることが経験的に知られています。そして、この左右対称の曲線を**正規曲線**といいます。

　正規曲線を表す式は、次のようになりますが、覚える必要はないでしょう。こういう式もあると思ってください。

> **正規曲線の式**
> $$f(x) = \frac{1}{\sqrt{2\pi}\sigma} e^{-\frac{(x-\mu)^2}{2\sigma^2}}$$

　ここで、πは円周率、eは自然対数の底、μは平均、σは標準

偏差です。上の式から分かるように、正規曲線は μ と σ によって決定されます。

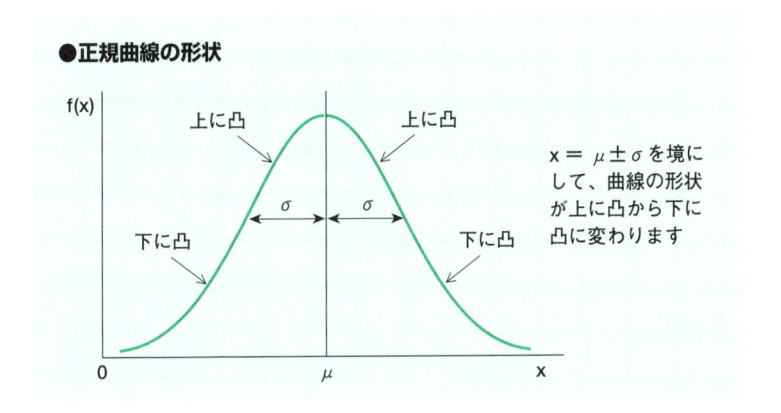

●正規曲線の形状

f(x)、上に凸、上に凸、σ、σ、下に凸、下に凸、μ、x

x ＝ $\mu \pm \sigma$ を境にして、曲線の形状が上に凸から下に凸に変わります

正規曲線下の面積

先ほどの青年男子の身長の場合、正規曲線を確率分布とする確率変数Xは、次のように定義されます。

「X：任意の青年男子を選んだとき、その青年男子の身長」

そして、任意に選んだ青年男子の身長Xが、たとえば、170cmから175cmの間に入る確率は、次の図の色の部分の面積で与えられることになります。

この色の部分の面積は、別の解釈も可能です。まとめておきましょう。

●身長の正規曲線の色の部分の面積の解釈

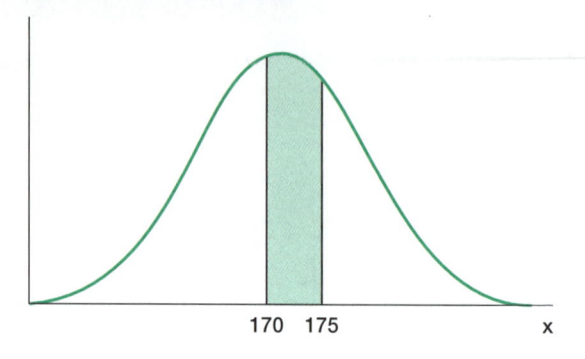

解釈1：
　任意の青年男子を選んだとき、その身長 X が 170cmから175cmの間に入る確率

解釈2：
　青年男子全体の集合における身長が170cmから175cmの青年男子の割合

正規分布とは

　我々は、正規分布という言葉をよく使います。すでに明らかだと思いますが、正規分布とは、次の定義となります。

> 正規分布
> 　確率変数Xの確率分布が「正規曲線」で与えられるとき、この確率分布を正規分布といいます。

　身長に限らず、「世の中の社会現象」、「経済現象」、「自然現象」のデータの多くは、正規分布で近似されます。また、後章で説明しますが、同一の確率分布をもつ複数の確率変数の平均は、正規

分布に近似的に従うという性質があります（中心極限定理）。

このように、正規分布は応用上、最も重要な分布になります。

正規分布の平均と標準偏差

正規曲線の式の中にある μ を「**正規分布の平均**」、σ を「**正規分布の標準偏差**」、σ^2 を「**正規分布の分散**」といいます。確率分布の平均、標準偏差、分散については、後章で説明しますが、今の段階では、

> 「正規分布を、非常にデータ数の多いヒストグラムの近似と考え、μ、σ、σ^2 は、これら多くのデータの平均、標準偏差、分散である。」

と考えておくとよいでしょう。

正規分布の記号表現

正規分布を表現するのに「平均 $\mu=○○$、分散 $\sigma^2=△△$ の正規分布」、といちいち言葉で表すのは煩わしいときがあります。こ

ちょっと一言

ここで、1つ注意しておきましょう。身長のヒストグラムをなぞると正規曲線になると説明しましたが、身長のある区間（a、b）には、無数の身長の値が存在します。

したがって、理論的には無数の青年男子を考えていることになります。現実には、青年男子の数は有限ですが、青年男子の数を無限として取り扱うわけです。

このように考えても、応用上、特に問題はありません。

のような場合、これを「N(μ、σ^2)」のように記号を使って正規分布であることを表します。例えば、確率変数Xが、正規分布をすることを表す記号は、X〜N(μ、σ^2) となります。

- 「平均μ、分散σ^2の正規分布」の記号表現
    N(μ、σ^2)
- 「確率変数Xが平均μ、分散σ^2の正規分布に従う」ことの表現または「Xの確率分布がN(μ、σ^2)である」ことの表現
    X〜N(μ、σ^2)

正規分布のバラツキ表現

「σ^2は分散」、「σは標準偏差」であり、どちらもバラツキを表す指標です。正規分布の場合、「σ」は、分布の広がりを表します。

「正規曲線とx軸で囲まれる面積は1」ですから、σが小さい(バラツキが少ない)正規分布と、σが大きい(バラツキが大きい)正規分布の関係は以下のようになります。

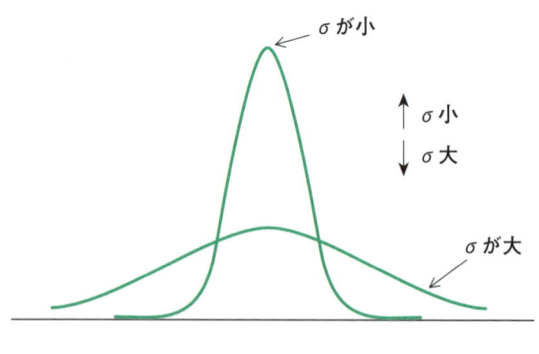

μが同じときのσの大小

標準正規分布

「平均が0、分散が1（標準偏差が1）」のときの正規分布を、**標準正規分布**といい、$N(0,1)$ で表します。

一般の正規分布 $N(\mu, \sigma^2)$ と、標準正規分布 $N(0,1)$ との関係を、次に定理としてあげておきましょう。

定理5.1
確率変数Xが、「平均 μ、標準偏差 σ」の正規分布に従うものとする。このとき、

$$Z = \frac{X - \mu}{\sigma}$$

とおくと、Zは、「平均0、標準偏差1」の標準正規分布に従う。

ZはXで表されます。Xは確率変数ですから、Zもやはり確率変数になり、Zの確率分布は標準正規分布になります。このとき、ZとXの2つの正規分布の関係は、以下のようになります。

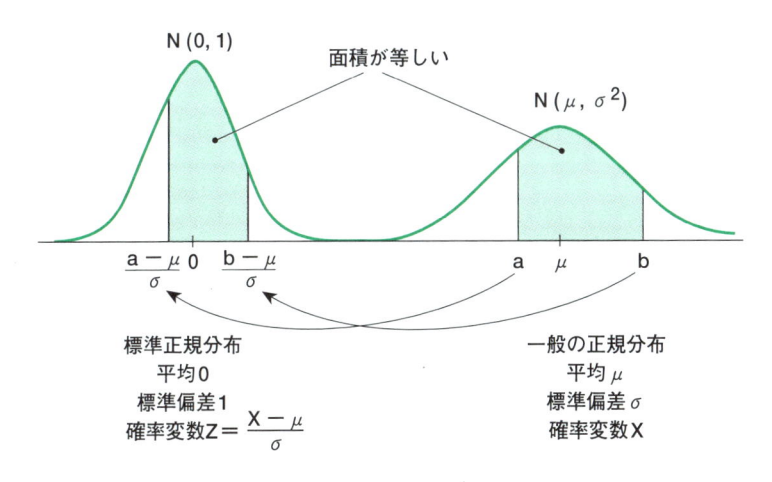

N(0, 1)　面積が等しい　$N(\mu, \sigma^2)$

$\frac{a-\mu}{\sigma}$　0　$\frac{b-\mu}{\sigma}$　　　a　μ　b

標準正規分布
平均0
標準偏差1
確率変数 $Z = \frac{X - \mu}{\sigma}$

一般の正規分布
平均 μ
標準偏差 σ
確率変数X

図から分かるように、「$X \sim N(\mu, \sigma^2)$」のとき、確率$P\{a<X<b\}$の値を求める場合、面積が等しいので、

$$P\{a<X<b\} = P\left\{\frac{a-\mu}{\sigma} < Z < \frac{b-\mu}{\sigma}\right\}$$

が成り立ちます。

標準正規分布の$P\{0 \leq Z \leq z\}$の値は、「正規分布表」（表5-1）として与えられていますので、値を求める場合は、正規分布の対称性を使って、上式の右辺の値を求めるようにします。

● **正規分布の$P\{0 \leq Z \leq z\}$は、正規分布表として与えられる**

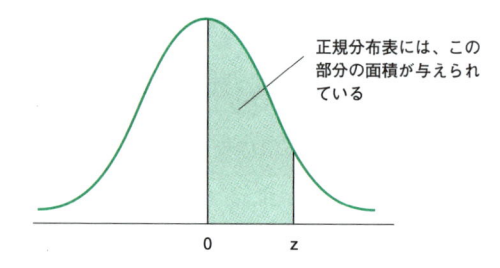

正規分布表には、この部分の面積が与えられている

ちょっと一言

確率変数Xの確率分布が定まっているとき（この確率分布をAとします）、
「Xは確率分布Aに従う」
という表現をします。たとえば、
「Xは正規分布に従う」、「Xは2項分布に従う」
というように使います。統計では、このような表現をよく用いますので、慣れておきましょう。

●表5-1 正規分布表

例えば$P\{0\leq Z\leq 0.45\}$は，下表より0.1736となります．また，$P\{-0.45\leq Z<0\}$は，正規曲線の対称性より，$P\{-0.45\leq Z<0\}=P\{0\leq Z\leq 0.45\}=0.1736$と求まります．

z	0.00	0.01	0.02	0.03	0.04	0.05	0.06	0.07	0.08	0.09
0.0	0.0000	0.0040	0.0080	0.0120	0.0160	0.0199	0.0239	0.0279	0.0319	0.0359
0.1	0.0398	0.0438	0.0478	0.0517	0.0557	0.0596	0.0636	0.0675	0.0714	0.0753
0.2	0.0793	0.0832	0.0871	0.0910	0.0948	0.0987	0.1026	0.1064	0.1103	0.1141
0.3	0.1179	0.1217	0.1255	0.1293	0.1331	0.1368	0.1406	0.1443	0.1480	0.1517
0.4	0.1554	0.1591	0.1628	0.1664	0.1700	0.1736	0.1772	0.1808	0.1844	0.1879
0.5	0.1915	0.1950	0.1985	0.2019	0.2054	0.2088	0.2123	0.2157	0.2190	0.2224
0.6	0.2257	0.2291	0.2324	0.2357	0.2389	0.2422	0.2454	0.2486	0.2517	0.2549
0.7	0.2580	0.2611	0.2642	0.2673	0.2703	0.2734	0.2764	0.2794	0.2823	0.2852
0.8	0.2881	0.2910	0.2939	0.2967	0.2995	0.3023	0.3051	0.3078	0.3106	0.3133
0.9	0.3159	0.3186	0.3212	0.3238	0.3264	0.3289	0.3315	0.3340	0.3365	0.3389
1.0	0.3413	0.3438	0.3461	0.3485	0.3508	0.3531	0.3554	0.3577	0.3599	0.3621
1.1	0.3643	0.3665	0.3686	0.3708	0.3729	0.3749	0.3770	0.3790	0.3810	0.3830
1.2	0.3849	0.3869	0.3888	0.3907	0.3925	0.3944	0.3962	0.3980	0.3997	0.4015
1.3	0.4032	0.4049	0.4066	0.4082	0.4099	0.4115	0.4131	0.4147	0.4162	0.4177
1.4	0.4192	0.4207	0.4222	0.4236	0.4251	0.4265	0.4279	0.4292	0.4306	0.4319
1.5	0.4332	0.4345	0.4357	0.4370	0.4382	0.4394	0.4406	0.4418	0.4429	0.4441
1.6	0.4452	0.4463	0.4474	0.4484	0.4495	0.4505	0.4515	0.4525	0.4535	0.4545
1.7	0.4554	0.4564	0.4573	0.4582	0.4591	0.4599	0.4608	0.4616	0.4625	0.4633
1.8	0.4641	0.4649	0.4656	0.4664	0.4671	0.4678	0.4686	0.4693	0.4699	0.4706
1.9	0.4713	0.4719	0.4726	0.4732	0.4738	0.4744	0.4750	0.4756	0.4761	0.4767
2.0	0.4772	0.4778	0.4783	0.4788	0.4793	0.4798	0.4803	0.4808	0.4812	0.4817
2.1	0.4821	0.4826	0.4830	0.4834	0.4838	0.4842	0.4846	0.4850	0.4854	0.4857
2.2	0.4861	0.4864	0.4868	0.4871	0.4875	0.4878	0.4881	0.4884	0.4887	0.4890
2.3	0.4893	0.4896	0.4898	0.4901	0.4904	0.4906	0.4909	0.4911	0.4913	0.4916
2.4	0.4918	0.4920	0.4922	0.4925	0.4927	0.4929	0.4931	0.4932	0.4934	0.4936
2.5	0.4938	0.4940	0.4941	0.4943	0.4945	0.4946	0.4948	0.4949	0.4951	0.4952
2.6	0.4953	0.4955	0.4956	0.4957	0.4959	0.4960	0.4961	0.4962	0.4963	0.4964
2.7	0.4965	0.4966	0.4967	0.4968	0.4969	0.4970	0.4971	0.4972	0.4973	0.4974
2.8	0.4974	0.4975	0.4976	0.4977	0.4977	0.4978	0.4979	0.4979	0.4980	0.4981
2.9	0.4981	0.4982	0.4982	0.4983	0.4984	0.4984	0.4985	0.4985	0.4986	0.4986
3.0	0.4987	0.4987	0.4987	0.4988	0.4988	0.4989	0.4989	0.4989	0.4990	0.4990

5 確率変数

例5.8

確率変数Xが、平均10、分散25（標準偏差5）の正規分布に従っているとき、（記号で表せば、「X〜N(10,25)」のとき）、次の確率を求めなさい。

(1) P{8＜X≦14}
(2) P{X＞16}
(3) P{X≦7}

解

連続確率変数の性質（p231）で説明したように、不等号に等号がついていても、ついてなくても関係ありません。

(1) 最初に、Xの確率を、標準正規分布に従うZの確率に変換します。

$$P\{8<X\leq14\} = P\left\{\frac{8-10}{5} < Z \leq \frac{14-10}{5}\right\}$$
$$= P\{-0.4 < Z \leq 0.8\}$$
$$= P\{-0.4 < Z < 0\} + P\{0 \leq Z \leq 0.8\}$$

P{−0.4＜Z＜0}ですが、正規分布表には「−0.4」はありません。そこで、正規分布の対称性より（次ページの上図）、数値を読み替えます。

●求めたい面積

$$P\{-0.4 < Z < 0\}$$
$$= P\{0 \leq Z \leq 0.4\}$$

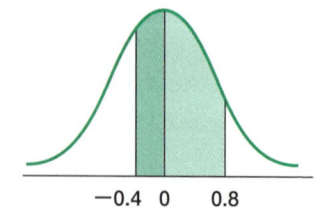

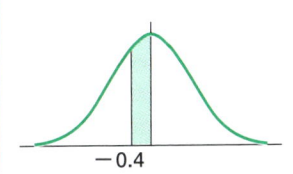

左右対称

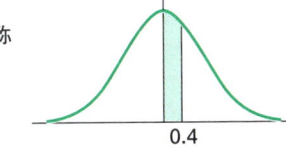

−0.4　　=　　0.4

ですから、正規分布表（表5-1、5-2）より、0.4と0.8の値を読みます。

$$P\{0 \leq Z \leq 0.4\} = 0.1554$$
$$P\{0 \leq Z \leq 0.8\} = 0.2881$$

と求まるので、次のように計算されます。

$$P\{8 < X \leq 14\} = P\{0 \leq Z \leq 0.4\} + P\{0 \leq Z \leq 0.8\}$$
$$= 0.1554 + 0.2881 = 0.4435$$

(2) Xの確率を、標準正規分布に従うZの確率に変換します。

$$P\{X > 16\} = P\left\{Z > \frac{16-10}{5}\right\} = P\{Z > 1.2\}$$
$$= 0.5 - P\{0 \leq Z \leq 1.2\} = 0.5 - 0.3849 = 0.1151$$

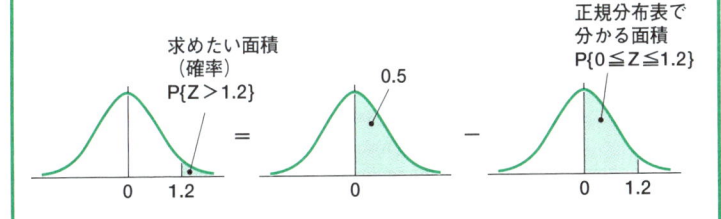

求めたい面積（確率）
$P\{Z > 1.2\}$
0　1.2

0.5
0

正規分布表で分かる面積
$P\{0 \leq Z \leq 1.2\}$
0　1.2

(3) Xの確率を、標準正規分布に従うZの確率に変換します。

$$P\{X \leq 7\} = P\left\{Z \leq \frac{7-10}{5}\right\} = P\{Z \leq -0.6\}$$
$$= P\{Z \geq 0.6\} = 0.5 - P\{0 \leq Z \leq 0.6\} \text{（次図）}$$
$$= 0.5 - 0.2257 = 0.2743$$

求めたい面積
P{Z≦−0.6}

正規分布表で分かる面積
P{0≦Z≦0.6}

P{Z≧0.6}

正規分布表の対称性を使う

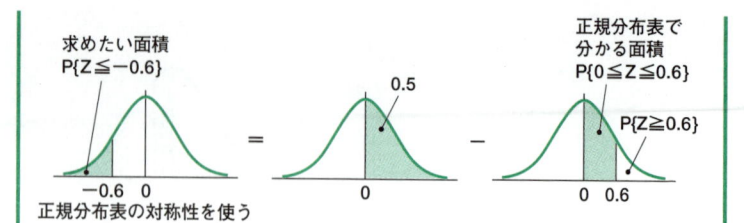

●表5-2

z	0.00	0.01	……	0.09
0.0	0.0000	0.0040		0.0359
0.1	0.0398	0.0438		0.0753
0.2	0.0793	0.0832	……	0.1141
0.3	0.1179	0.1217		0.1517
0.4	0.1554	0.1591		0.1879
0.5	0.1915	0.1950		0.2224
0.6	0.2257	0.2291		0.2549
0.7	0.2580	0.2611	……	0.2852
0.8	0.2881	0.2910		0.3133
0.9	0.3159	0.3186		0.3389
1.0	0.3413	0.3438		0.3621
1.1	0.3643	0.3665		0.3830
1.2	0.3849	0.3869	……	0.4015
1.3	0.4032	0.4049		0.4177
1.4	0.4192	0.4207		0.4319
1.5	0.4332	0.4345		0.4441
1.6	0.4452	0.4463		0.4545
1.7	0.4554	0.4564	……	0.4633
1.8	0.4641	0.4649		0.4706
1.9	0.4713	0.4719		0.4767
2.0	0.4772	0.4778		0.4817
2.1	0.4821	0.4826		0.4857
2.2	0.4861	0.4864	……	0.4890
2.3	0.4893	0.4896		0.4916
2.4	0.4918	0.4920		0.4936
2.5	0.4938	0.4940		0.4952
2.6	0.4953	0.4955		0.4964
2.7	0.4965	0.4966	……	0.4974
2.8	0.4974	0.4975		0.4981
2.9	0.4981	0.4982		0.4986
3.0	0.4987	0.4987		0.4990

例5.9

あるマンモス大学の入学試験の結果は、平均60点、標準偏差10点の正規分布に従っています。

(1) 70点以上の学生の割合を求めなさい。
(2) 受験者は5万人でした。上から1万人目の学生の得点はどのくらいでしょうか。

解

題意から確率変数Xを求めます。

　　「X：受験した任意の学生の得点」

とすると、70点以上の学生の事象は、$\{X \geq 70\}$で与えられます。

Xの確率分布は正規分布に従いますので、記号表現すると、$X \sim N(60, 10^2)$ になります。

(1) Xの確率を標準正規分布に従うZの確率に変換します。
　　$X \sim N(60, 10^2)$ のとき、確率 $P\{X \geq 70\}$ を求めると、

$$P\{X \geq 70\} = P\left\{Z \geq \frac{70-60}{10}\right\} = P\{Z \geq 1\}$$
$$= 0.5 - P\{0 \leq Z \leq 1\} = 0.5 - 0.3413$$
$$= 0.1587$$

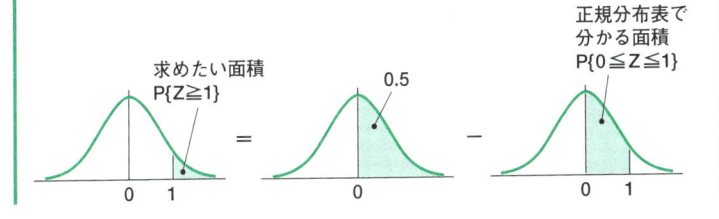

(2) 1万人は、5万人のうちの2割ですから、上から、1万人目の学生は上位20%にあたります。「正規曲線とx軸で囲まれる面積は1」ですから、標準正規分布では、右端から面積が「0.2」となるZの値「z_0」を求めればいいことになります。

これは、図からも分かるように、

$P\{0 \leq Z \leq z_0\} = 0.5 - 0.2 = 0.3$

となるz_0の値を求めればいいわけですから、面積0.3から正規分布表を逆引きして、z_0を求めると0.84になります。

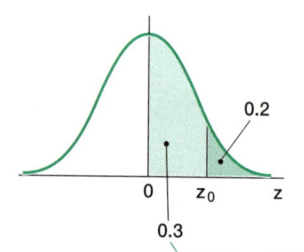

面積0.3のときのz_0を求めればよい

z	0.00	0.01	0.02	0.03	0.04	0.05	0.06	0.07	0.08	0.09
0.0	0.0000	0.0040	0.0080	0.0120	0.0160	0.0199	0.0239	0.0279	0.0319	0.0359
0.1	0.0398	0.0438	0.0478	0.0517	0.0557	0.0596	0.0636	0.0675	0.0714	0.0753
0.2	0.0793	0.0832	0.0871	0.0910	0.0948	0.0987	0.1026	0.1064	0.1103	0.1141
0.3	0.1179	0.1217	0.1255	0.1293	0.1331	0.1368	0.1406	0.1443	0.1480	0.1517
0.4	0.1554	0.1591	0.1628	0.1664	0.17	0.1736	0.1772	0.1808	0.1844	0.1879
0.5	0.1915	0.1950	0.1985	0.2019	0.2054	0.2088	0.2123	0.2157	0.2190	0.2224
0.6	0.2257	0.2291	0.2324	0.2357	0.2389	0.2422	0.2454	0.2486	0.2517	0.2549
0.7	0.2580	0.2611	0.2642	0.2673	0.2703	0.2734	0.2764	0.2794	0.2823	0.2852
0.8	0.2881	0.2910	0.2939	0.2967	0.2995	0.3023	0.3051	0.3078	0.3106	0.3133
0.9	0.3159	0.3186	0.3212	0.3238	0.3264	0.3289	0.3315	0.3340	0.3365	0.3389

求めるものは学生の点数ですから、z_0の値をxに変換します。

$$z_0 = 0.84 = \frac{x - 60}{10}$$

ですから、式を変形していくと、
　　$x - 60 = 0.84 \times 10$
より、
　　$x = 68.4$
となります。すなわち、上から1万人目の学生の得点は68〜69点と推察されます。

$$P\{X \geq 80\}$$
$$= P\left\{Z \geq \frac{80-60}{10}\right\}$$
$$= P\{Z \geq 2\}$$
$$= 0.5 - P\{0 \leq Z \leq 2\}$$
$$= 0.5 - 0.4772$$
$$= 0.0228$$

80点以上
1140人

2.28%

なるほど

$Z = \dfrac{X - \mu}{\sigma}$

5-5 正規分布の利用の仕方

　第1章で、ヒストグラムの山が1つ（釣り鐘形）で、左右対称に近い場合、データの約68％が（$\bar{x}-s$, $\bar{x}+s$）の間に入り、データの約95％が（$\bar{x}-2s$, $\bar{x}+2s$）の間に入ると説明しました。

　これは、ヒストグラムを正規分布で近似して、正規分布の面積（確率）計算によったわけです。

　では、実際に「0.68」、「0.95」、「0.997」という確率を導いてみましょう。

◎X〜N(μ、σ^2) のとき、

$$P\{\mu-\sigma \leq X \leq \mu+\sigma\} = P\left\{\frac{(\mu-\sigma)-\mu}{\sigma} \leq Z \leq \frac{(\mu+\sigma)-\mu}{\sigma}\right\}$$
$$= P\{-1 \leq Z \leq 1\} = 2P\{0 \leq Z \leq 1\}$$
$$= 2 \times 0.3413 = 0.6826$$

$$P\{\mu-2\sigma \leq X \leq \mu+2\sigma\} = P\left\{\frac{(\mu-2\sigma)-\mu}{\sigma} \leq Z \leq \frac{(\mu+2\sigma)-\mu}{\sigma}\right\}$$
$$= P\{-2 \leq Z \leq 2\} = 2P\{0 \leq Z \leq 2\}$$
$$= 2 \times 0.4772 = 0.9544$$

$$P\{\mu-3\sigma \leq X \leq \mu+3\sigma\} = P\left\{\frac{(\mu-3\sigma)-\mu}{\sigma} \leq Z \leq \frac{(\mu+3\sigma)-\mu}{\sigma}\right\}$$
$$= P\{-3 \leq Z \leq 3\} = 2P\{0 \leq Z \leq 3\}$$
$$= 2 \times 0.4987 = 0.9974$$

　この事実はよく使われるのでまとめておきましょう。

　データのヒストグラムが正規分布で近似されるとき、平均か

ら±sで約68％、平均から±2sで約95％、平均から±3sで約99.7％のデータがその範囲にあるということです。

●**正規分布の利用法**

$N(\mu, \sigma^2)$で

- $\mu-\sigma \sim \mu+\sigma$ の割合（面積）は、約68％（0.68）である

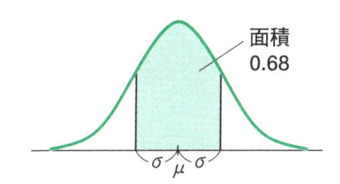

面積 0.68

- $\mu-2\sigma \sim \mu+2\sigma$ の割合（面積）は、約95％（0.95）である

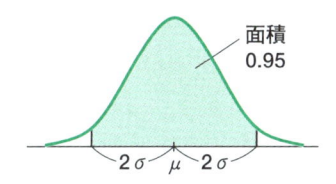

面積 0.95

- $\mu-3\sigma \sim \mu+3\sigma$ の割合（面積）は、約99.7％（0.997）である

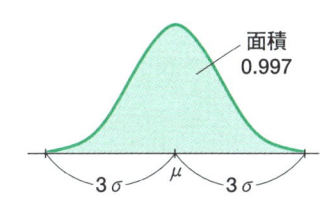

面積 0.997

例5.10

試験の得点のヒストグラムをなぞって、正規分布に近い形が得られた場合、試験問題は適切であると言われます。ある教授は、得点の平均を μ、標準偏差を σ として、

　　得点が $\mu+\sigma$ 以上の学生には、「A」
　　得点が μ と $\mu+\sigma$ の間の学生には、「B」
　　得点が $\mu-\sigma$ と μ の間の学生には、「C」
　　得点が $\mu-\sigma$ より下の学生には、「F（不合格）」

を与えています。

ヒストグラムの形状が正規分布で近似できるとき、A、B、C、Fの学生の割合はどのくらいと推定されるでしょうか。

解

題意より、確率変数Xを求めます。

　　「X：任意の学生の得点」とします。

● 得点が「A」の学生の割合を求めます

$$P\{X \geq \mu+\sigma\} = P\left\{Z \geq \frac{(\mu+\sigma)-\mu}{\sigma}\right\} = P\{Z \geq 1\}$$

$$= 0.5 - P\{0 \leq Z \leq 1\} = 0.5 - 0.3413$$

$$= 0.1587$$

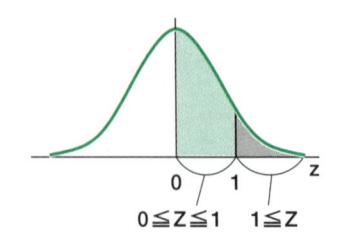

252

- 得点が「B」の学生の割合を求めます。

$$P\{\mu \leq X \leq \mu + \sigma\} = P\left\{\frac{\mu - \mu}{\sigma} \leq Z \leq \frac{(\mu + \sigma) - \mu}{\sigma}\right\}$$
$$= P\{0 \leq Z \leq 1\} = 0.3413$$

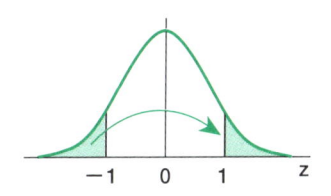

- 得点が「C」の学生の割合を求めます。

$$P\{\mu - \sigma \leq X \leq \mu\} = P\left\{\frac{(\mu - \sigma) - \mu}{\sigma} \leq Z \leq \frac{\mu - \mu}{\sigma}\right\}$$
$$= P\{-1 \leq Z \leq 0\} = P\{0 \leq Z \leq 1\}$$
$$= 0.3413$$

- 得点が「F」の学生の割合を求めます。

$$P\{X \leq \mu - \sigma\} = P\left\{Z \leq \frac{(\mu - \sigma) - \mu}{\sigma}\right\} = P\{Z \leq -1\}$$
$$= P\{Z \geq 1\} = 0.1587$$

ちょっと一言

米国の大学の成績は A、B、C、(D) でつけます。Fは不合格 (Fail) のFです。DとFの間のEを用いた次の表現はよく使われます。

I'll give you an E for effort.

文字どおり「努力賞をあげよう」といった意味になります。

5-6
2項分布の正規近似

2項分布は、試行回数nが小さいときは、割合、簡単に計算することができます。ところが、nの値が大きいときは、かなり面倒です。このような場合、2項分布を正規分布で近似する方法があります。

いま、成功の確率「p」の値を0.3に固定して、試行回数nの値を大きくしていき、その確率分布を観察してみましょう。

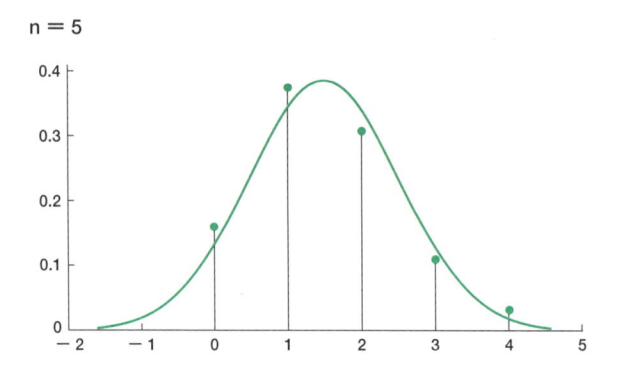

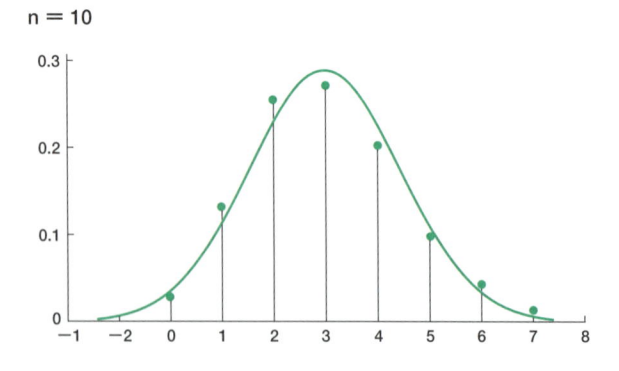

n＝5

n＝10

n = 20

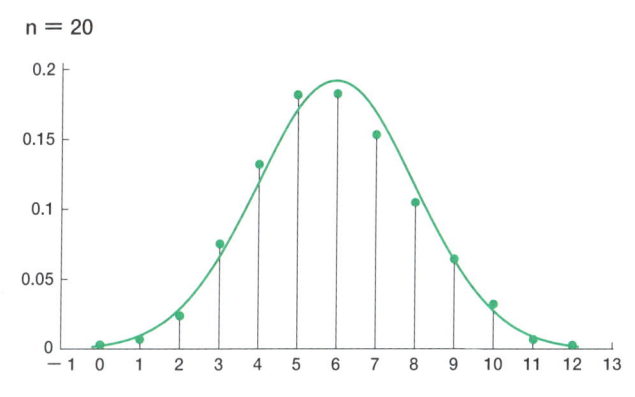

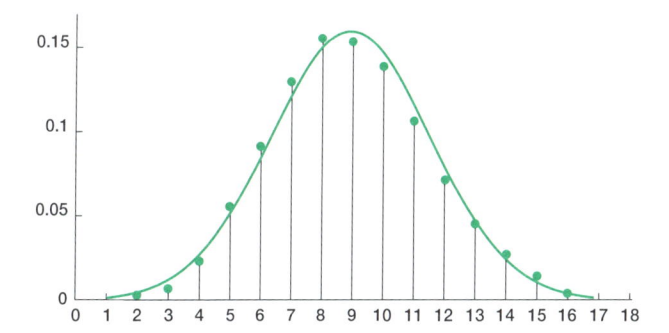

n = 30

n = 50

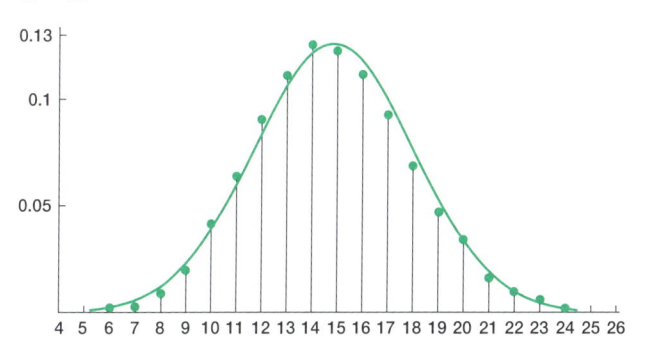

nの値が大きくなるにつれて、なぞった曲線が正規曲線に近くなっていくのが分かるでしょう。

> **2項分布の正規近似**
> 　成功の確率p、試行回数nの2項分布は、nがある程度大きいとき、
>
> 　　　　平均np、標準偏差 $\sqrt{np(1-p)}$
>
> の正規分布で近似される。

　2項分布の「平均と標準偏差」が、そのまま近似される正規分布の「平均と標準偏差」になっています（2項分布の平均と標準偏差については後で説明します）。この近似は、

　　　$np(1-p) \geq 10$

のとき、あてはまりが良いとされています。

例5.11

　偏りのないコインを60回投げる実験で、「確率変数X：表の出る回数」とするとき、2項分布の正規近似で次の確率を求めなさい。

(1) 事象 $\{X=30\}$ の確率
(2) 事象 $\{35 \leq X \leq 40\}$ の確率

解

　試行回数 $n=60$、偏りのないコインによる表の出る確率 $p=0.5$ より、

　　　$np(1-p) = 60 \times 0.5 \times (1-0.5) = 15 > 10$

　10より大きい値なので、精度のよい正規近似をすることが

できますから、2項分布の正規近似の式を利用します。

近似される正規分布の平均：$np = 60 \times 0.5 = 30$

標準偏差：$\sqrt{np(1-p)} = \sqrt{60 \times 0.5 \times (1-0.5)} = \sqrt{15}$

(1) 正規確率変数は、連続確率変数ですから、確率変数Xを正規確率変数とすると、2項確率変数の事象 $\{X=30\}$ は、正規確率変数の事象 $\{29.5<X<30.5\}$ に変換されます。

事象 $\{X=30\}$ → 事象 $\{29.5<X<30.5\}$

したがって、

$$P\{29.5<X<30.5\} = P\left\{\frac{29.5-30}{\sqrt{15}} < Z < \frac{30.5-30}{\sqrt{15}}\right\}$$
$$= P\{-0.129 < Z < 0.129\}$$
$$= 2P\{0 \leq Z < 0.129\}$$
$$= 2 \times 0.0517 = 0.1034$$

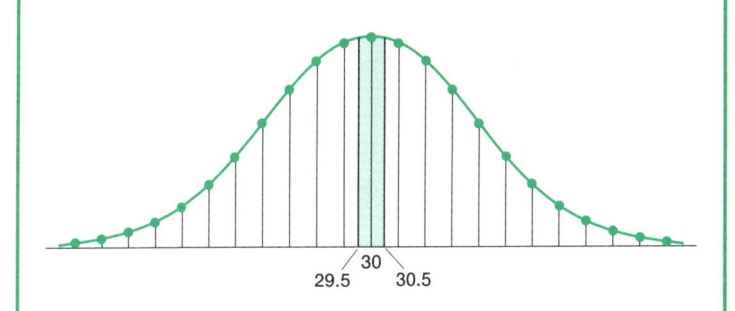

◎2項確率変数として正確に求める場合

Xを2項確率変数として正確な値を求めると次のようになります。

$$P\{X=30\} = \binom{60}{30} 0.5^{30} \, 0.5^{30} = 0.1026$$

(2) 2項確率変数は、「離散確率変数」ですから、

その事象$\{35 \leq X \leq 40\}$は、$\{35, 36, 37, 38, 39, 40\}$ということになります。

Xを「正規確率変数」に変換すると、求める確率の事象は、

$\{34.5 < X < 40.5\}$

となります。

$$P\{34.5 < X < 40.5\} = P\left\{\frac{34.5-30}{\sqrt{15}} < Z < \frac{40.5-30}{\sqrt{15}}\right\}$$
$$= P\{1.162 < Z < 2.711\}$$
$$= 0.4966 - 0.3770 = 0.1196$$

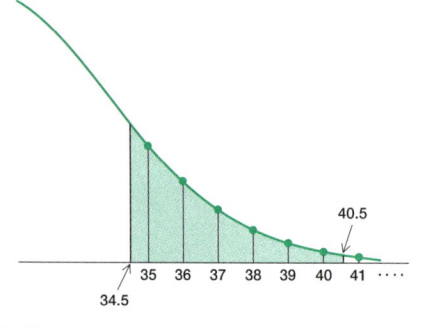

◎2項確率変数として正確に求める場合

Xを2項確率変数として正確な値を求めると次のようになります。

$$P\{35 \leq X \leq 40\} = \binom{60}{35}0.5^{60} + \binom{60}{36}0.5^{60} + \binom{60}{37}0.5^{60}$$
$$+ \binom{60}{38}0.5^{60} + \binom{60}{39}0.5^{60} + \binom{60}{40}0.5^{60}$$
$$= 0.1194$$

6章

期待値

6-1 期待値

コイン投げゲーム

いま、偏りのない3枚のコインを投げ、表が出た枚数だけ100円もらえるゲームがあるとします。このゲームを1回すると、いくらもらえると期待できるでしょうか。

「X：表が出る枚数」とすると、Xの確率分布は、

$$p(x) = \begin{cases} \dfrac{1}{8} & \cdots\cdots x=0枚 \\[4pt] \dfrac{3}{8} & \cdots\cdots x=1枚 \\[4pt] \dfrac{3}{8} & \cdots\cdots x=2枚 \\[4pt] \dfrac{1}{8} & \cdots\cdots x=3枚 \end{cases}$$

となります。1回のゲームで、表が出る枚数は、直感的に、可能な枚数に確率をかけたものの和によって得られると考えられます。

1回のゲームで表が出る枚数

$$\left(0 \times \frac{1}{8}\right) + \left(1 \times \frac{3}{8}\right) + \left(2 \times \frac{3}{8}\right) + \left(3 \times \frac{1}{8}\right) = 1.5 枚$$

これにより、もらえると期待できる金額は、100×1.5＝150円となります。

もしこのゲームが1回200円で参加できるとしたら、みなさんはどうしますか。上のような考えなしに、200円で300円もらえ

るかもしれないと考えてすぐに参加する人もいるでしょう。上のような考え方をして、期待できる金額が150円だから200円は高いと考えて、参加しない人もいるでしょう。

確率変数の実現値

ここで本題に入る前に、「確率変数」と「確率変数の実現値」との区別をはっきりさせておきましょう。

確率変数Xが定義されている実験において、実験を行った後は、Xはある値をとります。このとき、Xはもはや確率変数ではありません。実験の結果として、Xがある値をとったとき、その値を「確率変数Xの実現値」といいます。本書では、今後、混同をさけるため、確率変数Xの実現値をX*と表すことにします。

```
確率変数と確率変数の実現値
　（実験前）　　　　　（実験後）
　確率変数　──→　確率変数の実現値
　　　X　　　　　　　　　X*
```

では、本章の学習の目的である期待値について学習していきましょう。

確率変数Xの期待値

平均$\bar{x}$は、実験後の確定したデータに対して計算されるものです。

確率変数Xは、実験後に値が実現値として確定するのですが、どのような値が実現するのか分かりません。しかし、ある確率分

布に従って値が実現するので、むやみやたらな値が実現するわけではありません。

そこで、実現するであろう「平均的な値」として、確率変数の「期待値」が定義されます。つまり、**確率変数Xが「平均的にどんな値をとるのか」**、を期待値として表すのです。

離散確率変数Xの期待値

いま、離散確率変数Xの確率分布が、次のように与えられているものとします。

$$p(x) = \begin{cases} p(x_1) & \cdots\cdots x = x_1 \\ p(x_2) & \cdots\cdots x = x_2 \\ \vdots & \quad\vdots \\ p(x_r) & \cdots\cdots x = x_r \\ 0 & \cdots\cdots その他のx \end{cases}$$

このとき、確率変数Xの期待値は、$E(X)$ と表され、次の式で定義されます。

Xの期待値
$$E(X) = x_1 p(x_1) + x_2 p(x_2) + \cdots\cdots + x_r p(x_r)$$
$$= \sum_{i=1}^{r} x_i p(x_i)$$

上式から分かるように、Xの期待値とは、Xがとりうる値の「加重平均」であり、Xがその値をとるときの確率が「重み」となります。

実験を1回行って、平均的にどのくらいの値が実現するか、を

求めるには、「$x_1, x_2, \ldots, x_r$」がそれぞれ起こる確率で、「$x_1, x_2, \ldots, x_r$」に対してウエイト付けして平均をとる必要があります。このように重み付けした平均のことを「加重平均」といいます。

例6.1

偏りのないサイコロを振る実験で、「確率変数X：出る目の値」とします。Xの期待値を求めなさい。

解

Xの確率分布は、

$$p(x) = \begin{cases} \dfrac{1}{6} & \cdots\cdots x = 1, 2, 3, 4, 5, 6 \\ 0 & \cdots\cdots その他のx \end{cases}$$

ですから、期待値は、

$$E(X) = 1 \times \frac{1}{6} + 2 \times \frac{1}{6} + 3 \times \frac{1}{6} + 4 \times \frac{1}{6} + 5 \times \frac{1}{6} + 6 \times \frac{1}{6} = 3.5$$

となります。

例6.2

ある宝くじがあり、1等は100万円、2等は20万円、3等は1万円当たります。ただし、1等の出る確率は0.0001、2等の出る確率は0.001、3等の出る確率は0.01です。このくじを1枚買う場合、獲得期待金額はいくらでしょう。

解

「確率変数X：獲得金額」とすると、獲得賞金が0の確率は、

$$1-(0.0001+0.001+0.01)=0.9889$$

ですから、Xの確率分布は次のようになります。

$$p(x) = \begin{cases} 0.9889 & \cdots\cdots x=0 \\ 0.01 & \cdots\cdots x=10{,}000 \\ 0.001 & \cdots\cdots x=200{,}000 \\ 0.0001 & \cdots\cdots x=1{,}000{,}000 \\ 0 & \cdots\cdots その他のx \end{cases}$$

これより、Xの期待値（獲得期待金額）は、次のように計算されます。

$$E(X)=0\times 0.9889+10{,}000\times 0.01+200{,}000\times 0.001+1{,}000{,}000\times 0.0001=400 円$$

期待値の直感的な理解

期待値は、「確率変数Xがとる値の平均的な値である」ということができますが、もう少し直感的に分かるような説明がほしいところです。

いま、偏りのないサイコロを振る実験をN回行い、それぞれの目が、

1の目……N_1回、　2の目……N_2回、　3の目……N_3回

4の目……N_4回、　5の目……N_5回、　6の目……N_6回

出たものとしましょう。ここまでで、出た目の値の合計は、

$$1\times N_1+2\times N_2+3\times N_3+4\times N_4+5\times N_5+6\times N_6$$

です。したがって、1回あたりの出た目の値の平均は、

$$\frac{1\times N_1+2\times N_2+3\times N_3+4\times N_4+5\times N_5+6\times N_6}{N}$$

となります。ここで、上式を次のように書き換えてみましょう。

$$1\times\frac{N_1}{N}+2\times\frac{N_2}{N}+3\times\frac{N_3}{N}+4\times\frac{N_4}{N}+5\times\frac{N_5}{N}+6\times\frac{N_6}{N}$$

さて、実験回数を増やすと、偶然性は平均化され、サイコロは偏りがないので、各 $\frac{N_i}{N}$ は、$\frac{1}{6}$ に近い値となるでしょう。すなわち、実験回数を増やすと、上式は、

$$1\times\frac{1}{6}+2\times\frac{1}{6}+3\times\frac{1}{6}+4\times\frac{1}{6}+5\times\frac{1}{6}+6\times\frac{1}{6}=3.5=E(X)$$

に近い値となります。これより、期待値について、次のように直感的な表現ができます。

期待値の直感的理解

期待値とは、実験を限りなく繰り返したとき、確率変数の実現値の平均が近づいていく値

上で述べたように、偏りのないサイコロを1回振る実験で、「確率変数X：出る目の値」とすると、確率変数Xの期待値3.5は、「この実験を限りなく繰り返したとき、確率変数Xの実現値の平均が近づいていく値」と解釈することができます。

また、例6.2の宝くじの例の獲得期待金額400円は、「このクジを限りなく買い続ければ、確率変数X（獲得金額）の実現値の平均が近づいていく値」と解釈することができます。

ちょっと一言

上の期待値の直感的理解の表現は、数学的には厳密ではありません。

正確には、

「実験を繰り返したとき、確率変数の実現値の平均と期待値の差が ε（ε はいくらでも小さく設定できる）しか違わないという確率が 1 に近づく（大数の法則）」

となります。実は、実験を多く繰り返しても、確率変数の実現値の平均が、期待値に近づいていない場合も、ごくたまにあるのです（無視してもよいくらいわずか）。

しかし、「期待値」を定義式から直感的に理解することは難しいので、あえて、直感的理解のような表現としました。以後も、このような表現を使いますので、ご了承ください。

例 6.3

偏りのないコインを投げて、表が出たら 400 ドルを得、裏が出たら 200 ドル失うゲームがあります。

このゲームの代金が 50 ドルのとき、あなたはこのゲームを行いますか。ただし、このゲームは 1 回しか行えないものとします。

解

題意から、「確率変数 X：獲得金額」とすると、X の確率分布は、

$$p(x) = \begin{cases} 0.5 & \cdots\cdots x = 400 \quad (表) \\ 0.5 & \cdots\cdots x = -200 \quad (裏) \\ 0 & \cdots\cdots その他の x \end{cases}$$

ですから、獲得期待金額は、次のようになります。
　　E(X)＝400×0.5－200×0.5＝100

◎何回も行えば得する

　例6.3の場合、獲得期待金額100ドルは、ゲームの代金50ドルより大きいので、たぶん、このゲームを行う人は多いでしょう。勝てば400－50＝350ドル儲け、負ければ200＋50＝250ドル損します。そして、勝つか負けるかは半々です。

　しかしこの例の場合、負けた場合の金額が大きいので、経済的に余裕のある人、ギャンブルが好きな人、物事を楽観的に考える人はこのゲームを行い、経済的に余裕のない人、物事を悲観的に考える人は、たぶん行わないでしょう。ただし、経済的に全く余裕のない人は、逆に行うかもしれません。

　この例で、もしこのゲームを何回でも行うことができるなら、行えば行うほど得をすることになります。期待値とは、「確率変数の実現値の平均が近づいていく値」ですから、例えば、100回このゲームを行えば、(100－50)×100＝5000ドル近い金額を得することになります。

連続確率変数の期待値

　離散確率変数Xの期待値は「$\sum_{i=1}^{r} x_i p(x_i)$」で定義されましたが、連続確率変数Xの期待値は、どのように表されるのでしょう。

　連続確率変数Xの確率分布を$f(x)$とすると、連続確率変数Xの期待値は、離散確率変数Xの期待値の「Σ記号」を、「積分の∫記号」に置き換えることで定義されます。

連続確率変数Xの期待値

$$E(X) = \int_{-\infty}^{\infty} x f(x) dx$$

(上の積分範囲を「$-\infty \sim \infty$」としましたが、Xのとる範囲が「a〜b」でも、その範囲外では$f(x)=0$ですから、一般的に上記のように表現できます)

例6.4

　完全にバランスのとれた、真ん中に矢のついた円盤があります。周りに0から1の目盛りがついています。いま、この矢を回す実験を行います。

　確率変数を、「X：矢が止まった位置の目盛り」とするとき、期待値を求めなさい。

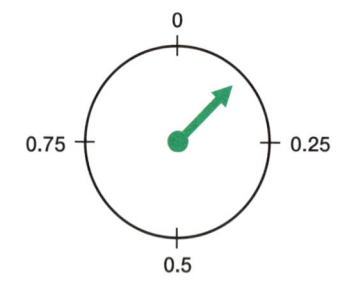

解

　Xの確率分布は、次のように与えられます。

$$f(x) = \begin{cases} 1 & \cdots\cdots \quad 0 \leq x < 1 \\ 0 & \cdots\cdots \quad \text{その他のx} \end{cases}$$

これより、期待値は次の計算で求まります。

$$E(X) = \int_{-\infty}^{\infty} x f(x) \, dx = \int_0^1 x \, dx = 0.5$$

期待値の直感的理解に従えば、この実験を限りなく行えば、「Xの実現値の平均」が0.5にいくらでも近くなることを示しています。

期待値の公式

期待値について、次の公式を覚えておきましょう。

期待値に関する公式
$$E(aX+b) = aE(X) + b$$

考え方

いま、Xの確率分布を、

$$p_x(x) = \begin{cases} p(x_1) & \cdots\cdots x = x_1 \\ p(x_2) & \cdots\cdots x = x_2 \\ \vdots & \quad \vdots \\ p(x_r) & \cdots\cdots x = x_r \\ 0 & \cdots\cdots その他のx \end{cases}$$

とします。ここで、「$Y = aX + b$」とおくと、たとえば、Yが「$ax_i + b$」という値をとる確率は$p(x_i)$ですから、Yの確率分布は次のようになります。

$$p_Y(y) = \begin{cases} p(x_1) & \cdots\cdots & y = ax_1 + b \\ p(x_2) & \cdots\cdots & y = ax_2 + b \\ \vdots & & \vdots \\ p(x_r) & \cdots\cdots & y = ax_r + b \\ 0 & \cdots\cdots & その他のy \end{cases}$$

これより、Y、すなわち、$aX+b$ の期待値は、次のようになり、求める結果を得ることができます。

$$\begin{aligned} E(Y) &= E(aX+b) \\ &= (ax_1+b) \times p(x_1) + (ax_2+b) \times p(x_2) + \cdots\cdots \\ &\quad + (ax_r+b) \times p(x_r) \\ &\qquad\qquad\qquad \cdots\cdots (期待値の定義式です) \\ &= a[x_1 p(x_1) + x_2 p(x_2) + \cdots\cdots + x_r p(x_r)] \\ &\quad + b[p(x_1) + p(x_2) + \cdots\cdots + p(x_r)] \\ &\qquad\qquad\qquad \cdots\cdots (上式を整理します) \\ &= aE(X) + b \\ &\qquad\qquad\qquad \cdots\cdots (上式の第1項は E(X) であり、第2項 \\ &\qquad\qquad\qquad\quad は確率分布の性質より1です) \end{aligned}$$

この節のまとめ

$E(X) = \sum_{i=1}^{r} x_i p(x_i)$ ……… (離散確率変数の期待値)

$E(X) = \int_{-\infty}^{\infty} x f(x) dx$ ……… (連続確率変数の期待値)

$E(aX+b) = aE(X) + b$ ……… (期待値の公式)

6-2
確率分布の平均

　第5章で「2項分布の平均」、「正規分布の平均」という言葉を使いました。実は、**「Xの確率分布の平均」と「Xの期待値」とは同じこと**なのです。したがって、「Xの確率分布の平均」は、「期待値E(X)」と同じ式で定義されます。Xの確率分布の平均は、固有のものであり、一般に「**μ**」で表します。

　　確率変数Xの確率分布の平均 μ ＝Xの期待値E(X)

確率分布のグラフによる平均

離散確率変数の場合

　簡単な確率分布のグラフから、平均がどのくらいかを判断してみましょう。
　ここに、3つのサイコロがあるものとします。
　　・偏りのないサイコロ
　　・小さな目の出やすいサイコロ
　　・大きな目の出やすいサイコロ
　それぞれのサイコロを振る場合、「出る目の値」をそれぞれの確率変数X、Y、Wとします。
　そして、それぞれの確率変数の確率分布とそのグラフが、次のように与えられているものとします。

◎Xの確率分布（偏りのないサイコロ）

$$p_X(x) = \begin{cases} \dfrac{1}{6} & \cdots\cdots \ x = 1, 2, 3, 4, 5, 6 \\ 0 & \cdots\cdots \ その他のx \end{cases}$$

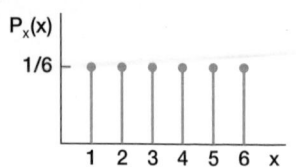

◎Yの確率分布（小さな目が出やすい）

$$p_Y(y) = \begin{cases} \dfrac{1}{4} & \cdots\cdots \ y = 1, 2 \\ \dfrac{1}{6} & \cdots\cdots \ y = 3, 4 \\ \dfrac{1}{12} & \cdots\cdots \ y = 5, 6 \\ 0 & \cdots\cdots \ その他のy \end{cases}$$

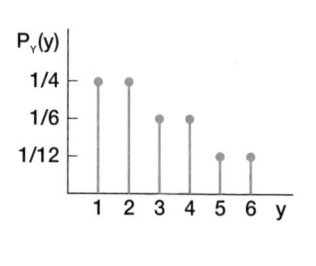

◎Wの確率分布（大きな目が出やすい）

$$p_W(w) = \begin{cases} \dfrac{1}{12} & \cdots\cdots \ w = 1, 2 \\ \dfrac{1}{6} & \cdots\cdots \ w = 3, 4 \\ \dfrac{1}{4} & \cdots\cdots \ w = 5, 6 \\ 0 & \cdots\cdots \ その他のw \end{cases}$$

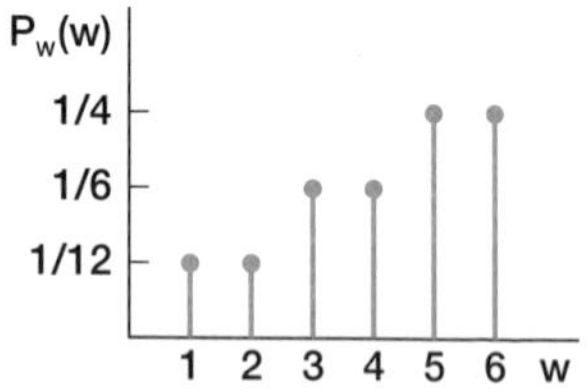

◎3つのサイコロから分かること

以上から、次のことが分かります。

(1) Xの確率分布のグラフの中心の位置は3.5と読みとれます。

実際に、偏りのないサイコロの場合、Xの確率分布の平均は、すでに、例6.1で求めたように、E(X)＝3.5です。

(2) Yの確率分布の平均は、上図のグラフから中心的な位置を読み取って、3前後の値であると予想がつきます。実際、計算すると、

$$E(Y) = 1 \times \frac{1}{4} + 2 \times \frac{1}{4} + 3 \times \frac{1}{6} + 4 \times \frac{1}{6} + 5 \times \frac{1}{12} + 6 \times \frac{1}{12}$$
$$= 2.833$$

を得ます。

(3) Wの確率分布の平均は、上図のグラフから中心的な位置を読み取って、4前後の値であると予想がつきます。実際、計算すると、

$$E(W) = 1 \times \frac{1}{12} + 2 \times \frac{1}{12} + 3 \times \frac{1}{6} + 4 \times \frac{1}{6} + 5 \times \frac{1}{4} + 6 \times \frac{1}{4}$$
$$= 4.167$$

を得ます。

連続確率変数の場合

次に、連続確率変数の場合も、簡単な確率分布のグラフで、平均がどのくらいかを予想してみましょう。

中心に矢が付いていて、周りに0から2の目盛りのついた円盤を3つ想定してみましょう。3つの円盤は、

・矢がどの位置にも同等に止まりやすい
・小さい値の目盛りの位置ほど止まりやすい
・大きい値の目盛りの位置ほど止まりやすい

であるとします。止まる位置の目盛りの値を、それぞれの連続確

率変数X、Y、Zとします。

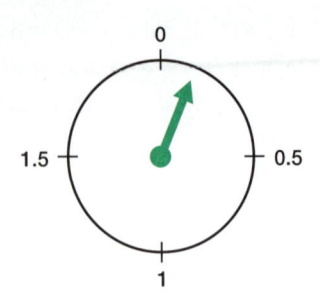

◎Xの確率分布（同等に止まる）

$$f_X(x) = \begin{cases} 0.5 & \cdots\cdots 0 \leq x < 2 \\ 0 & \cdots\cdots その他のx \end{cases}$$

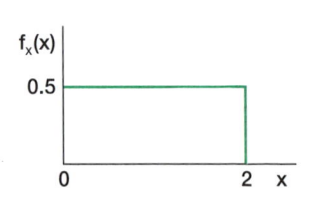

◎Yの確率分布（小さい値ほど止まる）

$$f_Y(y) = \begin{cases} -0.5y + 1 & \cdots\cdots 0 \leq y < 2 \\ 0 & \cdots\cdots その他のy \end{cases}$$

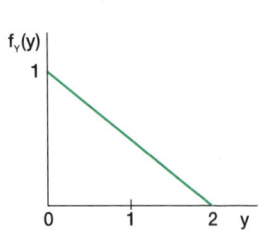

◎Wの確率分布（大きい値ほど止まる）

$$f_W(w) = \begin{cases} 0.5w & \cdots\cdots 0 \leq w < 2 \\ 0 & \cdots\cdots その他のw \end{cases}$$

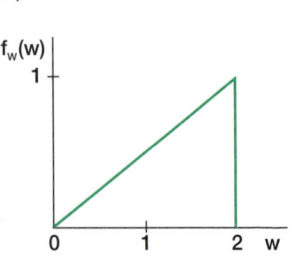

◎3つの円盤から分かること
(1) Xの確率分布の平均は、計算しなくとも、グラフの対称性から、E(X)＝1であることが分かります。
(2) Yの確率分布の平均は、上図のグラフから中心的な位置を読み取って、0.6から0.7くらいと予想がつきます。実際、E(Y)＝0.667と計算されます。
(3) Wの確率分布の平均は、上図のグラフから中心的な位置を読み取って、1.3から1.4くらいと予想がつきます。実際、E(W)＝1.333と計算されます。

グラフの支点の位置

「確率変数Xの確率分布の平均」は、Xの「期待値」と同じであり、「確率分布の中心的な位置」であることは分かりました。もう一つの考え方があります。グラフの中心的な位置を理解する解釈の一つとして、各x_iを「距離」、確率$p(x_i)$を「重り」と考えると、「平均の位置」がバランスをとる「支点」となるという考え方です。この考え方を先のサイコロの例に当てはめてみましょう。

ちょっと一言

上の3つの連続確率変数X、Y、Wの期待値は、次の計算により求まります。

$$E(X) = \int_{-\infty}^{\infty} x f_X(x) dx = \int_0^2 0.5x\,dx = 1$$

$$E(Y) = \int_{-\infty}^{\infty} y f_Y(y) dy = \int_0^2 y(-0.5y+1) dy = 0.667$$

$$E(W) = \int_{-\infty}^{\infty} w f_W(w) dw = \int_0^2 w(0.5w) dw = 1.333$$

◎離散確率変数 Y の場合（小さな目が出やすいサイコロ）

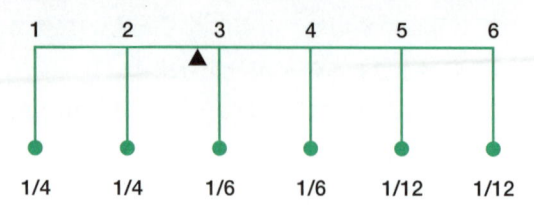

1	2	3	4	5	6
1/4	1/4	1/6	1/6	1/12	1/12

支点の位置は、$E(X) = 2.8333\cdots = \dfrac{17}{6}$ になります。左右が釣り合うか計算してみましょう。

・支点より左にかかるモーメントの計算：

$$\frac{1}{4} \times \left(\frac{17}{6} - 1\right) + \frac{1}{4} \times \left(\frac{17}{6} - 2\right) = \frac{2}{3}$$

・支点より右にかかるモーメントの計算：

$$\frac{1}{6} \times \left(3 - \frac{17}{6}\right) + \frac{1}{6} \times \left(4 - \frac{17}{6}\right) + \frac{1}{12} \times \left(5 - \frac{17}{6}\right) + \frac{1}{12} \times \left(6 - \frac{17}{6}\right) = \frac{2}{3}$$

以上のことから、平均の位置を支点として、モーメントが釣り合っています。

◎離散確率変数 W の場合（大きな目の出やすいサイコロ）

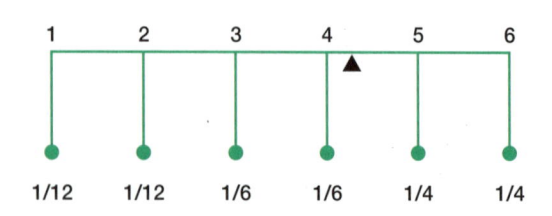

1	2	3	4	5	6
1/12	1/12	1/6	1/6	1/4	1/4

支点の位置は、$E(X) = 4.1666\cdots = \dfrac{25}{6}$ になります。左右が釣り合うか計算してみましょう。

・支点より左にかかるモーメントの計算：

$$\dfrac{1}{12} \times \left(\dfrac{25}{6} - 1\right) + \dfrac{1}{12} \times \left(\dfrac{25}{6} - 2\right) + \dfrac{1}{6} \times \left(\dfrac{25}{6} - 3\right) + \dfrac{1}{6} \times \left(\dfrac{25}{6} - 4\right) = \dfrac{2}{3}$$

・支点より右にかかるモーメントの計算：

$$\dfrac{1}{4} \times \left(5 - \dfrac{25}{6}\right) + \dfrac{1}{4} \times \left(6 - \dfrac{25}{6}\right) = \dfrac{2}{3}$$

以上のことから、平均の位置を支点として、モーメントが釣り合っています。

◎連続確率変数の場合

先の円盤の例の連続確率変数Y（小さい値ほど止まる）、W（大きい値ほど止まる）の場合も、厚さがいたるところで一定で、重さが1の三角形の鉄板と考えると、それぞれの平均を支点の位置として、左右のモーメントが等しくなり、釣り合います。

連続確率変数Yの場合　　　　　　　　連続確率変数Wの場合

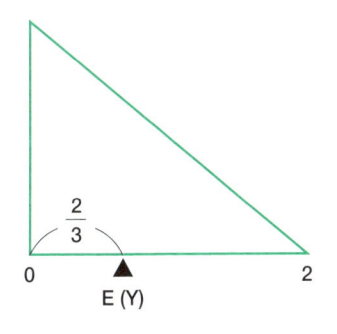

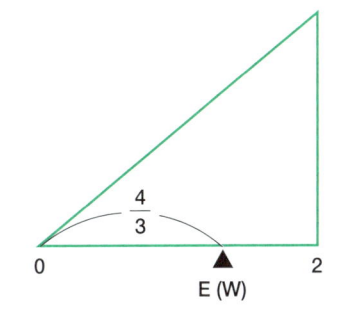

ちょっと一言

連続確率変数Y、Wの場合、平均の点では左右の面積が等しくならないことに注意してください。左右の面積が等しい点は「メジアン」といいます。

連続確率変数Yのメジアンは$2-\sqrt{2}$、連続確率変数Wのメジアンは$\sqrt{2}$となります。

メジアンの位置ではモーメントは釣り合いません。

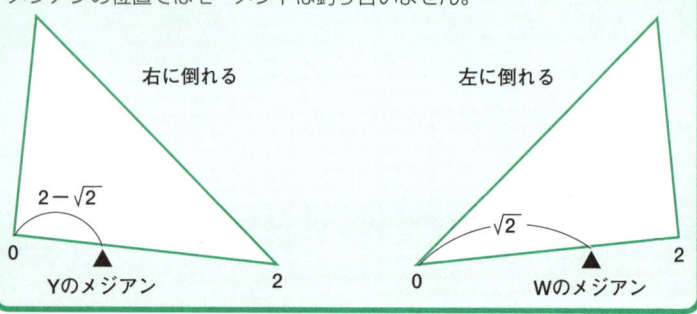

右に倒れる　　　　　　　　左に倒れる

$2-\sqrt{2}$　　　　　　　　　　　　　　　$\sqrt{2}$

0　Yのメジアン　2　　　0　Wのメジアン　2

2項分布と正規分布の平均の式

第5章で、2項分布について学習しました。2項分布は2項確率変数の確率分布ですから、期待値の公式に従って平均を計算することができます。

また、同じく第5章で、正規分布の平均についても少し述べました。正規分布は、正規確率変数の確率分布ですから、やはり期待値の公式に従って求めることができます。

ここでは、計算過程は省略しますが、2項分布の平均と正規分布の平均を、期待値の公式を使って、求めるための考え方を述べましょう。

2項分布の平均

2項確率変数の確率分布（2項分布）は、次の式で定義されます。

$$p(x) = \binom{n}{x} p^x (1-p)^{n-x} \quad \cdots\cdots \quad (x = 0, 1, 2, \cdots\cdots, n)$$

離散確率変数の期待値の定義式から、次のように計算されます。

$$E(X) = 0 \times \binom{n}{0} p^0 (1-p)^n + 1 \times \binom{n}{1} p (1-p)^{n-1}$$

$$+ 2 \times \binom{n}{2} p^2 (1-p)^{n-2} + \cdots\cdots\cdots\cdots$$

$$+ n \times \binom{n}{n} p^n (1-p)^0 \quad \cdots\cdots\cdots \text{（期待値の定義式、}$$

$$E(X) = 0p(0) + 1p(1) + \cdots\cdots + np(n) \text{で}$$

$$p(k) \text{ は2項分布です）}$$

$$= \sum_{k=0}^{n} k \binom{n}{k} p^k (1-p)^{n-k} \quad \cdots\cdots\cdots \text{（上式を}\Sigma\text{記号}$$

$$\text{で表したものです）}$$

$$= np \quad \cdots\cdots\cdots\cdots \quad \text{（上式を計算した結果です）}$$

正規分布の平均

正規確率変数の確率分布（正規分布）は、

$$f(x) = \frac{1}{\sqrt{2\pi}\,\sigma} e^{-\frac{(x-\mu)^2}{2\sigma^2}}$$

ですから、連続確率変数の期待値の定義式から、次のように計算されます。

$$E(X) = \int_{-\infty}^{\infty} \frac{1}{\sqrt{2\pi}\,\sigma} x e^{-\frac{(x-\mu)^2}{2\sigma^2}} dx \quad \cdots\cdots(\text{期待値の定義式、}$$

$$E(X) = \int_{-\infty}^{\infty} x f(x) dx\,\text{で、}f(x)\,\text{は正規分布です})$$

$$= \mu \qquad\qquad\qquad \cdots\cdots(\text{上式を計算した結果です})$$

6-3

確率変数の和の期待値

2つの確率変数XとYの和の期待値は、個々の期待値の和に等しいという性質があります。

2つの確率変数の和の期待値
$$E(X+Y)=E(X)+E(Y)$$

この関係は、確率変数がn個の場合も成立します。

複数の確率変数の和の期待値
$$E(X_1+X_2+\cdots\cdots+X_n)=E(X_1)+E(X_2)+\cdots\cdots+E(X_n)$$

次の例で説明しましょう。

例6.5

偏りのないサイコロを10回振る実験を行います。

　　確率変数X：出る目の値の和

とするとき、Xの期待値を求めなさい。

解

いま、「確率変数X_i：i回目に出る目の値」とします。このとき、X_iの確率分布は、

$$p(x_i) = \begin{cases} \dfrac{1}{6} & \cdots\cdots x_i = 1,2,3,4,5,6 \\ 0 & \cdots\cdots \text{その他の} x_i \end{cases}$$

ですから、X_iの期待値は、次のようになります。

$$E(X_i) = 1\times\frac{1}{6}+2\times\frac{1}{6}+3\times\frac{1}{6}+4\times\frac{1}{6}+5\times\frac{1}{6}+6\times\frac{1}{6}=3.5 \quad \cdots\cdots (i=1,\ 2,\ \cdots\cdots,\ 10)$$

1回振ったときに期待できる目の値は3.5です。
一方、題意から、確率変数は、
　　10回振って出る目の値の和　$X=X_1+X_2+\cdots\cdots+X_{10}$
であり、両辺の期待値をとると、確率変数の和の期待値の性質より、次の結果を得ます。
$$E(X)=E(X_1+X_2+\cdots\cdots+X_{10})$$
$$=E(X_1)+E(X_2)+\cdots\cdots+E(X_{10})=3.5\times10=35$$

2項確率変数の期待値（2項分布の平均）の場合

　成功の確率がpの独立試行をn回行うとき、2項確率変数（X：n回の試行における成功の回数）の期待値（2項分布の平均）は「np」となります。計算式は「6－2確率分布の平均」のところで述べました。

　ここでは、確率変数の和の期待値の性質を用いれば、「2項確率変数の期待値」を簡単に求めることができることを示しましょう。

　2項確率変数Xは、下記のように定式化されることは、すでに説明しました。

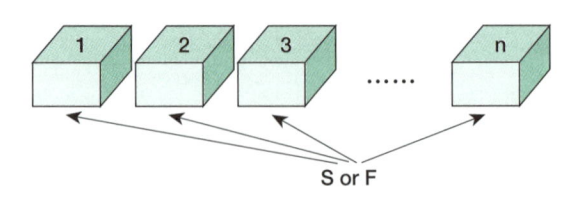

X：n回の試行中の「成功」Sの回数

「確率変数X：n回の試行中の「成功」Sの回数」とします。

ここで、1回1回の試行を1つの実験と考えて、確率変数X_i（$i=1, 2, \cdots\cdots, n$）を、

$$X_i = \begin{cases} 1 & \cdots\cdots \text{ i番目の試行で「成功」する場合} \\ 0 & \cdots\cdots \text{ i番目の試行で「失敗」する場合} \end{cases}$$

と定義します。このとき、確率変数X_iの確率分布は、

$$p(x_i) = \begin{cases} p & \cdots\cdots \quad x_i = 1 \\ 1-p & \cdots\cdots \quad x_i = 0 \end{cases}$$

ですから、X_iの期待値は、

$$E(X_i) = 1 \times p + 0 \times (1-p) = p$$

となります。題意より、

確率変数　$X = X_1 + X_2 + \cdots\cdots + X_n$

ですから、両辺の期待値をとると、「確率変数の和の期待値」の性質により、求める結果を得ます。

$$\begin{aligned} E(X) &= E(X_1 + X_2 + \cdots\cdots + X_n) \\ &= E(X_1) + E(X_2) + \cdots\cdots + E(X_n) \\ &= p \times n = np \qquad \cdots\cdots (E(X_i) = p \text{より}) \end{aligned}$$

例6.6

52枚のトランプのカードを1枚ずつめくっていく実験を考えます。ここで、次のような場合、一致が起こったものとします。

一致の条件「1枚目のカードがエースあるいは2枚目のカードが2、……、あるいは13枚目のカードがキング、あるいは14枚目のカードがエース、あるいは15枚目のカードが2、……あるいは52枚目のカー

ドがキング」

「確率変数X：一致した回数」と定義するとき、Xの期待値を求めなさい。

解

いま、確率変数X_iを、次のように定義します。

$$X_i = \begin{cases} 1 & \cdots\ i\text{番目のカードをめくったとき、めくった} \\ & \quad \text{番号とトランプの数値が一致したとき} \\ 0 & \cdots\ \text{一致しないとき} \end{cases}$$

このとき、X_iの確率分布は、次のようになります。

$$p(x_i) = \begin{cases} \dfrac{1}{13} & \cdots\cdots\cdots\ x_i = 1 \\ \dfrac{12}{13} & \cdots\cdots\cdots\ x_i = 0 \\ 0 & \cdots\cdots\cdots\ \text{その他の}x \end{cases}$$

したがって、X_iの期待値は、次のようになります。

$$E(X_i) = 1 \times \frac{1}{13} + 0 \times \frac{12}{13} = \frac{1}{13}$$

一方、題意より、

　　確率変数　$X = X_1 + X_2 + \cdots\cdots + X_{52}$

ですから、両辺の期待値をとると、確率変数の和の期待値の性質より、次の結果を得ます。

$$\begin{aligned} E(X) &= E(X_1 + X_2 + \cdots\cdots + X_{52}) \\ &= E(X_1) + E(X_2) + \cdots\cdots + E(X_{52}) \\ &= \frac{1}{13} \times 52 = 4 \end{aligned}$$

6-4 確率変数の分散

確率変数Xが定義されたとき、「確率変数がとる値の平均」として「期待値」が定義されました。同様に、「確率変数がとる値のバラツキ」を示すものとして「分散」が定義されます。

確率変数Xの分散は、Xから期待値E(X)までの2乗の期待値で定義されます。

確率変数Xの分散
$$\text{Var}(X) = E[(X - E(X))^2] = E[(X - \mu)^2]$$
（μ＝Xの確率分布の平均＝Xの期待値E(X)）

*データ $x_1, x_2, \cdots x_n$ の平均は、$x_1 + x_2 + \cdots + x_n$ をデータ数(n)で割ったものであり、確率変数Xの期待値E(X)は、直感的には、「Xがとる平均的な値」でした。データ $x_1, x_2, \cdots x_n$ の分散は、$(x_1 - \bar{x})^2 + (x_2 - \bar{x})^2 + \cdots (x_n - \bar{x})^2$ を「データ数－1」、すなわち(n－1)で割ったものとして定義しました（第1章）。言ってみれば、$(x_1 - \bar{x})^2, (x_2 - \bar{x})^2, \cdots (x_n - \bar{x})^2$ の平均的な値と言えます。したがって、確率変数Xの分散についても、期待値の場合と同様に、直感的には「$(X - E(X))^2$ がとる平均的な値」として上の公式を理解するといいでしょう。

なお、確率変数Xの分散の値は、その確率変数に固有のものであり、一般に σ^2 で表します。

離散確率変数の分散

離散確率変数Xの確率分布が、次のように与えられているとき、

$$p_X(x) = \begin{cases} p(x_1) & \cdots\cdots x = x_1 \\ p(x_1) & \cdots\cdots x = x_1 \\ \vdots & \vdots \\ p(x_r) & \cdots\cdots x = x_r \\ 0 & \cdots\cdots \text{その他のx} \end{cases}$$

Xの分散「Var(X)」を求めることは、偏差平方和 $(X-\mu)^2$ の「期待値」を求めることです。ここで、$Y=(X-\mu)^2$ とおくと、Yは確率変数Xで表されるので、やはり確率変数となり、次の対応づけができます。

- Xが「x_1」という値をとるとき、Yは「$y_1=(x_1-\mu)^2$」という値をとる
- Xが「x_2」という値をとるとき、Yは「$y_2=(x_2-\mu)^2$」という値をとる
  $\vdots$
- Xが「x_r」という値をとるとき、Yは「$y_r=(x_r-\mu)^2$」という値をとる

これより、「Yの確率分布」が、次のように確定します。

$$p_Y(y) = \begin{cases} p(x_1) & \cdots\cdots y=y_1=(x_1-\mu)^2 \\ p(x_2) & \cdots\cdots y=y_2=(x_2-\mu)^2 \\ \vdots & \vdots \\ p(x_r) & \cdots\cdots y=y_r=(x_r-\mu)^2 \\ 0 & \cdots\cdots その他のy \end{cases}$$

これより、$Y=(X-\mu)^2$ の期待値、すなわち、Xの分散は、

$$\begin{aligned} \text{Var}(X) &= E[(X-\mu)^2] \\ &= E(Y) \\ &= y_1 p(x_1) + y_2 p(x_2) + \cdots\cdots + y_r p(x_r) \\ &\qquad\qquad\qquad\qquad \cdots\cdots (\text{Yの期待値の式}) \\ &= (x_1-\mu)^2 p(x_1) + (x_2-\mu)^2 p(x_2) + \cdots\cdots \\ &\quad + (x_r-\mu)^2 p(x_r) \cdots\cdots (y_i=(x_i-\mu)^2 を代入) \end{aligned}$$

となります。これを公式としてあげておきましょう。

離散確率変数Xの分散

$$\mathrm{Var}(X) = (x_1-\mu)^2 p(x_1) + (x_2-\mu)^2 p(x_2) + \cdots + (x_r-\mu)^2 p(x_r)$$

$$= \sum_{i=1}^{r} (x_i-\mu)^2 p(x_i)$$

（$\mu =$ Xの確率分布の平均＝期待値E(X)）

例6.7

偏りのないサイコロを振る実験で、
「確率変数　X：出る目の値」とするとき、Xの分散を求めなさい。

解

すでに例6.1で、$E(X) = \mu = 3.5 = \dfrac{7}{2}$ を求めました。

$$p(x) = \begin{cases} \dfrac{1}{6} & \cdots\cdots x=1,2,3,4,5,6 \\ 0 & \cdots\cdots \text{その他のx} \end{cases}$$

ですから、次の結果を得ます。

$$\mathrm{Var}(X) = \left(1-\frac{7}{2}\right)^2 \times \frac{1}{6} + \left(2-\frac{7}{2}\right)^2 \times \frac{1}{6} + \left(3-\frac{7}{2}\right)^2 \times \frac{1}{6} + \left(4-\frac{7}{2}\right)^2 \times \frac{1}{6} + \left(5-\frac{7}{2}\right)^2 \times \frac{1}{6} + \left(6-\frac{7}{2}\right)^2 \times \frac{1}{6} = \frac{35}{12}$$

確率変数の分散の直感的理解

確率変数Xの期待値については、実験を限りなく繰り返したとき、Xの実現値X*の平均が近づいていく値であるという直感的な理解を述べました。確率変数Xの分散についても、同様の理解をすることができます。

期待値であげた例と同じく、偏りのないサイコロを振る実験をN回行い、「X：出る目の値」とします。

これまで、以下の目が出たものとしましょう。

　　1の目……N_1回　2の目……N_2回　3の目……N_3回
　　4の目……N_4回　5の目……N_5回　6の目……N_6回

ここまでの実現値X*の平均は、($N = N_1 + N_2 + N_3 + \cdots + N_6$とする)

$$\overline{X}^* = \frac{1 \times N_1 + 2 \times N_2 + 3 \times N_3 + 4 \times N_4 + 5 \times N_5 + 6 \times N_6}{N}$$

であり、ここまでの実現値の分散は、

$$\frac{(1-\overline{X}^*)^2 N_1 + (2-\overline{X}^*)^2 N_2 + (3-\overline{X}^*)^2 N_3 + (4-\overline{X}^*)^2 N_4 + (5-\overline{X}^*)^2 N_5 + (6-\overline{X}^*)^2 N_6}{N-1}$$

となります。　　　　　　……………………………………(式(S))

＊(上式は、「1の目がN_1個、2の目がN_2個、……、6の目がN_6個」ですから、データ1つ1つの平方和を表した分散の式は、下記のようになり、まとめたものが上式となります)。

$$\frac{\overbrace{(1-\overline{X}^*)^2 + \cdots + (1-\overline{X}^*)^2}^{N_1個} + \overbrace{(2-\overline{X}^*)^2 + \cdots + (2-\overline{X}^*)^2}^{N_2個} + \cdots\cdots + \overbrace{(6-\overline{X}^*)^2 + \cdots + (6-\overline{X}^*)^2}^{N_6個}}{N-1}$$

ここで、実験回数を限りなく大きくすると、$\overline{X}^*$は、「期待値の

直感的な理解」で述べたように、

$$\overline{X}^* = 1 \times \frac{N_1}{N} + 2 \times \frac{N_2}{N} + 3 \times \frac{N_3}{N} + 4 \times \frac{N_4}{N} + 5 \times \frac{N_5}{N} + 6 \times \frac{N_6}{N}$$

であり、サイコロは偏りがないので、各 $\frac{N_i}{N}$ は $\frac{1}{6}$ にいくらでも近くなり、$\overline{X}^*$ は、

$$E(X) = 1 \times \frac{1}{6} + 2 \times \frac{1}{6} + 3 \times \frac{1}{6} + 4 \times \frac{1}{6} + 5 \times \frac{1}{6} + 6 \times \frac{1}{6}$$

$$= 3.5 = \frac{7}{2}$$

にいくらでも近くなります。

また、Nが大きいので、$\frac{N_i}{N}$ も $\frac{N_i}{N-1}$ も関係なくなり、式(S)の分散は、

$$\mathrm{Var}(X) = \left(1 - \frac{7}{2}\right)^2 \frac{1}{6} + \left(2 - \frac{7}{2}\right)^2 \frac{1}{6} + \left(3 - \frac{7}{2}\right)^2 \frac{1}{6} +$$

$$\left(4 - \frac{7}{2}\right)^2 \frac{1}{6} + \left(5 - \frac{7}{2}\right)^2 \frac{1}{6} + \left(6 - \frac{7}{2}\right)^2 \frac{1}{6} = \frac{35}{12}$$

にいくらでも近くなります。

したがって、「期待値の直感的理解」と同様、確率変数Xの分散についても次のような直感的な理解を得ます。

確率変数の分散の直感的理解

確率変数の分散とは、実験を限りなく行ったとき、確率変数Xの実現値の分散が近づいていく値である。
(上の表現は、期待値の直感的理解で説明したように、数学的には、厳密でない表現であることを了承ください)

連続確率変数の分散

連続確率変数の分散に関しては、離散確率変数の分散の公式で、「Σ記号」を「積分の∫記号」に置き換えることによって定義されます。

連続確率変数Xの分散の公式

$$\mathrm{Var}(X) = \int_{-\infty}^{\infty} (x-\mu)^2 f(x)\,dx$$

（$\mu =$ Xの確率分布の平均＝期待値E(X)）

では、連続確率変数の分散を求めてみましょう。

完全にバランスのとれた図のような円盤の矢を回す実験で、

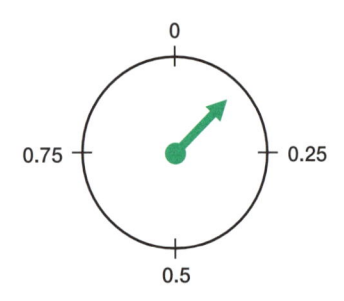

「確率変数X：矢の止まった位置の目盛り」とすると、Xの確率分布は、

$$f(x) = \begin{cases} 1 & \cdots\cdots \quad 0 \leq x < 1 \\ 0 & \cdots\cdots \quad その他のx \end{cases}$$

です。期待値は、例6.4で求めたように、

$$E(X) = \int_{-\infty}^{\infty} x f(x)\,dx = \int_0^1 x\,dx = 0.5$$

Xの分散は、期待値E(X)＝0.5より、

$$\mathrm{Var}(X) = \int_{-\infty}^{\infty} (x - E(x))^2 f(x) dx = \int_0^1 (x - 0.5)^2 dx$$

となります。この式を計算すると$\dfrac{1}{12}$を得ます。

「分散の直感的理解」より、この矢を回す実験を限りなく繰り返せば、得られる実現値の分散は$\dfrac{1}{12}$にいくらでも近くなります。

分散の公式

分散に関しては、次の公式があります。

分散に関する公式
$\mathrm{Var}(aX+b) = a^2 \mathrm{Var}(X)$

考え方

分散の定義式は、「$\mathrm{Var}(X) = E[(X-E(X))^2]$」ですから、「$Y = aX+b$」とおいたとき、Y、すなわち、$aX+b$の分散は、次のように計算されます。

$$\begin{aligned}
\mathrm{Var}(Y) &= E[(Y-E(Y))^2] \quad \cdots\cdots \text{(分散の定義式です)} \\
&= E\{[(aX+b)-(aE(X)+b)]^2\} \cdots\cdots (Y=aX+b \\
&\qquad\qquad\qquad\qquad\qquad\qquad \text{と}E(Y)=E(aX+b)= \\
&\qquad\qquad\qquad\qquad\qquad\qquad aE(X)+b\text{を代入します)} \\
&= E[(a(X-E(X)))^2] \quad \cdots\cdots \text{(上式を整理します)} \\
&= E[a^2(X-E(X))^2] \quad \cdots\cdots (a^2\text{を前にくくりだ} \\
&\qquad\qquad\qquad\qquad\qquad\qquad \text{します)} \\
&= a^2 E[(X-E(X))^2] \quad \cdots\cdots \text{(期待値に関する公} \\
&\qquad\qquad\qquad\qquad\qquad\qquad \text{式より、}a^2\text{を前にくくりだします)}
\end{aligned}$$

$$= a^2 \mathrm{Var}(X) \quad \cdots\cdots \text{（上式の} a^2 \text{以外の部分は分散の定義式です）}$$

*（期待値に関する公式 ………… $E(aX+b) = aE(X) + b$）

ちょっと一言

Xが「離散」、「連続」にかかわらず、上に示した「分散に関する公式」の考え方は有効です。Xが離散確率変数の場合は、確率分布に戻って直接証明することができます（期待値に関する公式の考え方と同じです）。

Xの確率分布を、

$$p_X(x) = \begin{cases} p(x_1) & \cdots\cdots \quad x = x_1 \\ p(x_2) & \cdots\cdots \quad x = x_2 \\ \vdots & \qquad\quad \vdots \\ p(x_r) & \cdots\cdots \quad x = x_r \\ 0 & \cdots\cdots \quad \text{その他の} x \end{cases}$$

とします。いま、$Y = aX + b$とおくと、確率変数Yの確率分布は、

$$p_Y(y) = \begin{cases} p(x_1) & \cdots\cdots \quad y = ax_1 + b \\ p(x_2) & \cdots\cdots \quad y = ax_2 + b \\ \vdots & \qquad\quad \vdots \\ p(x_r) & \cdots\cdots \quad y = ax_r + b \\ 0 & \cdots\cdots \quad \text{その他の} y \end{cases}$$

となります。期待値に関する公式より、$E(Y) = aE(X) + b$ですから、

$$\begin{aligned}
\mathrm{Var}(Y) &= [(ax_1+b) - (aE(X)+b)]^2 p(x_1) + [(ax_2+b) - (aE(X)\\
&\quad +b)]^2 p(x_2) + \cdots\cdots + [(ax_r+b) - (aE(X)+b)]^2 p(x_r)\\
&\qquad \cdots\cdots \text{（Yの確率分布に従って分散を計算します）}\\
&= a^2 [(x_1 - E(X))^2 p(x_1) + (x_2 - E(X))^2 p(x_2) + \cdots\cdots\\
&\quad + (x_r - E(X))^2 p(x_r)] \quad \cdots\cdots \text{（上式を整理して} a^2 \text{を前に}\\
&\qquad\qquad\qquad\qquad\qquad\qquad\qquad\qquad\qquad \text{くくりだします）}\\
&= a^2 \mathrm{Var}(X) \quad \cdots\cdots \text{（上式の} a^2 \text{以外の部分は「Xの分散}\\
&\qquad\qquad\qquad\qquad\qquad\qquad \mathrm{Var}(X) \text{」を表しています）}
\end{aligned}$$

確率変数の分散の別式

確率変数の分散は、次式でも計算できます。場合によっては、こちらの式のほうが計算が楽なことが多いでしょう。

確率変数の分散の別の公式

$$\mathrm{Var}(X) = E(X^2) - (E(X))^2 = E(X^2) - \mu^2$$
$$(\mu = X の確率分布の平均 = 期待値 E(X))$$

考え方

$$\begin{aligned}
\mathrm{Var}(X) &= E[(X - E(X))^2] \quad \cdots\cdots (X の分散の定義式です) \\
&= E[(X - \mu)^2] \quad \cdots\cdots (\mu = E(X)\ です) \\
&= E(X^2 - 2\mu X + \mu^2) \quad \cdots\cdots (上式の E の内部を \\
&\qquad\qquad\qquad\qquad\qquad\quad 展開します) \\
&= E(X^2) - 2\mu E(X) + \mu^2 \quad \cdots\cdots (次のコラムを \\
&\qquad\qquad\qquad\qquad\qquad\qquad\quad 参照) \\
&= E(X^2) - 2\mu^2 + \mu^2 \quad \cdots\cdots (\mu = E(X)\ です) \\
&= E(X^2) - \mu^2
\end{aligned}$$

ちょっと一言

上の計算で、「$E(X^2-2\mu X+\mu^2)=E(X^2)-2\mu E(X)+\mu^2$」の計算はどのようにしたらいいのでしょうか。

まず、$E(X^2-2\mu X+\mu^2)$ に対して、「$X^2=X_1$」、「$-2\mu X=X_2$」、「$\mu^2=X_3$」と置き換えます。

次に、置き換えた $E(X_1+X_2+X_3)$ に対して、確率変数の和の期待値「$E(X_1+X_2+\cdots +X_n)=E(X_1)+E(X_2)+\cdots +E(X_n)$」を使い、$E(X_1)+E(X_2)+E(X_3)$ とします。

ここで、

- $E(X_2)=E(-2\mu X)=-2\mu E(X)$ は、期待値に関する公式($E(aX+b)=aE(X)+b$) によります。
- 「$E(X_3)=E(\mu^2)=\mu^2$」は、定数の期待値は、その定数であることを示しており、「$X_3=\mu^2$」ということは、確率変数 X_3 は、常に「μ^2」という値をとると考えることができるので、その確率分布は、

$$p(x_3)=\begin{cases} 1 & \cdots\cdots\ x_3=\mu^2 \\ 0 & \cdots\cdots\ その他のx \end{cases}$$

となり、

$$E(X_3)=\mu^2\times 1=\mu^2$$

を得ます。

例6.8

偏りのないコインを投げて、「表」が出たら20ドルを得、「裏」が出たら10ドル失うゲームがあります。

「確率変数X：獲得金額」とするとき、

(1) Xの分散を2つの公式で求め、一致することを確かめましょう。

(2) $5X+20$ の分散を求めましょう。

解

(1) Xの確率分布は次のようになります。

$$p(x) = \begin{cases} 0.5 & \cdots\cdots\ x = 20 \\ 0.5 & \cdots\cdots\ x = -10 \\ 0 & \cdots\cdots\ その他のx \end{cases}$$

期待値は、

$$E(X) = 20 \times 0.5 - 10 \times 0.5 = 5 = \mu$$

になります。

・公式 $E[(X-\mu)^2]$ で計算する場合：

$$Var(X) = (20-5)^2 \times 0.5 + (-10-5)^2 \times 0.5 = 225$$

・公式 $E(X^2) - (E(X))^2$ で計算する場合：

$$E(X^2) = 20^2 \times 0.5 + (-10)^2 \times 0.5 = 250$$

より、

$$Var(X) = 250 - 5^2 = 225$$

(2) $Var(5X+20) = 5^2 Var(X) = 25 \times 225 = 5625$

・直接計算する場合：

$$E(5X+20) = 5E(X) + 20 = 5 \times 5 + 20 = 45$$

より、

$$Var(5X+20) = (5 \times 20 + 20 - 45)^2 \times 0.5 + (5 \times (-10) + 20 - 45)^2 \times 0.5 = 5625$$

6-5
確率分布の分散

　第5章で、正規分布の分散という言葉を用いました。「期待値」と「確率分布の平均」が同じことを意味しているのと同様、「確率変数の分散」と「確率分布の分散」は同じことを意味しています。

> 確率変数Xの確率分布の分散 σ^2 ＝確率変数Xの分散 $\text{Var}(X)$

　分散は、データのバラツキを表すということから、次の2つの確率分布について、次のことを直感的に感じます。

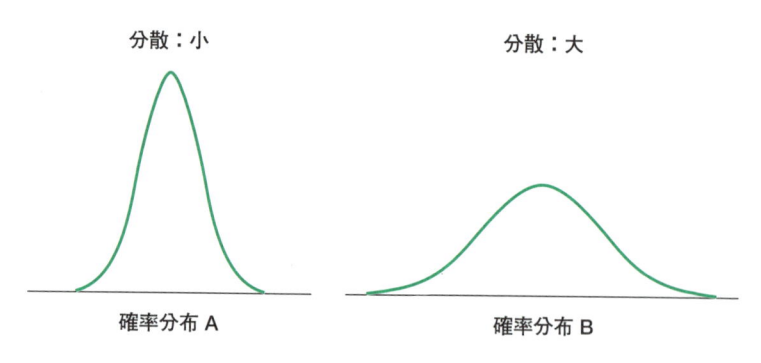

　　　分散：小　　　　　　　　　　分散：大

　　　確率分布 A　　　　　　　　　確率分布 B

　「分散の直感的理解」で説明したように、「確率変数Xの分散」は、「Xの実現値の分散」が近づいていく値です。したがって、上の2つの確率分布AとBについて、値を抽出する実験を繰り返せば、当然、確率分布Aのほうが、実現値の分散が近づいていく値は、確率分布Bの場合よりも小さくなります。

　これで、何となく、「確率変数Xの分散」と「確率分布の分散」が同じことを意味していることが分かるでしょう。

分散の大小の比較（離散確率変数の場合）

とる値が同じである複数の確率変数について、それらの確率分布が単純な形状なら、分散の大小の相対的な比較が簡単にできます。

いま、確率分布の形状から、分散の相対的な大きさの比較ができるように、次のように異なる4つのサイコロがあるものとします。

- 偏りのないサイコロ
- 真ん中の値の目ほど出やすいサイコロ
- 両端の値の目ほど出やすいサイコロ
- 小さい値の目ほど出やすいサイコロ

これらの確率分布は、次のように与えられているものとします。各々のサイコロを振るとき、出る目の値（確率変数）を、それぞれ X、Y、W、V とします。

◎偏りのないサイコロ

$$p_X(x) = \begin{cases} \dfrac{1}{6} & \cdots\cdots\ x=1,2,3,4,5,6 \\ 0 & \cdots\cdots\ その他のx \end{cases}$$

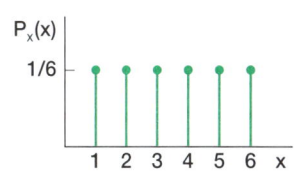

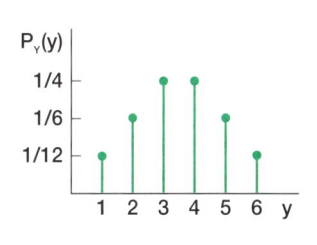

◎真ん中の値の目ほどでやすいサイコロ

$$p_Y(y) = \begin{cases} \dfrac{1}{12} & \cdots\cdots\ y=1,6 \\ \dfrac{1}{6} & \cdots\cdots\ y=2,5 \\ \dfrac{1}{4} & \cdots\cdots\ y=3,4 \\ 0 & \cdots\cdots\ その他のy \end{cases}$$

◎両端の値の目ほどでやすいサイコロ

$$p_W(w) = \begin{cases} \dfrac{1}{4} & \cdots\cdots \quad w = 1, 6 \\ \dfrac{1}{6} & \cdots\cdots \quad w = 2, 5 \\ \dfrac{1}{12} & \cdots\cdots \quad w = 3, 4 \\ 0 & \cdots\cdots \quad \text{その他の } w \end{cases}$$

◎小さな値の目ほどでやすいサイコロ

$$p_V(v) = \begin{cases} \dfrac{1}{4} & \cdots\cdots \quad v = 1, 2 \\ \dfrac{1}{6} & \cdots\cdots \quad v = 3, 4 \\ \dfrac{1}{12} & \cdots\cdots \quad v = 5, 6 \\ 0 & \cdots\cdots \quad \text{その他の } v \end{cases}$$

4つの確率分布を、「出やすい値の集中度」、すなわち、「密度」という観点から、次のように言うことができます。

・Xの確率分布：密度が一定である。
・Yの確率分布：真ん中に密度が集中している。
・Wの確率分布：密度が濃いところが両端の2個所ある。
・Vの確率分布：小さい値の方に密度が集中している。

これより、グラフのバラツキ具合を見比べることにより、それぞれの確率変数の分散について、次の不等式が成り立ちそうです。

$\mathrm{Var}(Y) < \mathrm{Var}(V) < \mathrm{Var}(X) < \mathrm{Var}(W)$

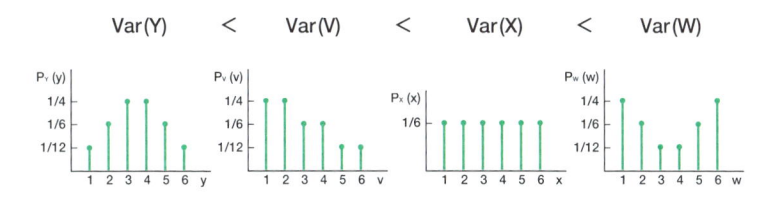

$$\text{Var}(Y) \quad < \quad \text{Var}(V) \quad < \quad \text{Var}(X) \quad < \quad \text{Var}(W)$$

実際に分散を比較する

では、実際に上の不等式が成り立つかどうか、確かめてみましょう。

◎Xの分散

例6.7より、$\text{Var}(X) = \dfrac{35}{12} = 2.917$

◎Yの分散

グラフの対称性から$E(Y) = \dfrac{7}{2}$であることが分かります。

$$\text{Var}(Y) = \left(1-\frac{7}{2}\right)^2 \times \frac{1}{12} + \left(2-\frac{7}{2}\right)^2 \times \frac{1}{6} + \left(3-\frac{7}{2}\right)^2 \times \frac{1}{4}$$
$$+ \left(4-\frac{7}{2}\right)^2 \times \frac{1}{4} + \left(5-\frac{7}{2}\right)^2 \times \frac{1}{6} + \left(6-\frac{7}{2}\right)^2 \times \frac{1}{12}$$
$$= \frac{23}{12} = 1.917$$

◎Wの分散

グラフの対称性から$E(W) = \dfrac{7}{2}$であることが分かります。

$$\mathrm{Var}(W) = \left(1-\frac{7}{2}\right)^2 \times \frac{1}{4} + \left(2-\frac{7}{2}\right)^2 \times \frac{1}{6} + \left(3-\frac{7}{2}\right)^2 \times \frac{1}{12}$$

$$+ \left(4-\frac{7}{2}\right)^2 \times \frac{1}{12} + \left(5-\frac{7}{2}\right)^2 \times \frac{1}{6}$$

$$+ \left(6-\frac{7}{2}\right)^2 \times \frac{1}{4} = \frac{47}{12} = 3.917$$

◎Vの分散

確率分布の平均のところで出てきた例より、$E(V) = \frac{17}{6}$ です。

$$\mathrm{Var}(V) = \left(1-\frac{17}{6}\right)^2 \times \frac{1}{4} + \left(2-\frac{17}{6}\right)^2 \times \frac{1}{4} + \left(3-\frac{17}{6}\right)^2 \times \frac{1}{6}$$

$$+ \left(4-\frac{17}{6}\right)^2 \times \frac{1}{6} + \left(5-\frac{17}{6}\right)^2 \times \frac{1}{12}$$

$$+ \left(6-\frac{17}{6}\right)^2 \times \frac{1}{12} = \frac{89}{36} = 2.472$$

以上より、確かに「$\mathrm{Var}(Y) < \mathrm{Var}(V) < \mathrm{Var}(X) < \mathrm{Var}(W)$」となっています。みなさんは、それぞれの確率分布のグラフと、上の不等式が一致することが、直感的に分かるようになってください。

分散の大小の比較(連続確率変数の場合)

連続確率変数についても、とりうる範囲が同じなら、簡単な確率分布の形状から、分散の大小の相対的な比較ができます。

いま、ここに、周囲に0〜1の目盛りのついた4つの円盤があります。どの円盤にも回転できる矢が付いています。各円盤の矢の

止まる位置には、以下のような違いがあります。

　　・どこにも同等に止りやすい
　　・下の方（0.5近辺）に止りやすい
　　・上の方（0近辺）に止りやすい
　　・小さい値ほど止りやすい

これらの確率分布は、次のように与えられているものとします。各々の矢を回すとき、止まる目盛りの位置（確率変数）を、それぞれX、Y、W、Vとします。

◎Xの確率分布

$$f_X(x) = \begin{cases} 1 & \cdots\ 0 \leq x < 1 \\ 0 & \cdots\ その他のx \end{cases}$$

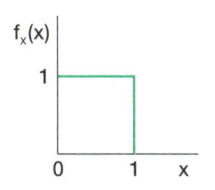

◎Yの確率分布

$$f_Y(y) = \begin{cases} 4y & \cdots\ 0 \leq y < 0.5 \\ -4(y-1) & \cdots\ 0.5 \leq y < 1 \\ 0 & \cdots\ その他のy \end{cases}$$

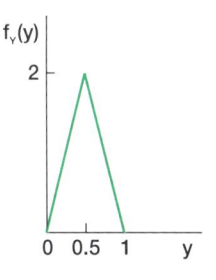

◎Wの確率分布

$$f_W(w) = \begin{cases} -4(w-0.5) & \cdots\ 0 \leq w < 0.5 \\ 4(w-0.5) & \cdots\ 0.5 \leq w < 1 \\ 0 & \cdots\ その他のw \end{cases}$$

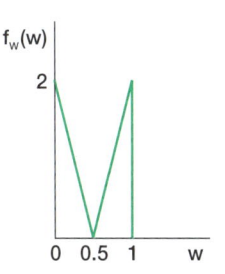

◎Vの確率分布

$$f_V(v) = \begin{cases} -2v+2 & \cdots\ 0 \leq v < 1 \\ 0 & \cdots\ その他のv \end{cases}$$

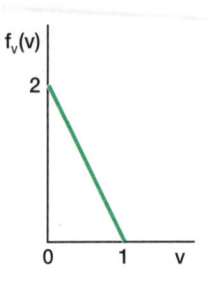

離散分布の4つの場合と全く同様に、4つの確率分布を「密度」（止まりやすい値の集中度）という観点から、次のように言うことができます。

・Xの確率分布：密度が一定である。
・Yの確率分布：真ん中ほど密度が集中している。
・Wの確率分布：密度が濃いところが両端の2個所ある。
・Vの確率分布：小さい値の方に密度が集中している。

このことから、それぞれの確率分布のグラフを見比べることにより、それぞれの確率変数の分散について、次の不等式が成り立ちそうです。

$$\mathrm{Var}(Y) < \mathrm{Var}(V) < \mathrm{Var}(X) < \mathrm{Var}(W)$$

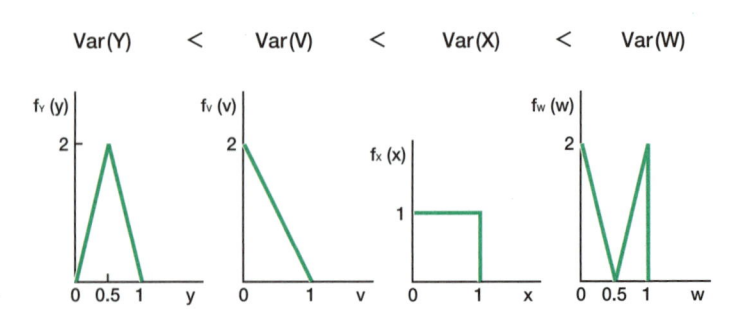

実際に分散を比較する

実際に、分散を求めると、次のようになります。

◎Xの分散

分布の対称性から $E(X) = \dfrac{1}{2}$ となります。

$$E(X^2) = \int_0^1 x^2 \cdot 1 dx = \dfrac{1}{3} \quad \text{より}$$

$$Var(X) = E(X^2) - [E(X)]^2 = \dfrac{1}{3} - \left(\dfrac{1}{2}\right)^2 = \dfrac{1}{12}$$

◎Yの分散

分布の対称性から $E(Y) = \dfrac{1}{2}$ となります。

$$E(Y^2) = \int_0^{0.5} y^2 \cdot 4y dy + \int_{0.5}^1 y^2 (-4y + 4) dy = \dfrac{7}{24} \quad \text{より}$$

$$Var(Y) = E(Y^2) - [E(Y)]^2 = \dfrac{7}{24} - \left(\dfrac{1}{2}\right)^2 = \dfrac{1}{24}$$

◎Wの分散

分布の対称性から $E(W) = \dfrac{1}{2}$ となります。

$$E(W^2) = \int_0^{0.5} w^2 (-4w + 2) dw + \int_{0.5}^1 w^2 (4w - 2) dw = \dfrac{3}{8}$$

より

$$Var(W) = E(W^2) - [E(W)]^2 = \dfrac{3}{8} - \left(\dfrac{1}{2}\right)^2 = \dfrac{1}{8}$$

◎Vの分散

$$E(V) = \int_0^1 v(-2v+2)dv = \frac{1}{3}$$ です。

$$E(V^2) = \int_0^1 v^2(-2v+2)dv = \frac{1}{6}$$ より

$$\mathrm{Var}(V) = \frac{1}{6} - \left(\frac{1}{3}\right)^2 = \frac{1}{18}$$

上記の計算により、確かに、

$$\mathrm{Var}(Y) < \mathrm{Var}(V) < \mathrm{Var}(X) < \mathrm{Var}(W)$$

となっています。それぞれの確率分布のグラフと、上の不等式が一致することが、直感的に分かるようになってください。

2項分布と正規分布の分散

2項分布と正規分布の分散は、それぞれの確率分布をすでに知っているので、次の計算により求まります（計算過程は省略）。

2項分布の分散

成功の確率がpの独立試行をn回行う実験において、成功の回数Xの2項確率変数の確率分布（2項分布）は、

$$p(x) = \binom{n}{x} p^x (1-p)^{n-x} \quad (x = 0, 1, 2, \cdots, n)$$

であり、$E(X) = np$より、次の計算が成り立ちます。

$$\mathrm{Var}(X) = (0-np)^2 \binom{n}{0} p^0 (1-p)^n + (1-np)^2 \binom{n}{1} p \times$$

$$(1-p)^{n-1}+(2-np)^2\binom{n}{2}p^2(2-p)^{n-2}+\cdots\cdots$$

$$+(n-np)^2\binom{n}{n}p^n(1-p)^0$$

…… （離散確率変数の分散の計算式です）

$$=\sum_{k=0}^{n}(k-np)^2\binom{n}{k}p^k(1-p)^{n-k}$$

…… （上式をΣ記号で表したものです）

$$=np(1-p)\quad\cdots\cdots\text{（上式を計算した結果です）}$$

正規分布の分散

正規分布の分散は、次の計算により求まります。

正規確率変数の確率分布（正規分布）は、

$$f(x)=\frac{1}{\sqrt{2\pi}\,\sigma}e^{-\frac{(x-\mu)^2}{2\sigma^2}}$$

より、次の計算が成り立ちます。

$$\mathrm{Var}(X)=\int_{-\infty}^{\infty}\frac{1}{\sqrt{2\pi}\,\sigma}(x-\mu)^2e^{-\frac{(x-\mu)^2}{2\sigma^2}}dx=\sigma^2$$

独立のときの分散の公式

いま、実験を同じ条件のもとでn回行う場合を考えます。これらを、「実験1」、「実験2」、……、「実験n」と呼ぶことにします。

そして、それぞれの実験で定義される確率変数を「X_1」、「X_2」、……、「X_n」とします。

実験を同じ条件のもとで行うわけですから、各実験で「確率変

数がとる値」は、お互いに影響されません。このような状況のとき、$X_1, X_2, ……, X_n$ は互いに「独立」であると言います。

> $X_1, X_2, ……, X_n$ が互いに独立であるとき、次の関係が成り立ちます。
> $$\mathrm{Var}(X_1+X_2+\cdots+X_n)=\mathrm{Var}(X_1)+\mathrm{Var}(X_2)+\cdots+\mathrm{Var}(X_n)$$

例6.9

偏りのないサイコロを10回振る実験で、「X：出る目の値の和」とする。Xの分散を求めなさい。

解

確率変数 X_i を、

　　「X_i：i回目に出る目の値」

とすると、次式が成り立ちます。

　　　　出る目の値の和　$X = X_1 + X_2 + …… + X_{10}$

ここで、1回1回の実験で出る目の値は、題意から独立です。すなわち、$X_1, X_2, ……X_{10}$ は互いに独立ですから、上式の両辺の分散をとると、次式が成り立ちます。

$$\mathrm{Var}(X) = \mathrm{Var}(X_1 + X_2 + …… + X_{10})$$
$$= \mathrm{Var}(X_1) + \mathrm{Var}(X_2) + …… + \mathrm{Var}(X_{10})$$

さらに、1回1回のサイコロを振る条件は、同じであると考えられるから、$X_1, X_2, ……, X_n$ は、同じ確率分布に従います。したがって、

$$\mathrm{Var}(X_1) = \mathrm{Var}(X_2) = …… = \mathrm{Var}(X_{10})$$

が成り立つので、1つの $\mathrm{Var}(X_i)$ を求めて、それを10倍して

Var(X) を得ることができます。

例6.7より、$\mathrm{Var}(X_i) = \dfrac{35}{12}$ですから、次の結果を得ます。

$$\mathrm{Var}(X) = \dfrac{35}{12} \times 10 = \dfrac{175}{6} = 29.17$$

2項分布の分散のもう一つの求め方

前項で2項分布の分散を得る式を示しましたが、次のようにしても、求めることができます。

成功の確率がpの独立試行をn回行うとき、1回1回の試行において、

$$X_i = \begin{cases} 1 & \cdots\cdots \text{ i番目の試行で「成功」するとき} \\ 0 & \cdots\cdots \text{ i番目の試行で「失敗」するとき} \end{cases}$$

と定義します。X_iの確率分布は、

$$p(x_i) = \begin{cases} p & \cdots\cdots\ x_i = 1 \\ 1-p & \cdots\cdots\ x_i = 0 \\ 0 & \cdots\cdots\ \text{その他の}x_i \end{cases}$$

より、

$$E(X_i) = 1 \times p + 0 \times (1-p) = p$$

となります。一方、X_i^2の確率分布は、

$$p(x_i^2) = \begin{cases} p & \cdots\cdots\ x_i^2 = 1 \\ 1-p & \cdots\cdots\ x_i^2 = 0 \\ 0 & \cdots\cdots\ \text{その他の}x_i^2 \end{cases}$$

ですので、

$$E(X_i^2) = 1 \times p + 0 \times (1-p) = p$$

より、
$$\mathrm{Var}(X_i) = E(X_i^2) - [E(X_i)]^2 = p - p^2$$
となります。2項確率変数Xは、n回の試行における成功の回数ですから、
$$X = X_1 + X_2 + \cdots\cdots + X_n$$
となります。各試行は独立ですから、すなわち、「$X_1, X_2, \cdots\cdots, X_n$」は独立ですので、上式の両辺の分散をとると、次の結果を得ます。

$$\begin{aligned}
\mathrm{Var}(X) &= \mathrm{Var}(X_1 + X_2 + \cdots\cdots + X_n) \\
&= \mathrm{Var}(X_1) + \mathrm{Var}(X_2) + \cdots\cdots + \mathrm{Var}(X_n) \\
&\quad \cdots\cdots (\mathrm{Var}(X_1) = \mathrm{Var}(X_2) = \cdots\cdots = \mathrm{Var}(X_{10}) \text{ より}) \\
&= (p - p^2) \times n \\
&= np(1 - p)
\end{aligned}$$

2項分布の分散
$$\mathrm{Var}(X) = np(1-p)$$

正規分布の分散
$$\mathrm{Var}(X) = \sigma^2$$

7章

標本分布

7-1

母集団と標本

母集団

　前章までは、どちらかというと、確率や統計の基礎理論の習得を行ってきました。本章から、これまでの知識を現実問題に応用していくことにしましょう。

　例えば、以下のような場合をみてみましょう。

(1)　ある製造企業では、リングの生産をしています。リングがたくさん詰まった箱（ロット）の1つ1つから、いくつかのリングを抜き取り、直径と光沢の検査をし、このロットは合格あるいは不合格の判断をしています。このとき、全数のリングを検査することはしません。

(2)　ある砂糖の製造工場では、袋詰めの砂糖の重さを計りますが、全数計ることはしません。流れていく袋を適当に抜き取って計測し、少なすぎたり多すぎたりしないように常に調節しています。

(3)　新聞で、よく内閣の支持率が発表されます。新聞社は国民全員には、内閣を支持するかしないかを聞いていません。3000人とか4000人とかの限られた人数に質問し、20％の人が支持すれば、内閣の支持率は20％と発表します。

　このように、全体の情報を得るために、一部の情報を得て、全

体の情報を推測します。この個々の集まりからなる集団全体を母集団といいます。

> **母集団**
> 我々が知りたいと思う集団全体

上の例で、母集団は何になるでしょうか。最初の2つの例では、続々と同一条件のもとで生産される製品すべてが、母集団と考えられます。正確には、マシンのセッティングから次のセッティングの間に生産される製品とすべきでしょう。セッティングが変わると、正確には同一条件とは見なせないからです。

3つ目の例では、選挙権を有する日本国民全体が母集団と考えられます。

ちょっと一言

母集団を、測定する「単位」をもって定義する場合があります。
- 最初の例では、すべてのリングの直径（cm）が母集団です。
- 2番目の例では、すべての袋詰めされた砂糖の重さ（g）が母集団です。
- 最後の例では、選挙権を有する国民を〇（支持）と×（不支持）に分類したとき、これらすべての〇と×の集まりが母集団です。

ここの例では最初に、製品、国民を母集団としましたが、厳密には、測定する「単位」が母集団になります。

しかし、いちいちこのように定義しなくても誤解を生じないので、通常は、製品、国民というように母集団を定義します。

標本

母集団の情報を完全に知ろうとすれば、母集団を構成する個体すべてについて調べなければなりません。ところが、時間、経済的理由により、全数調査は不可能です。

そのため、母集団から一部を抽出して分析し、母集団についての情報を「推定」します。この一部のデータを「標本」(sample) といいます。このような立場の統計を「記述統計」と対比させて「推測統計」といいます。ここで、母集団から抽出する一部のことを、次のように定義します。

> **標本**
> 母集団についての推測を行うために、母集団から抽出される一部

例えば、母集団からn個の要素を抽出するとき、これらを**大きさnの標本**といいます。

母集団の分布

たとえば、青年男子の身長を調べるとき、青年男子の集まりが母集団となります。母集団から標本を抽出し、ヒストグラムを描き、その結果が正規分布で近似できるとき、この母集団の分布（母集団分布）は、正規分布であると推定できるのです。

> **母集団分布**
> 母集団の個々の要素が構成する分布

標本と確率変数

いま、母集団から1つの「標本X」を抽出する場合を考えてみましょう。

・標本Xは、どんな値をとるか分からないので、「変数」として取り扱うことができる。
・標本Xは、その「母集団分布」からの標本ですから、Xの確率分布は、その母集団分布である。

このように、Xは確率変数としての性質を満たしますから、確率変数として扱うことができます。

したがって、次のように言うことができます。

標本と確率変数の関係
母集団からの1つの標本は、母集団分布をその確率分布とする確率変数である。

今後、「**ある母集団から大きさnの標本 $X_1, X_2, ……, X_n$ を抽出する**」という表現をしばしば用います。ここで、

X_1：1番目に抽出される標本
X_2：2番目に抽出される標本
……
……
X_n：n番目に抽出される標本

を意味します。

さらに、この母集団を「無限母集団」（要素が無限に含まれる母集団）とすると、要素が無限に含まれますから、1つの標本を抽出して、次の標本を抽出するとき、母集団分布は変化しません。すなわち、

X_1, X_2, ……，X_n は、同一の母集団からの標本となり、それぞれ同一の確率分布に従う確率変数になります。

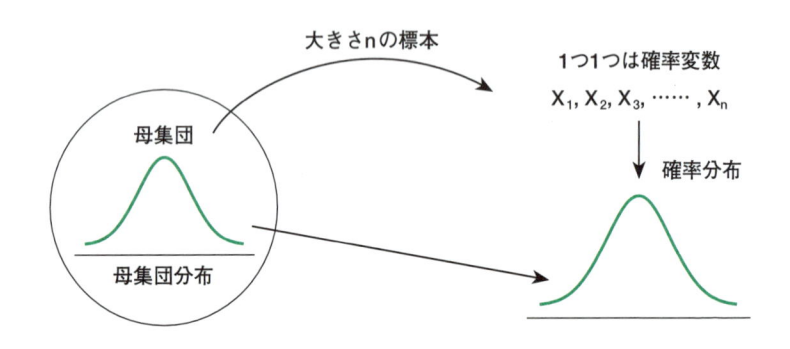

無限母集団

すでに上で述べたように、これから取り扱う母集団については、含まれる要素の数は無限であるものとします。すなわち、**無限母集団**であることを前提とします。

(1) 青年男子の身長の母集団の場合、青年男子の数は有限ですが、「無限母集団」として取り扱います。

このように、含まれる要素の数が多いときは、これを「無限母集団」として取り扱います。

(2) 母集団分布が正規分布であるとした場合、例えば、身長のグラフで、身長（cm）のある区間をとると、その区間には無数の数値（cm）が含まれており、その上に正規曲線が描かれています。したがって、正規母集団（母集団分布が正規分布である母集団）のように確率分布が連続曲線の場合は、「無限母集団」で

す。
(3) 第9章で説明する検定では、これから販売する新製品の母集団を考えることがあります。この場合、これから継続して生産されるであろう製品を想定して、「無限母集団」として取り扱います。

実験の確率変数と母集団からの標本

第5章では、実験で確率変数が定義されました。本章では、標本が確率変数の性質をもつことを説明します。そのため、ここで、実験と母集団の関係について述べておきましょう。

◎実験と母集団の関係例(1)
[実験A]：
　偏りのないサイコロを振る実験で、
　　　「X：サイコロの目」
　と定義すると、Xの確率分布は、

$$p(x) = \begin{cases} \dfrac{1}{6} & \cdots\cdots\ x = 1,\ 2,\ 3,\ 4,\ 5,\ 6 \\ 0 & \cdots\cdots\ その他の x \end{cases}$$

となります。

[母集団A]：
　1から6までの番号のついた球がたくさん入っている箱から1球抽出します。

ただし、それぞれの番号の割合は同じものとします。

　母集団：球がたくさん入った箱

　標　本：抽出する1球であり、Xで表される

母集団分布は、

$$p(x) = \begin{cases} \dfrac{1}{6} & \cdots\cdots \quad x=1,\ 2,\ 3,\ 4,\ 5,\ 6 \\ \\ 0 & \cdots\cdots \quad その他のx \end{cases} \cdots\cdots\cdots 式(D)$$

ちょっと一言

　母集団Aの場合、箱に入っている球の数が6球でも、球を1球抽出するだけなら、母集団分布は式(D)のとおりです。もし、続けて何球か抽出する場合は、1球抽出すると、次の球からは、母集団分布が変化してしまいます。しかし、球を何球か抽出する場合でも、1球抽出するたびに元に戻せば、母集団分布は変化しません。

　球を抽出しても、母集団分布が変化しないくらいたくさんの球が入った箱を想定すれば、母集団分布は、式(D)のままです。

◎実験と母集団の関係例(2)
[実験B]：

　周囲に0〜1の目盛りのついた、完全にバランスのとれた円盤の矢を回す実験で、
「X：矢の止まった位置の目盛」
とすると、Xの確率分布は、

$$f(x) = \begin{cases} 1 \cdots\cdots 0 \leq x < 1 \\ 0 \cdots\cdots その他のx \end{cases}$$

となります。

[母集団B]：

　母集団分布が、

$$f(x) = \begin{cases} 1 \cdots\cdots 0 \leq x < 1 \\ 0 \cdots\cdots その他のx \end{cases}$$

の一様な分布で与えられている母集団から、1つの標本を抽出します。

　以上の例から、母集団からの標本は、**確率変数**であるということが、お分かりいただけると思います。

母平均と母分散

次に、「母平均」、「母分散」の定義を与えましょう。

> **母平均**
> 　母集団分布（標本の確率分布）の平均のこと
> **母分散**
> 　母集団分布（標本の確率分布）の分散のこと

ふつう、平均というと、母集団に含まれているすべての要素の平均という感じを受けます。しかし、ここで想定している母集団は「無限母集団」であり、すべての要素の「平均」を計算することはできません。

同様に、すべての要素の「分散」も計算することはできません。

抽出された標本の「平均」でも、この母集団から標本を限りなく抽出すると、「実現値」の平均は、「母集団分布の平均」にいくらでも近くなるわけです。

いいかえれば、実現値で作られたヒストグラムは、母集団分布に近づくわけですから、「母集団に含まれている要素の平均」であると考えても問題はありません。

「分散」についても、母集団から標本を限りなく抽出すると、「実現値」の分散は、「母集団分布の分散」にいくらでも近くなるわけです。これも、「母集団に含まれている要素の分散」であると考えても問題はありません。

7-2 無作為抽出

「**母集団から大きさnの標本を抽出する**」という言い方には、次の2つのことが成り立っていることを前提にしています。そして、この2つの条件を満たす抽出のことを**無作為抽出**といいます。

> 無作為抽出
> ・確率変数 X_1, X_2, ……, X_n は独立である。
> ・確率変数 X_1, X_2, ……, X_n は同一の確率分布に従う。

「X_1, X_2, ……, X_n」が独立であるということは、「X_1, X_2, ……, X_n」は互いに影響されず、自分の確率分布に従って値をとるということです。

数学的に独立

数学的にもう少し詳しく調べてみましょう。
「事象A」と「事象B」が独立であるということは、

$$P(AB) = P(A)P(B)$$

が成り立つことでした。

いま、任意の実数を「a、b、c、d」(ただし、a＜b、c＜dとする) とします。

「確率変数 X_1 と X_2 が独立である」ということは、「X_1 がaとbの間の値をとり、かつ X_2 がcとdの間の値をとる確率」が「X_1 がaとbの間の値をとる確率」と、「X_2 がcとdの間の値をとる確率」の積に等しいことを意味しています。これを式で表すと、

$$P\{a<X_1<b \text{ かつ } c<X_2<d\} = P\{a<X_1<b\} \times P\{c<X_2<d\}$$

ということになります。ここで、事象A、事象Bを、

$$A=\{a<X_1<b\}, \qquad B=\{c<X_2<d\}$$

とおけば、上式は、$P(AB)=P(A)P(B)$ となります。

同様に、「確率変数 $X_1, X_2, \ldots, X_n$」が独立であるということは、数学的表現では、次のようになります。

$$P\{a_1<X_1<b_1,\ a_2<X_2<b_2,\ \ldots,\ a_n<X_3<b_n\}$$
$$= P\{a_1<X_1<b_1\}P\{a_2<X_2<b_2\}\cdots P\{a_n<X_n<b_n\}$$

◎無作為抽出はむずかしい

テレビ番組の視聴率は、あるモニター世帯を対象に、24時間毎日、各テレビ局のすべての番組の視聴率を算出しています。このモニター世帯は無作為抽出でしょうか。

まず、電話でモニターになってくれるように頼むでしょうから、電話帳に登録している人（電話を持っている人）だけがモニターに選ばれます。また、モニターになることを好まない人はモニターになることを断るでしょうから、モニターになってもいいと思う人だけがモニターに選ばれます。モニターになってもいいと考える人は、一日中テレビを見ている必要がありますから、他の人とは異なる性質をもっていると考えられます。したがって、モニター世帯は無作為抽出で選ばれたとは言えないでしょう。

例えば、テレビの政治番組で、視聴者に、電話やFAXで支持政党などの意見を言ってこさせることがあります。

これも、視聴者からの自発的な参加であり、これも無作為標本ではないことは明らかでしょう。

・電話やFAXをするという意志のある人が選ばれることになる

- 政治番組に興味のある人が選ばれることになる
- 組織的な政党を支持する人ほど選ばれることになる。無党派層は自分から積極的に参加しない傾向にある。

ちょっと一言

先のテレビの視聴率の問題では、全国民を、

　1：モニターになってもいいと思う人

　0：モニターになりたくない人

に割り振ると、母集団は、国民の数だけの「0」と「1」の集まりとなります。ここで、「p：モニターになってもいいと思う人の割合」とします。

いま、この母集団から標本を1つ取り出し、確率変数を、

　X：選んだ人の数値(0か1)

とすると、その確率分布は、

$$p(x) = \begin{cases} p & \cdots\cdots x = 1 \\ 1-p & \cdots\cdots x = 0 \end{cases}$$

となります。すなわち、このp(x)が母集団を表す分布となります。視聴率調査では、「1」の数値の人だけを対象にしており、従って、選ばれた人は、母集団を表す分布p(x)を反映していません。

同様に、全国の小学1年生男子の身長を推定するのに、東京から30人、東京以外から20人と決めてしまうと、東京の小学生の分布は、全国の小学生1年生の分布とは、少し異なるでしょうから(どちらも正規分布になるでしょうが、東京の分布は、全国の分布より少し、右にずれているでしょう(平均がやや高い))、大きさ50の標本は同一の母集団分布からの標本とは見なせなくなります。

7-3 標本平均と標本分散

　本章では、母集団から抽出された標本によって作られる、「平均」や「分散」の性質について解説します。最初に、次の定義を与えます。

> **統計量**
> 　標本を組み合わせた新しい確率変数
> **標本分布**
> 　統計量の確率分布

標本平均

　母集団からの大きさnの標本を「$X_1, X_2, \cdots\cdots, X_n$」とすると、これらの平均は、

$$\overline{X} = \frac{X_1 + X_2 + \cdots\cdots + X_n}{n}$$

と表され、**標本平均**と言います。上式から分かるように、標本平均$\overline{X}$は標本「$X_1, X_2, \cdots\cdots, X_n$」を組み合わせて作られているので「統計量」になります。

　「$X_1, X_2, \cdots\cdots, X_n$」が確率変数ですから、統計量$\overline{X}$もやはり確率変数になり、ある確率分布に従うことになります。

　標本平均に関しては次の定理があります。

定理7.1 標本平均の期待値と、標本平均の分散

「$X_1, X_2, \ldots, X_n$」を平均 μ、分散 σ^2 の母集団からの無作為標本とします。このとき、次式が成り立ちます。

標本平均の期待値 $E(\overline{X}) = \mu$

標本平均の分散 $Var(\overline{X}) = \dfrac{\sigma^2}{n}$

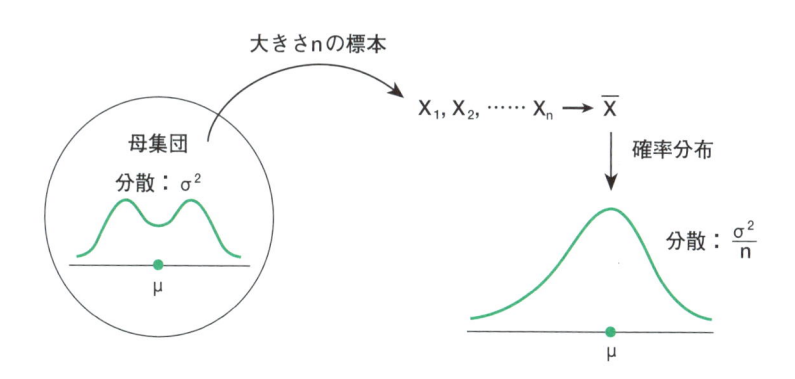

考え方

(1) **標本平均の期待値**

「$X_1, X_2, \ldots, X_n$」は、平均 μ の確率分布に従うから、
$$E(X_1) = E(X_2) = \cdots = E(X_n) = \mu$$
です。6章で学んだ「確率変数の和の期待値の性質」($E(X+Y) = E(X) + E(Y)$) と、「期待値に関する公式」($E(aX+b) = aE(X) + b$) から、次の結果を得ることができます。

$$E(\overline{X}) = E\left(\frac{X_1 + X_2 + \cdots + X_n}{n}\right)$$

$$= E\left(\frac{X_1}{n}\right) + E\left(\frac{X_2}{n}\right) + \cdots\cdots + E\left(\frac{X_n}{n}\right)$$

…… (期待値の性質より一つ一つの期待値の和に分解)

$$= \left(\frac{1}{n}\right)E(X_1) + \left(\frac{1}{n}\right)E(X_2) + \cdots\cdots + \left(\frac{1}{n}\right)E(X_n)$$

…… ($E(aX+b) = aE(X) + b$ で $b=0$ の場合である)

$$= \frac{1}{n}\mu + \frac{1}{n}\mu + \cdots\cdots + \frac{1}{n}\mu = \mu$$

…… ($E(X_i) = \mu$ である)

(2) 標本平均の分散

次に、分散 $Var(\overline{X})$ を求めます。

「$X_1, X_2, \cdots\cdots, X_n$」は、分散 σ^2 の確率分布に従うから、

$$Var(X_1) = Var(X_2) = \cdots\cdots = Var(X_n) = \sigma^2$$

です。

「$X_1, X_2, \cdots\cdots, X_n$」は独立であるから、6章で学んだ「独立のときの和の性質」($Var(X_1 + X_2 + \cdots\cdots + X_n) = Var(X_1) + Var(X_2) + \cdots\cdots Var(X_n)$)と、「分散に関する公式」($Var(aX+b) = a^2 Var(X)$)から、$Var(\overline{X})$ は次のような結果を得ることができます。

$$Var(\overline{X}) = Var\left(\frac{X_1 + X_2 + \cdots\cdots + X_n}{n}\right)$$

$$= Var\left(\frac{X_1}{n}\right) + Var\left(\frac{X_2}{n}\right) + \cdots\cdots + Var\left(\frac{X_n}{n}\right)$$

…… ($X_1, X_2, \cdots\cdots, X_n$ は独立より一つ一つの分散の和に分解できる)

$$= \left(\frac{1}{n}\right)^2 \text{Var}(X_1) + \left(\frac{1}{n}\right)^2 \text{Var}(X_2) + \cdots\cdots$$
$$+ \left(\frac{1}{n}\right)^2 \text{Var}(X_n)$$
$$\cdots\cdots\ (\text{Var}(aX+b) = a^2\text{Var}(X) \text{ で } b = 0 \text{ の場合である})$$
$$= \left(\frac{1}{n}\right)^2 (\sigma^2 + \sigma^2 + \cdots\cdots + \sigma^2) = \left(\frac{1}{n}\right)^2 n\,\sigma^2$$
$$= \frac{\sigma^2}{n} \qquad\qquad \cdots\cdots\ (\text{Var}(X_i) = \sigma^2 \text{ である})$$

ちょっと一言

平均μ、分散σ^2の母集団からの、1つの標本X_iの期待値と、大きさnの標本の標本平均の期待値は、ともにμで同じでした。

ところが、X_iの分散はσ^2で、標本平均の分散は$\dfrac{\sigma^2}{n}$ですから、分散はnが大きくなればなるほど小さくなることが分かります。

同じことを言っているのですが、次のように言うこともできることを意識しましょう。

「$E(X_i) = \mu$、 $\text{Var}(X_i) = \sigma^2$」
　　∥
「X_iの確率分布の平均はμ、分散はσ^2である。」

「$E(\overline{X}) = \mu$、 $\text{Var}(\overline{X}) = \dfrac{\sigma^2}{n}$」
　　∥
「$\overline{X}$の確率分布の平均はμ、分散は$\dfrac{\sigma^2}{n}$である。」

標本分散

同一母集団からの大きさnの標本「$X_1, X_2, \ldots, X_n$」の分散を考えてみましょう。

$$s^2 = \frac{1}{n-1}[(X_1-\overline{X})^2+(X_2-\overline{X})^2+\cdots+(X_n-\overline{X})^2]$$

$$= \frac{1}{n-1}\sum_{i=1}^{n}(X_i-\overline{X})^2$$

s^2は、確率変数$X_1, X_2, \ldots, X_n$を組み合わせたものですから、統計量であり、確率変数であり、**標本分散**と言います。

* 「標本分散」は通常、このようにアルファベットの小文字「s^2」で表します。第1章で出てきた「データの分散」と同じ表記なので、混同しないよう注意してください。

「標本分散s^2の期待値」、言い換えれば、「s^2の確率分布の平均」は、もとの母集団の分散σ^2に一致するという性質があります。これを定理としてあげましょう(定理7.2、証明は省略)。

定理7.2 標本分散の期待値

「$X_1, X_2, \ldots, X_n$」を、平均μ、分散σ^2の母集団からの無作為標本とします。このとき、標本分散に関して、次式が成り立ちます。

$$E(s^2) = E\left\{\frac{1}{n-1}[(X_1-\overline{X})^2+(X_2-\overline{X})^2+\cdots+(X_n-\overline{X})^2]\right\} = \sigma^2$$

第1章で、データの分散として、分母がnの分散ではなく、分母が「n−1」の分散を採用した理由は、この定理7.2のためです。

分母をnとした分散を、

$$v^2 = \frac{1}{n} \sum_{i=1}^{n} (X_i - \overline{X})^2$$

とすると、

$$v^2 = \frac{n-1}{n} s^2$$

と表されます。これより、

$$E(v^2) = E\left(\frac{n-1}{n} s^2\right)$$

$$= \frac{n-1}{n} E(s^2) = \frac{n-1}{n} \sigma^2$$

…… ($E(aX) = aE(X)$ と $E(s^2) = \sigma^2$ より)

となります。すなわち、s^2は、母分散σ^2を「偏りなく推定」しますが、v^2は、σ^2を「過小に推定」することになります。

通常、σ^2の真の値を我々は知ることはできません。1組の標本の実現値で分散の推定値を算出する場合、もちろん、v^2の実現値の方がs^2の実現値よりもσ^2の真の値に近いことは十分ありえます。しかし、確率的に見ると、s^2の実現値のほうが、v^2の実現値よりもσ^2に近い値である可能性が高いといえるのです。

7-4

正規母集団からの標本平均$\overline{X}$の確率分布

　前節で、平均μ、分散σ^2の母集団からの大きさnの標本の標本平均$\overline{X}$は、「平均μ」、「分散$\dfrac{\sigma^2}{n}$」の確率分布に従うことを説明しました。このとき、もとの母集団が正規母集団であれば、$\overline{X}$の確率分布も正規分布となるという性質があります。これを定理としてあげておきましょう。

> **定理7.3**
> 　平均μ、分散σ^2の正規母集団から抽出した、大きさnの標本の標本平均$\overline{X}$は、平均μ、分散$\dfrac{\sigma^2}{n}$の正規分布に従う。
> $$\overline{X} \sim N\left(\mu,\ \dfrac{\sigma^2}{n}\right)$$

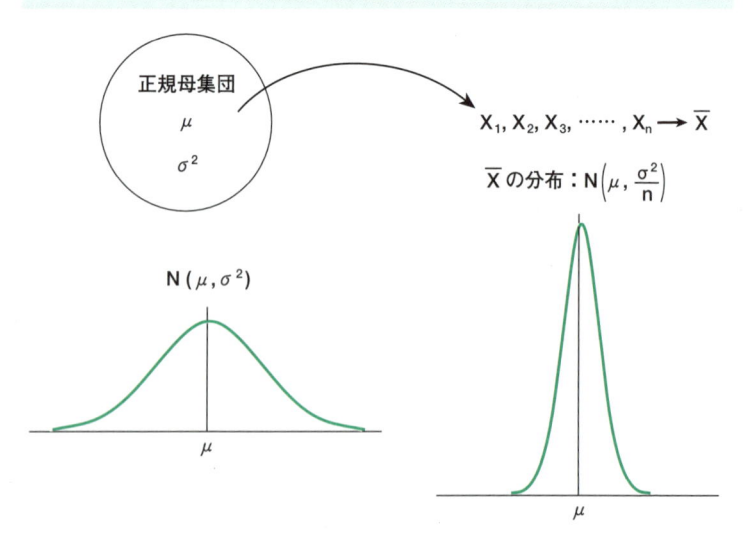

正規母集団
μ
σ^2

$X_1, X_2, X_3, \ldots, X_n \longrightarrow \overline{X}$

$\overline{X}$の分布：$N\left(\mu,\ \dfrac{\sigma^2}{n}\right)$

$N(\mu, \sigma^2)$

例7.1

 ある食品会社は、ピクルス9本をビンに詰めて販売しています。仕入れるきゅうりは、平均15cm、標準偏差2cmの正規分布に従っているとします。いま、任意の1ビンを取り出したとき、このビンに詰められたピクルスの平均が、14cm〜16cmに入っている確率を求めなさい。

解

大きさ9のピクルスの標本の標本平均$\overline{X}$は、

- 平均：15
- 分散：$\dfrac{\sigma^2}{n} = \dfrac{2^2}{9} = \dfrac{4}{9}$

したがって、標準偏差：$\sqrt{\dfrac{4}{9}} = \dfrac{2}{3}$

の正規分布に従います。これより、

$$Z = \dfrac{\overline{X} - 15}{\dfrac{2}{3}}$$

は標準正規分布に従います。したがって、次の結果を得ます。

$$\begin{aligned}
P\{14 < \overline{X} < 16\} &= P\left\{\dfrac{14-15}{\dfrac{2}{3}} < Z < \dfrac{16-15}{\dfrac{2}{3}}\right\} \\
&= P\{-1.5 < Z < 1.5\} \\
&= 2P\{0 < Z < 1.5\} = 2 \times 0.4332 = 0.8664
\end{aligned}$$

7-5 非正規母集団からの標本平均$\bar{X}$の確率分布

正規分布ではない母集団からの標本平均の確率分布は、標本の大きさがある程度大きいときは、「正規分布で近似」されます。「中心極限定理」と呼ばれる次の定理は、統計学の最も大きな成果の一つといってよいでしょう。

> **定理7.4 中心極限定理**
> 平均μ、分散σ^2の非正規母集団から抽出される、大きさnの標本X_1, X_2, ……, X_nの標本平均$\bar{X}$の確率分布は、nが大きくなるにつれて、平均μ、分散$\dfrac{\sigma^2}{n}$の正規分布に近づく。

中心極限定理により、Xの分布が正規分布とは似ても似つかない分布であっても、nがある程度大きいときは、標本平均の分布は正規分布で近似されることになります。

一般に、問題とする母集団の分布がどのようなものかということは、分からない場合が多いものです。この場合、nがどのぐらいのとき、良い近似が得られるかということが問題になりますが、nが10くらいになると、ほぼ正規分布の形状になってしまいます。

●**正規分布でない母集団からの標本平均の確率分布は、標本の大きさnが大きくなるにつれて、正規分布に近づく**

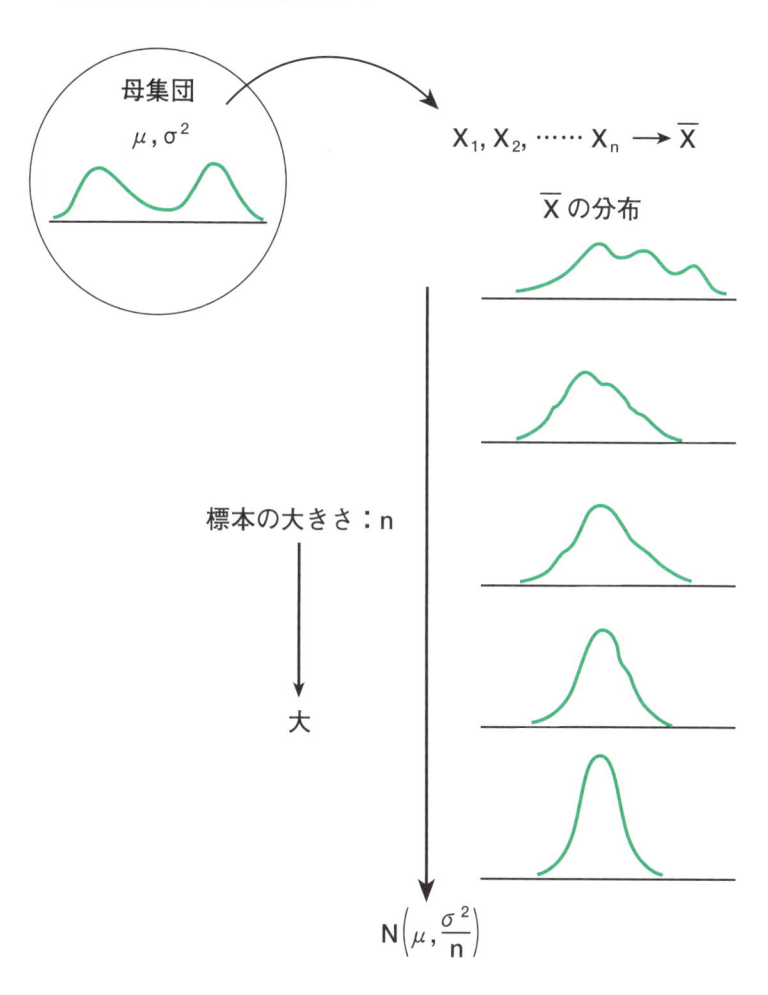

母集団
μ, σ^2

$X_1, X_2, \cdots\cdots X_n \rightarrow \overline{X}$

$\overline{X}$ の分布

標本の大きさ：n

↓

大

$N\left(\mu, \dfrac{\sigma^2}{n}\right)$

例7.2

ある地域の小学校高学年の1カ月のお小遣いは、平均2250円、標準偏差360円でした。

無作為に選んだ36人の生徒のお小遣いの平均が2400円を超える確率を求めなさい。

解

母集団（小学校高学年のお小遣い）は、正規母集団かどうか、分からないが、標本数が36と大きいので、「中心極限定理」を利用することができます。

標本平均の分布は、

- 平均：2250円
- 標準偏差：$\sqrt{\dfrac{\sigma^2}{n}} = \dfrac{360}{\sqrt{36}} = 60$円

の正規分布に近似的に従います。したがって、

$$Z = \dfrac{\overline{X} - 2250}{60}$$

とおくと、Zは標準正規分布に従います。これより、次の結果を得ます。

$$\begin{aligned}P\{\overline{X} > 2400\} &= P\left\{Z > \dfrac{2400-2250}{60}\right\} = P\{Z > 2.5\} \\ &= 0.5 - P\{0 \leq Z < 2.5\} \\ &= 0.5 - 0.4938 = 0.0062\end{aligned}$$

8章 推定

8-1

点推定

推定量と推定値

　前章では、母集団からの標本の統計量について、平均、分散など、その性質について検討しました。本章では、逆に、統計量の実現値を調べることによって、もとの母集団の特徴を表す平均や分散などを「推定」する方法を学習します。

●統計量の実現値を調べることで、母集団の特徴を推定

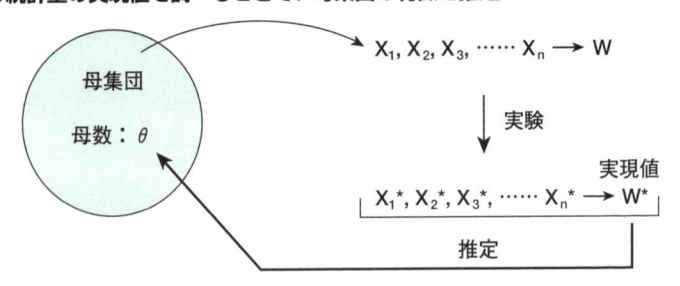

```
   母集団          X₁, X₂, X₃, …… Xₙ  →  W
   母数：θ              ↓ 実験
                                        実現値
                     X₁*, X₂*, X₃*, …… Xₙ*  →  W*
                     └─────── 推定 ───────┘
```

　母集団の特性を表す平均、分散などのことを**母数**といい、一般に、θ で表します。母平均 μ、母分散 σ^2 などは、母数です。

　推定は、標本の調査（統計量の実現値）に基づき、母集団の特性を表す母数 θ（母平均 μ、母分散 σ^2 など）を推測することです。

　この推定において、統計量の実現値（標本調査）をもって、母数 θ の推定値とする推定方法を**点推定**と言います。

母数の推定量と推定値

　母数 θ を推定する統計量Wを、母数 θ の推定量といいます。

　推定量Wの実現値を θ の推定値といいます。

不偏推定量

ある母集団から大きさnの標本「$X_1, X_2, \cdots\cdots, X_n$」を抽出するとき、母平均と母分散の推定量として、どのような統計量を考えたら良いでしょうか。

母平均の推定量として、まず思いつくのは標本平均 $\overline{X}$ です。しかも、標本平均の期待値は平均 μ になります。

　　$E(\overline{X}) = \mu$　…………（定理7.1より）

したがって、「標本平均 $\overline{X}$」は、母平均の偏りのない推定量であるということができます。

不偏推定量

　$E(W) = \theta$ が成り立つとき、統計量Wを θ の不偏推定量という。

$E(W) = \theta$ は次のことを表します。

● 統計量Wの確率分布の平均は母数 θ である
● 統計量Wの実現値の平均は θ にいくらでも近くなる（期待値の直感的理解）。

以上より、$E(W) = \theta$ であるようなWを、偏りがないという意味で、θ の不偏推定量といいます。

●**統計量WとVの分布. θの推定量としてWとVが考えられるとき、E(W)＝θでE(V)≠θの場合、Wはθの不偏推定量ですが、Vはθの不偏推定量ではありません**

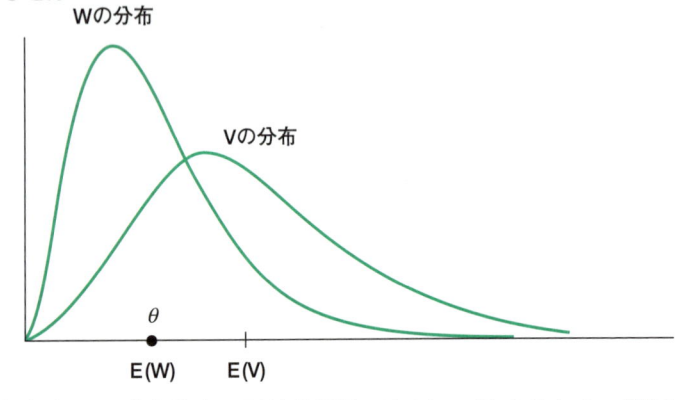

```
        Wの分布
          │╲
          │ ╲
          │  ╲      Vの分布
          │   ╲    ╱╲
          │    ╲  ╱  ╲
          │     ╲╱    ╲
          │     ╱╲     ╲___
          │    ╱  ╲__      ‾‾‾───___
──────────┼───●────┼────────────────
              θ
            E(W)   E(V)
```

　統計量Wの確率分布の平均$E(W)$がθに一致するとき、Wはθの不偏推定量となります。

　たとえば、幾何平均 $\sqrt[n]{X_1 X_2 \cdots\cdots X_n}$ も、母平均μの推定量となるでしょうが、不偏推定量とはなりません。したがって、$\overline{X}$のほうがμを偏りなく推定するという意味において、μの良い推定

ちょっと一言

　一つだけ大きな値があるグループの代表的な値として、幾何平均のほうが単純平均よりも、グループの特性を表すには適当な場合があります。例えば、ある試験で、20点が5人、100点が1人のグループの平均得点は$(20 \times 5 + 100) / 6 = 33.3$となります。幾何平均は、

$$\sqrt[6]{20 \times 20 \times 20 \times 20 \times 20 \times 100} = 26.2$$

と計算され、こちらの値のほうが、グループの平均的な学力を表すには適当であると考えられます。しかし、幾何平均は意味的に分かりにくく計算も複雑なため、あまり用いられません。

量といえるでしょう。

母分散の推定量

次に、母分散の推定量を考えてみましょう。次の2つの推定量が考えられます。標本分散s^2と、分母をnとした分散v^2です。

$$s^2 = \frac{(X_1-\overline{X})^2+(X_2-\overline{X})^2+\cdots\cdots+(X_n-\overline{X})^2}{n-1}$$

$$v^2 = \frac{(X_1-\overline{X})^2+(X_2-\overline{X})^2+\cdots\cdots+(X_n-\overline{X})^2}{n}$$

しかしながら、「定理7.2 標本分散の期待値」で説明したように、標本分散s^2の分散の期待値は、元の母集団の分散σ^2に一致するという、次の式が成り立ちます。

$$E(s^2) = E\left\{\frac{1}{n-1}[(X_1-\overline{X})^2+(X_2-\overline{X})^2+\cdots\cdots+(X_n-\overline{X})^2]\right\}$$
$$= \sigma^2$$

$$E(v^2) = \frac{n-1}{n}\sigma^2 \cdots\cdots \quad (v^2 は \sigma^2 を過小に推定する)$$

以上のことから、標本分散s^2は、母分散σ^2の不偏推定量となりますが、v^2はσ^2の不偏推定量ではありません。したがって、一般に、母集団の分散σ^2の推定量として標本分散s^2が用いられます。

母数θの不偏推定量を選ぶ

ところで、母数θの不偏推定量は、1つとは限りません。複数存在するときは、どの推定量を選んだらよいでしょうか。

1つの基準として、それぞれの「分散」を求めて「最小」のも

のを選択することが考えられます。

例えば、次の2つの統計量WとVは、期待値が下記に示すように、ともにμとなり、母平均μの不偏推定量となります。

$$\text{統計量W} = \frac{2X_1 + X_2 + X_3}{4} \qquad \text{統計量V} = \frac{X_1 + X_3}{2}$$

期待値はともにμとなります。

$$E(W) = E\left(\frac{2X_1 + X_2 + X_3}{4}\right) = \frac{1}{2}E(X_1) + \frac{1}{4}E(X_2)$$
$$+ \frac{1}{4}E(X_3)$$

……(確率変数の和の期待値$E(X+Y) = E(X) + E(Y)$より)

$$= \frac{1}{2}\mu + \frac{1}{4}\mu + \frac{1}{4}\mu = \mu$$

$$E(V) = E\left(\frac{X_1 + X_3}{2}\right) = \frac{1}{2}E(X_1) + \frac{1}{2}E(X_3)$$

……(確率変数の和の期待値より)

$$= \frac{1}{2}\mu + \frac{1}{2}\mu = \mu$$

◎Vの検討

最初に、統計量Vについて検討してみましょう。Vは、X_1とX_3からなり、X_2を使っていません。利用できる情報はすべて利用したほうが当然いいわけであり、この意味においてVはよい推定量とはいえません。

推定量の確率分布としては、当然、バラツキすなわち、分散が小さいほうが、推定する確実性が高くなるわけです。

◎**各推定量の分散を求める**

標本平均$\overline{X}$については、期待値$E(\overline{X}) = \mu$となり、母平均μの不偏推定量です。では、標本平均$\overline{X}$およびW、Vの分散を調べてみましょう。

$$\mathrm{Var}(\overline{X}) = \mathrm{Var}\left(\frac{X_1 + X_2 + X_3}{3}\right)$$

ここで、X_1、X_2、X_3は独立なので、それぞれの分散の和に分解されます（6章参照。$\mathrm{Var}(X_1 + X_2) = \mathrm{Var}(X_1) + \mathrm{Var}(X_2)$）。

$$\mathrm{Var}(\overline{X}) = \mathrm{Var}\left(\frac{X_1}{3}\right) + \mathrm{Var}\left(\frac{X_2}{3}\right) + \mathrm{Var}\left(\frac{X_3}{3}\right)$$

となります。これより、分散に関する公式（$\mathrm{Var}(aX + b) = a^2 \mathrm{Var}(X)$）より、

$$\mathrm{Var}(\overline{X}) = \frac{1}{9}\mathrm{Var}(X_1) + \frac{1}{9}\mathrm{Var}(X_2) + \frac{1}{9}\mathrm{Var}(X_3)$$

$$= \frac{1}{9}(\sigma^2 + \sigma^2 + \sigma^2) = \frac{1}{3}\sigma^2$$

を得ます。同様に、WとVの分散が以下のように求まります。

$$\mathrm{Var}(W) = \mathrm{Var}\left(\frac{2X_1 + X_2 + X_3}{4}\right)$$

$$= \mathrm{Var}\left(\frac{1}{2}X_1\right) + \mathrm{Var}\left(\frac{1}{4}X_2\right) + \mathrm{Var}\left(\frac{1}{4}X_3\right)$$

$$= \frac{1}{4}\mathrm{Var}(X_1) + \frac{1}{16}\mathrm{Var}(X_2) + \frac{1}{16}\mathrm{Var}(X_3)$$

$$= \frac{1}{4}\sigma^2 + \frac{1}{16}\sigma^2 + \frac{1}{16}\sigma^2 = \frac{3}{8}\sigma^2$$

$$\mathrm{Var}(V) = \mathrm{Var}\left(\frac{X_1 + X_3}{2}\right) = \mathrm{Var}\left(\frac{1}{2}X_1\right) + \mathrm{Var}\left(\frac{1}{2}X_3\right)$$

$$= \frac{1}{4}\text{Var}(X_1) + \frac{1}{4}\text{Var}(X_3)$$

$$= \frac{1}{4}\sigma^2 + \frac{1}{4}\sigma^2 = \frac{1}{2}\sigma^2$$

以上より、

$$\text{Var}(\overline{X}) < \text{Var}(W) < \text{Var}(V)$$

であり、$\overline{X}$、W、Vはいずれもμの不偏推定量ですが、μの推定量としては、この3つのなかでは、標本平均$\overline{X}$が一番優れていることが分かります。

標本を正規母集団からのものとすると、$\overline{X}$、W、Vの分布も正規分布となり、次のような関係となります。

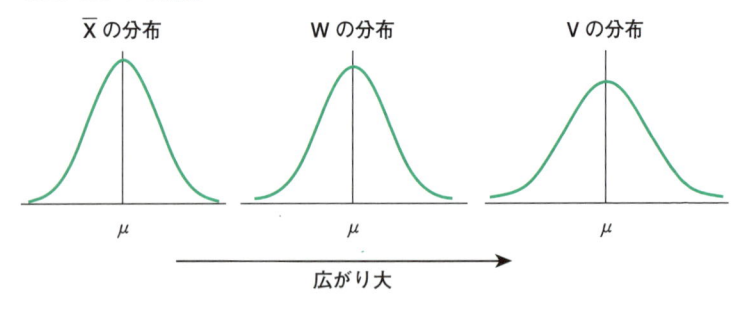

● $\overline{X}$、W、Vの関係

$\overline{X}$ の分布　　W の分布　　V の分布

μ　　μ　　μ

広がり大

8-2

区間推定と平均値の推定

　点推定で、推定量の実現値をもって、母数 θ の推定値とするとき、θ の値は未知なので、得られた実現値が θ とどのくらい近いのかということは全く分かりません。

　したがって、何らかの方法で区間（a、b）を求め、

　　「この区間が母数 θ を含むということを○□%の確信をもって主張できる」

という表現ができれば、点推定よりもはるかに良い推定方法であるということができるでしょう。

　本節では、母平均 μ の区間推定を行ないながら、区間推定の考え方を説明します。

t分布

　いま、平均 μ、分散 σ^2 の正規母集団からの大きさnの標本を「$X_1, X_2, \ldots, X_n$」としましょう。

　ここで、もし標準偏差 σ が既知であれば、7章で学んだように $\overline{X}$ は平均 μ、分散 $\dfrac{\sigma^2}{n}$ の正規分布に従います（平均 μ、分散 σ^2 の正規母集団からの大きさnの標本の標本平均 $\overline{X}$ は、平均 μ、分散 $\dfrac{\sigma^2}{n}$ の正規分布に従う、定理7.3より）。従って、定理5.1（241p）から、次のように標準化できます。

$$Z = \frac{\overline{X} - \mu}{\frac{\sigma}{\sqrt{n}}}$$

上式のZから、正規分布表を利用して、平均μの区間推定をすることができます（確率変数Xが、平均μ、標準偏差σの正規分布に従うとき、$Z = \frac{(X - \mu)}{\sigma}$とおくと、Zは平均0、標準偏差1の標準正規分布に従う、定理5.1より）。

しかしながら、平均μが分からないのに、標準偏差σが分かっているということは、非現実的です。

そこで、Zの式の標準偏差σの代わりにその推定量「s」を代入し、その式を「t」とおいたものを考えると、

$$t = \frac{\overline{X} - \mu}{\frac{s}{\sqrt{n}}}$$

となり、tは「自由度n－1のt分布に従う」という性質があります。

まず、このことを定理としてあげておきましょう。この**t分布**を使うことで、母標準偏差σが分からない場合でも、**母平均μについて推定することができます**。

定理8.1

　　確率変数X_1, X_2, ……, X_nが互いに独立で、ともに同一の正規分布 $N(\mu, \sigma^2)$ に従うとき、次の統計量、

$$t = \frac{\overline{X} - \mu}{\frac{s}{\sqrt{n}}}$$

は自由度n－1のt分布に従う。

（ただし、$\overline{X}$＝標本平均、μ＝母平均、s＝標本標準偏差、n＝標本の大きさ）

ここで、推定量sは、標本分散、

$$s^2 = \frac{\sum_{i=1}^{n}(X_i-\overline{X})^2}{n-1}$$

の平方根であり、「標本の標準偏差」を表します。

tの式は、$\overline{X}$とsで構成されています（平均μはある決まった値なので定数です）。すなわち、確率変数$X_1, X_2, \ldots, X_n$とsで構成されているので、やはりtも確率変数であり、ある確率分布に従います。その確率分布が、t分布なのです。

標準正規分布とt分布

ここで、Zとtをもう一度記してみましょう。

$$Z = \frac{\overline{X}-\mu}{\frac{\sigma}{\sqrt{n}}} \qquad t = \frac{\overline{X}-\mu}{\frac{s}{\sqrt{n}}}$$

Zとtの違いは、分母のσとsだけです。正規分布の標準偏差σと標本の標準偏差sの関係は、「$E(s^2)=\sigma^2$」です。すでに述べたように、s^2はσ^2の不偏推定量です。これより、「標準正規分布」(Z)と「t分布」は、似ているのではないかという予想がつきます。

しかし、正規分布の標準偏差σは一定ですが、標本の標準偏差sは確率変数$X_1, X_2, \ldots, X_n$を含んでいます。すなわち、不確実な項を含んでいるので、t分布は、標準正規分布よりもバラツキが大きいことが推察されます。したがって、t分布は、標準正規分布よりも平たい分布であるという予想がつきます。

また、次の予想がつきます。

「標本の数nが多ければ多いほど、標本分散s^2は正規分布の分散σ^2を良く推定しますから、nが大きくなると、t分布は、標準正規分布に近づく。」

実際、次の定理が成り立ちます。

定理8.2
標本数nを限りなく大きくすると、t分布は標準正規分布に近づく。

次図に、標本数nが2、4、8、15のときのt分布を示します。また、標準正規分布を細線で示します。標本数（自由度）が多くなるにつれて、t分布は標準正規分布に近づくことが分かるでしょう。

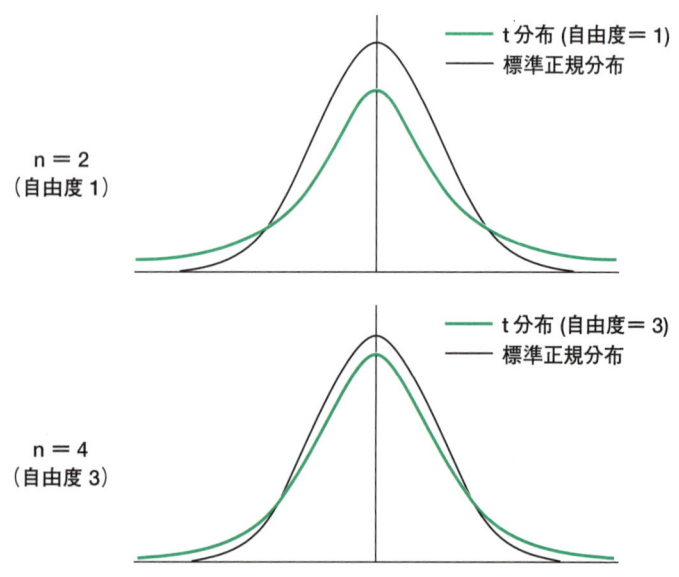

n＝2
（自由度 1）

— t分布 (自由度＝ 1)
— 標準正規分布

n＝4
（自由度 3）

— t分布 (自由度＝ 3)
— 標準正規分布

n = 8
（自由度 7）

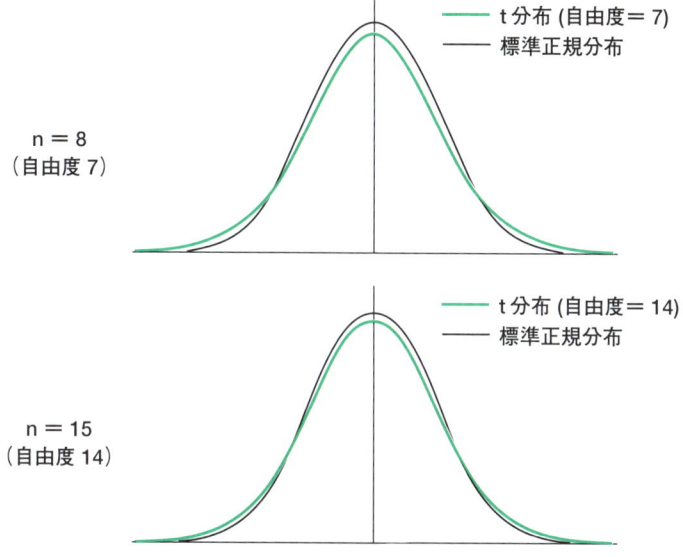

― t分布 (自由度＝ 7)
― 標準正規分布

n = 15
（自由度 14）

― t分布 (自由度＝ 14)
― 標準正規分布

以上より、「t分布」は、標本数nの大きさによることが分かりました。

自由度

標本数nですと、対処できない場合が生じますので、ここで、自由度というものを定義します。

自由度

統計量を構成する確率変数のうち、自由に変化することができる確率変数の個数

では、n個の確率変数によって構成される統計量tの自由度は、なぜ、「n－1」なのでしょうか。

$$t = \frac{\overline{X} - \mu}{\frac{s}{\sqrt{n}}}$$

この式において、確率変数X_1, X_2, ……, X_nは、標本平均$\overline{X}$とsの中に含まれています。

最初に、$\overline{X}$について、自由に変化できる確率変数の個数を考えてみましょう。

$$\overline{X} = \frac{X_1 + X_2 + \cdots + X_n}{n}$$

より、次のように変形できます。(1章で学んだように、平均からの偏差の合計は0になる)

$$(X_1 - \overline{X}) + (X_2 - \overline{X}) + \cdots + (X_n - \overline{X}) = 0 \quad \cdots\cdots 式(E)$$

ここで、

$$W_1 = X_1 - \overline{X},\ W_2 = X_2 - \overline{X},\ \cdots\cdots,\ W_n = X_n - \overline{X}$$

とおくと、W_1、W_2、……、W_nは確率変数であり、式(E)は、

$$W_1 + W_2 + \cdots + W_n = 0$$

となります。上式を変形すると、W_nは、

$$W_n = -W_1 - W_2 - \cdots - W_{n-1}$$

となります。ここで、W_1、W_2、……、W_{n-1}が自由に値をとるとすると、W_nは、他のW_iに束縛され、自由に値をとれません。つまり、W_1からW_{n-1}の（n-1）個の値を自由に決めると、残りの1個であるW_nは決まります。

s^2についても同様です（sはs^2の平方根ですから、s^2について自由に動ける確率変数を調べてみます）。s^2の式は以下になります。

$$s^2 = \frac{\sum_{i=1}^{n}(X_i - \overline{X})^2}{n-1}$$

この式の分子に注目しますと、

$$(X_1 - \overline{X})^2 + (X_2 - \overline{X})^2 + \cdots\cdots + (X_n - \overline{X})^2$$

なので、Wに置き換えると、

$$s^2 = \frac{W_1^2 + W_2^2 + \cdots\cdots + W_n^2}{n-1}$$

となります。s^2は、W_1、W_2、……、W_nのn個の確率変数を含みますから、先の例と同様、（n－1）個の値を自由に決めると、残りの1個のW_nは決まります。それでs^2の自由度はn－1となります。

すなわち、統計量tに含まれる確率変数W_1、W_2、……、W_nの中で、自由に値をとれる確率変数はn－1個なので、統計量tの自由度はn－1となります。

パーセント点

次に、片側パーセント点、両側パーセント点という言葉を説明しましょう。これは、t分布に限った用語ではありません。パーセント点*の意味をまとめると、次のようになります。

(*) パーセント点は、その点（値）より小さいデータの割合がそのパーセントとなる点を表す。例えば50パーセント点は、その割合が50％となる点、つまり中央値（メジアン）となる点を指す。αは確率を表し、例えばαが0.05の場合、100α％点は、5パーセント点を意味する。

【パーセント点の意味】
上側100α％点
　　分布の右端の面積がαになる点
下側100α％点
　　分布の左端の面積がαになる点
両側100α％点
　　分布の右端の面積が$\frac{\alpha}{2}$になる点と左端の面積が$\frac{\alpha}{2}$になる点

　パーセント点は、分布の右端からの「面積」を基準にします。
t分布のパーセント点は、次のように表します。

t分布のパーセント点
　　上側100α％点は、　t_α…（右端の面積がαになる点）
　　下側100α％点は、$-t_\alpha$…（左端の面積がαになる点）

　　両側100α％点は、$\pm t_{\frac{\alpha}{2}}$…（右端と左端の面積が$\frac{\alpha}{2}$になる点）

　αは、分布の中心からt離れたところから外側の面積を表します。例えば95％信頼区間を求めるとき α＝0.05となり、100α％＝5％点（パーセント点）のtを求めることになります。
　t分布は標本数によりtの値が変わるので、計算しなくてもいいように、端部分の面積 α が0.1〜0.005のときのtの値を一つの表にまとめたのがt分布表です（350pのパーセント点表）。
　t分布の下側100 α ％点は、$t_{1-\alpha}$としてもいいのですが、t分布はt＝0を基準にして左右対称ですので、下側100 α ％点を$-t_\alpha$と表します。そのため、次の関係があります。

下側100α％点＝上側100(1－α)％点

●t分布のパーセント点

上側100α％点（t_α）

下側100α％点（$-t_\alpha$）
(上側100($1-\alpha$)％点)

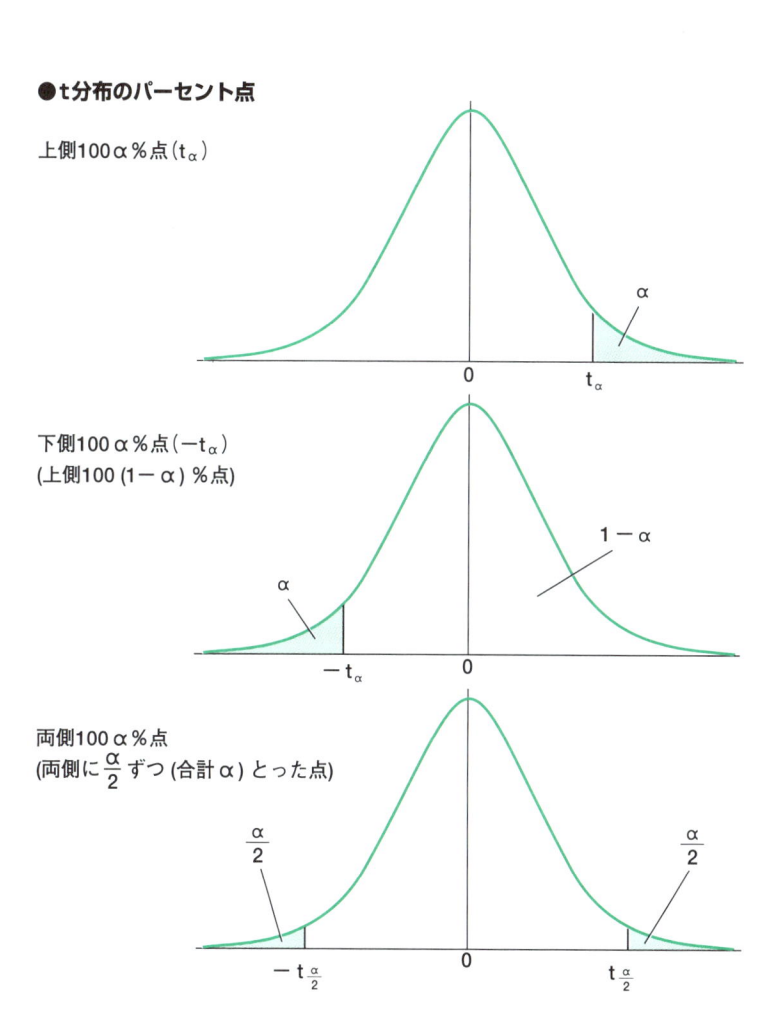

両側100α％点
(両側に$\frac{\alpha}{2}$ずつ(合計α)とった点)

　自由度ごとのt分布のパーセント点は、表として次のように与えられています。

●t分布のパーセント点

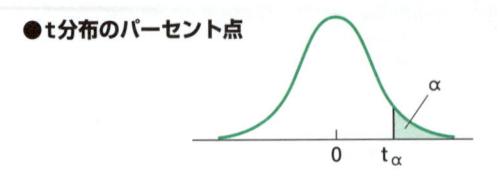

α 自由度	0.1	0.05	0.025	0.01	0.005
1	3.078	6.314	12.706	31.821	63.657
2	1.886	2.920	4.303	6.965	9.925
3	1.638	2.353	3.182	4.541	5.841
4	1.533	2.132	2.776	3.747	4.604
5	1.476	2.015	2.571	3.365	4.032
6	1.440	1.943	2.447	3.143	3.707
7	1.415	1.895	2.365	2.998	3.499
8	1.397	1.860	2.306	2.896	3.355
9	1.383	1.833	2.262	2.821	3.250
10	1.372	1.812	2.228	2.764	3.169
11	1.363	1.796	2.201	2.718	3.106
12	1.356	1.782	2.179	2.681	3.055
13	1.350	1.771	2.160	2.650	3.012
14	1.345	1.761	2.145	2.624	2.977
15	1.341	1.753	2.131	2.602	2.947
16	1.337	1.746	2.120	2.583	2.921
17	1.333	1.740	2.110	2.567	2.898
18	1.330	1.734	2.101	2.552	2.878
19	1.328	1.729	2.093	2.539	2.861
20	1.325	1.725	2.086	2.528	2.845
21	1.323	1.721	2.080	2.518	2.831
22	1.321	1.717	2.074	2.508	2.819
23	1.319	1.714	2.069	2.500	2.807
24	1.318	1.711	2.064	2.492	2.797
25	1.316	1.708	2.060	2.485	2.787
26	1.315	1.706	2.056	2.479	2.779
27	1.314	1.703	2.052	2.473	2.771
28	1.313	1.701	2.048	2.467	2.763
29	1.311	1.699	2.045	2.462	2.756
30	1.310	1.697	2.042	2.457	2.750
40	1.303	1.684	2.021	2.423	2.704
60	1.296	1.671	2.000	2.390	2.660
120	1.289	1.658	1.980	2.358	2.617
∞	1.282	1.645	1.960	2.326	2.576

信頼区間

$$t = \frac{\overline{X} - \mu}{\frac{s}{\sqrt{n}}} \quad \cdots\cdots 式(F)$$

は、自由度n−1のt分布に従うことが分かりました。言い換えれば、この確率変数tの確率分布が自由度n−1のt分布ですから、このtが$-t_{\frac{\alpha}{2}} \sim t_{\frac{\alpha}{2}}$の間に入る確率は、$1-\alpha$です。すなわち、次式が成り立ちます。

$$P\left\{-t_{\frac{\alpha}{2}} < t < t_{\frac{\alpha}{2}}\right\} = 1-\alpha$$

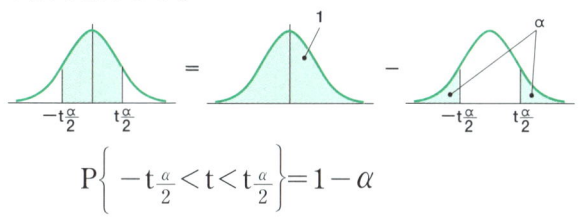

上式のtに式(F)のtを代入すると、

$$P\left\{-t_{\frac{\alpha}{2}} < \frac{\overline{X}-\mu}{\frac{s}{\sqrt{n}}} < t_{\frac{\alpha}{2}}\right\} = 1-\alpha \quad \cdots\cdots 式(G)$$

となります。ここで、確率をとる部分、

$$-t_{\frac{\alpha}{2}} < \frac{\overline{X}-\mu}{\frac{s}{\sqrt{n}}} < t_{\frac{\alpha}{2}}$$

を「$A < \mu < B$」となるように変形します。「$\frac{s}{\sqrt{n}} > 0$」ですから、すべての辺に、これをかけても不等号は変化しません。

$$-t_{\frac{\alpha}{2}} \frac{s}{\sqrt{n}} < \overline{X} - \mu < t_{\frac{\alpha}{2}} \frac{s}{\sqrt{n}}$$

各辺から$\overline{X}$を引いて、

$$-\overline{X}-t_{\frac{\alpha}{2}}\frac{s}{\sqrt{n}} < -\mu < -\overline{X}+t_{\frac{\alpha}{2}}\frac{s}{\sqrt{n}}$$

となります。各辺に−1をかけると不等号の向きが逆転し、次のようになります。

$$\overline{X}-t_{\frac{\alpha}{2}}\frac{s}{\sqrt{n}} < \mu < \overline{X}+t_{\frac{\alpha}{2}}\frac{s}{\sqrt{n}}$$

これより、式(G) は、次のように書きかえられます。

$$P\left\{\overline{X}-t_{\frac{\alpha}{2}}\frac{s}{\sqrt{n}} < \mu < \overline{X}+t_{\frac{\alpha}{2}}\frac{s}{\sqrt{n}}\right\} = 1-\alpha$$

これより、正規母集団から大きさnの標本を抽出するとき、変域、

$$\left(\overline{X}-t_{\frac{\alpha}{2}}\frac{s}{\sqrt{n}},\ \overline{X}+t_{\frac{\alpha}{2}}\frac{s}{\sqrt{n}}\right)$$

は、確率$1-\alpha$で、母平均μを含むことになります。

これより、標本の実現値から計算した「$\overline{X}^*$」の値を上の「変域」に代入して得る区間を、母平均μの「$100(1-\alpha)$%信頼区間」といいます。

μの変域と信頼区間

変域

$$\left(\overline{X}-t_{\frac{\alpha}{2}}\frac{s}{\sqrt{n}},\ \overline{X}+t_{\frac{\alpha}{2}}\frac{s}{\sqrt{n}}\right)$$ は、確率$1-\alpha$でμを含む。

$100(1-\alpha)$%信頼区間

$$\left(\overline{X}^*-t_{\frac{\alpha}{2}}\frac{s^*}{\sqrt{n}},\ \overline{X}^*+t_{\frac{\alpha}{2}}\frac{s^*}{\sqrt{n}}\right)$$

では、ここまでのまとめとして、次の例題を解いてみましょう。

例8.1

正規母集団から次のデータを得ました。

　10，11，12，14，13，10，9，15，14，12

母平均 μ の95％信頼区間を求めなさい。

解

標本平均 $\overline{X}$ の実現値は、$\overline{X}^* = 12$ と計算されます。

これより、標本分散 s^2 の実現値 s^{2*} は、次のように求まります。

$$s^{2*} = \frac{(10-12)^2 + (11-12)^2 + \cdots\cdots + (12-12)^2}{10-1} = 4$$

自由度 $n-1 = 10-1 = 9$ の t 分布の両側5％点は、自由度ごとの t 分布のパーセント点の表（次頁）から読みとって、±2.262 になります。

95％信頼区間とは、両側5％点（100−95）は、上側2.5％点（5÷2）と下側2.5％点の2つです。t 分布の対称性より、上側2.5％点に−をつけたものが下側2.5％点となります。

したがって、平均 μ の95％信頼区間は、次のように計算されます。

$$\left(12 - 2.262 \times \frac{2}{\sqrt{10}},\ 12 + 2.262 \times \frac{2}{\sqrt{10}}\right)$$

$= (10.569,\ 13.431)$ … （95％信頼区間）

●95％信頼区間より、上側2.5％（0.025）、自由度9を表から読みとる

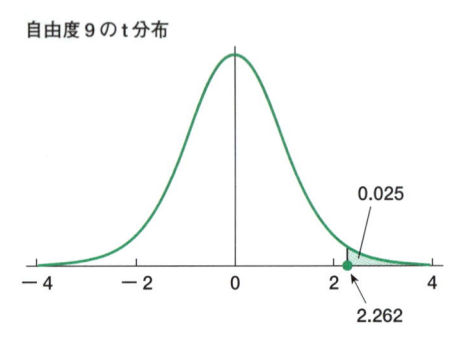

自由度9のt分布

0.025
2.262

α 自由度	0.1	0.05	0.025	0.01	0.005
1	3.078	6.314	12.706	31.821	63.657
2	1.886	2.92	4.303	6.965	9.925
3	1.638	2.353	3.182	4.541	5.841
4	1.533	2.132	2.776	3.747	4.604
5	1.476	2.015	2.571	3.365	4.032
6	1.44	1.943	2.447	3.143	3.707
7	1.415	1.895	2.365	2.998	3.499
8	1.397	1.86	2.306	2.896	3.355
9	1.383	1.833	2.262	2.821	3.25
10	1.372	1.812	2.228	2.764	3.169
11	1.363	1.796	2.201	2.718	3.106
12	1.356	1.782	2.179	2.681	3.055
13	1.35	1.771	2.16	2.65	3.012
14	1.345	1.761	2.145	2.624	2.977
15	1.341	1.753	2.131	2.602	2.947

ちょっと一言

90％信頼区間、95％信頼区間、99％信頼区間の区間の幅を比較すると、

　　90％信頼区間 ＜ 95％信頼区間 ＜ 99％信頼区間

です。これは意味からいって当然でしょう。

たとえば、μがその中に入っていると90％信頼できる区間よりも95％信頼できる区間の幅のほうが広いのは当然です。

ちなみに、例8.1の90％信頼区間と、99％信頼区間は、次のようになります。

　　90％信頼区間：（10.841，13.159）
　　99％信頼区間：（9.945，14.055）

8-3 信頼区間の意味

前節で、「変域」については、次のように確率表現をしました。

変域についての確率表現

変域 $\left(\overline{X}-t_{\frac{\alpha}{2}}\dfrac{s}{\sqrt{n}},\ \overline{X}+t_{\frac{\alpha}{2}}\dfrac{s}{\sqrt{n}}\right)$ が μ を含む確率は $1-\alpha$ である。

上式で、$\overline{X}$ および s は確率変数ですから、標本を抽出する前では、どのような値をとるか分かりません。したがって、上式で示した区間は、どのような値になるか分からないので、区域が変わるという意味で変域を示しています。すなわち、これから起こることを問題にしているので、確率が $1-\alpha$ という言い方は正しいことになります。

確定後の考え方

標本を抽出すると、標本の実現値（データ）が得られます。その結果、$\overline{X}$ と s の実現値が求まり、変域は確定域になります。これを前節で、信頼区間と呼びました。

実は、現代の推測統計学では、次のような表現は正しくないと考えます。

確定した信頼区間についての正しくない表現

確定域 $\left(\overline{X}^* - t_{\frac{\alpha}{2}} \frac{s^*}{\sqrt{n}},\ \overline{X}^* + t_{\frac{\alpha}{2}} \frac{s^*}{\sqrt{n}}\right)$ が μ を含む確率は $1-\alpha$ である。

例8.1を例にとれば、
「区間 (10.569, 13.431) が μ を含む確率は0.95である」
という言い方は正しくないことになります。

現代の統計学では、この問題を次のように考えます。

確定した信頼区間の考え方

μ は我々が知りえないだけで、ある決まった値である。したがって、ある決まった値がある確定した区間に入っている確率は、入っているか入っていないかのどちらかであり、1か0のどちらかである。ゆえに、μ がある確定した区間に入っている確率は $1-\alpha$ であるという言い方は正しくない。

現代の推測統計学のこのような立場に立つと、宇宙人が存在する確率、息子が本当に自分の子であるかどうかという確率は、意味がないことになります。なぜなら、宇宙人は存在するかしないかのどちらかであり、存在する確率は1か0のいずれかになるからです。

推測統計学では、これから起こることに対し、確率を定義し、結論づけることになります。

- 確率変数で表される変域は、標本を抽出する前、すなわち、これから起こることに対してのものですから、確率を論じることができる。
- 確定域として表される信頼区間は、すでに起こったことなので、確率を論じることができない。

ということになるわけです。

信頼区間の意味

では、信頼区間をどう考えたら良いのでしょうか。

例8.1で、母平均 μ の95％信頼区間は（10.569, 13.431）と求まりました。この解釈は、抽象的ですが、次のようになります。

μ が区間（10.569, 13.431）に入っていると95％の確信をもって主張できる

さらに、この95％の確信とは、

$$\text{変域}\ \left(\overline{X} - t_{0.025} \frac{s}{\sqrt{n}},\quad \overline{X} + t_{0.025} \frac{s}{\sqrt{n}}\right)$$

が μ を含む確率は0.95ですから、同じ母集団から大きさnの標本を抽出する実験を100回行い、その都度、信頼区間を求めたら、おおよそ95個の信頼区間は μ を含んでいるということを示しています。

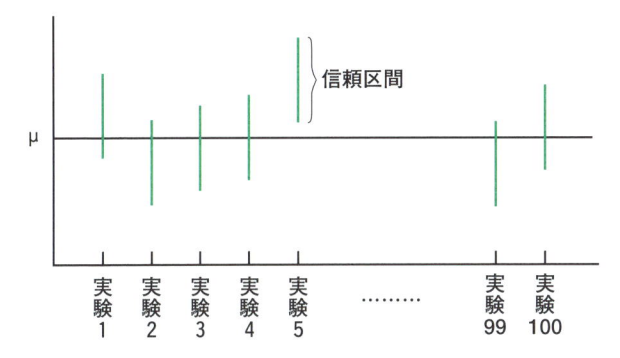

● 100回の実験中、おおよそ95個の信頼区間はμを含む

```
                    }信頼区間
μ ─────────────────────────────
  実 実 実 実 実      実  実
  験 験 験 験 験 ……  験  験
  1  2  3  4  5       99 100
```

$100(1-\alpha)$%信頼区間の意味

・母数θがその区間に入っていると、$100(1-\alpha)$%の確信をもって主張できる区間

・同じ実験を100回行うと100個の信頼区間が得られるが、このうち、おおよそ95個の信頼区間はθを含む

8-4

分散の信頼区間

ここでは母分散 σ^2 について区間推定の考え方を説明します。

カイ２乗分布

最初に、次の定理をあげておきましょう。

> **定理8.3**
>
> いずれも平均 μ、分散 σ^2 の同一の正規分布に従う互いに独立な確率変数を X_1, X_2, ……, X_n とする。このとき、次の統計量
>
> $$\chi^2 = \frac{(n-1)s^2}{\sigma^2} \quad \cdots\cdots 式(H)$$
>
> は自由度 $n-1$ のカイ２乗分布に従う。

この定理により、正規母集団からの大きさnの標本で構成される統計量 χ^2 は、自由度 $n-1$ のカイ２乗分布に従うことになります。すなわち、上式で表される確率変数 χ^2 の確率分布が、カイ２乗分布であるということです。χ はカイと読みます。

さて、式(H)にはnが含まれています。したがって、nによって分布が変わります。これが自由度として表現されています。自由度が $n-1$ であるわけは、式(H)に含まれている s^2 のためです（前に述べました）。

カイ2乗分布の例

以下に、いくつかの自由度を変えて、カイ2乗分布を示します。

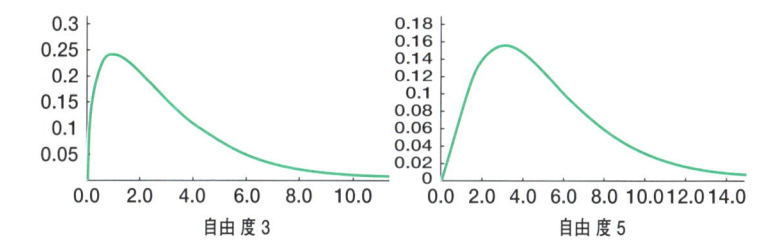

自由度 3

自由度 5

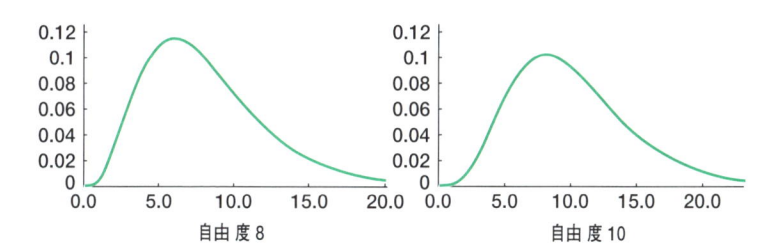

自由度 8

自由度 10

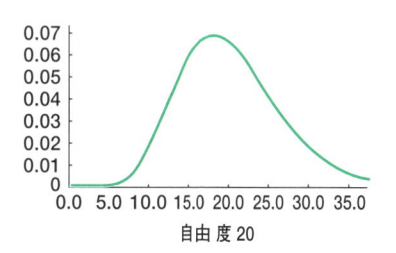

自由度 20

カイ2乗分布のパーセント点

カイ2乗分布のパーセント点は、次のように表記します。

カイ2乗分布のパーセント点

上側100α％点：χ^2_{α} …（右端の面積が α）

下側100α％点：$\chi^2_{1-\alpha}$ …（左端の面積が α）

両側100α％点：$\chi^2_{\frac{\alpha}{2}}$、$\chi^2_{1-\frac{\alpha}{2}}$ …（両端の面積が $\frac{\alpha}{2}$ ずつ）

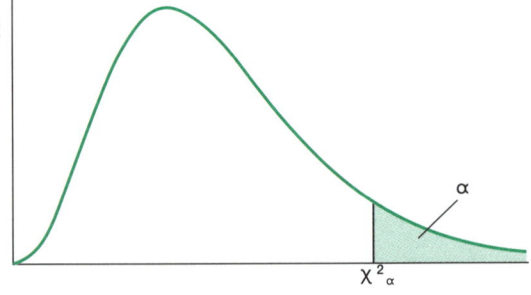

●カイ2乗分布のパーセント点

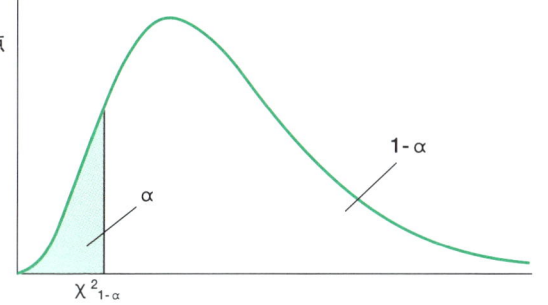

下側100α％点

下側100α％点の表示 $\chi^2_{1-\alpha}$ の1-αは右端からの面積を基準にしています。

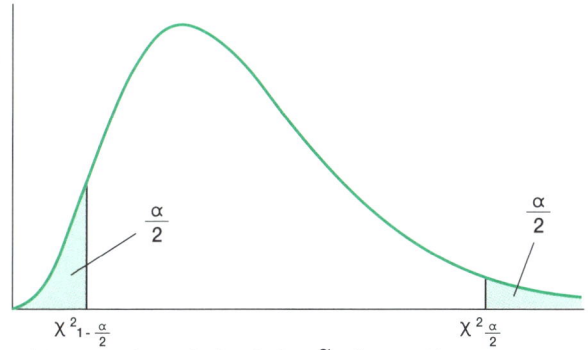

両側100α％点

両側100α％点は、右端と左端に $\frac{\alpha}{2}$ ずつの面積をとった上側 $100\frac{\alpha}{2}$ ％点 $\chi^2_{\frac{\alpha}{2}}$ と、下側 $100\frac{\alpha}{2}$ ％点 $\chi^2_{1-\frac{\alpha}{2}}$ で表されます。

カイ2乗分布のパーセント点は、以下のような表で与えられます。

● カイ2乗分布

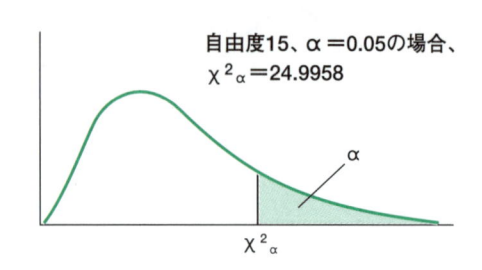

自由度15、$\alpha=0.05$の場合、$\chi^2_\alpha=24.9958$

α 自由度	0.995	0.990	0.975	0.050	0.025	0.010	0.005
1	0.04 3927	0.03 1571	0.03 9821	3.84146	5.02389	6.63490	7.87944
2	0.010025	0.020101	0.050636	5.99147	7.37776	9.21034	10.5966
3	0.071721	0.114832	0.215795	7.81473	9.34840	11.3449	12.8381
4	0.206990	0.297109	0.484419	9.48773	11.1433	13.2767	14.8602
5	0.411740	0.554298	0.831211	11.0705	12.8325	15.0863	16.7496
6	0.675727	0.872090	1.237347	12.5916	14.4494	16.8119	18.5476
7	0.989265	1.23904	1.68987	14.0671	16.0128	18.4753	20.2777
8	1.344419	1.64650	2.17973	15.5073	17.5346	20.0902	21.9550
9	1.734926	2.08790	2.70039	16.9190	19.0228	21.6660	23.5893
10	2.15585	2.55821	3.24697	18.3070	20.4831	23.2093	25.1882
11	2.60321	3.05348	3.81575	19.6751	21.9200	24.7250	26.7569
12	3.07382	3.57057	4.40379	21.0261	23.3367	26.2170	28.2995
13	3.56503	4.10692	5.00874	22.3621	24.7356	27.6883	29.8194
14	4.07468	4.66043	5.62872	23.6848	26.1190	29.1413	31.3193
15	4.60094	5.22935	6.26214	24.9958	27.4884	30.5779	32.8013
16	5.1424	5.81221	6.90766	26.2962	28.8454	31.9999	34.2672
17	5.69724	6.40776	7.56418	27.4871	30.1910	33.4087	35.7185
18	6.26481	7.01491	8.23075	28.8693	31.5264	34.8053	37.1564
19	6.84398	7.63273	8.90655	30.1435	32.8523	36.1908	38.5822
20	7.43386	8.26040	9.59083	31.4104	34.1696	37.5662	39.9968
～	～	～	～	～	～	～	～

上の表で、

　　下側0.5％点は $\alpha=0.995$ （$1-\alpha=0.005$）

　　下側1％点は $\alpha=0.990$ （$1-\alpha=0.01$）

　　下側2.5％点は $\alpha=0.975$ （$1-\alpha=0.025$）

の欄を見ます。

母分散の信頼区間

さて、母分散の信頼区間を求めるには、式(H)の χ^2 が、自由度 $n-1$ のカイ2乗分布の両端から $\frac{\alpha}{2}$ ずつとった真ん中の $1-\alpha$ の部分に入る確率が $1-\alpha$ であることから、σ^2 の信頼区間が求まります。

したがって、式(H) の χ^2 が、両側 100α%点の間（下側 $100\times\frac{\alpha}{2}$%点と上側 $100\times\frac{\alpha}{2}$%点の間）に入る確率は、$1-\alpha$ ですから、次式を得ます。

$$P\left\{\chi^2_{1-\frac{\alpha}{2}} < \chi^2 < \chi^2_{\frac{\alpha}{2}}\right\} = 1-\alpha$$

式(H) の χ^2 を代入すると、

$$P\left\{\chi^2_{1-\frac{\alpha}{2}} < \frac{(n-1)s^2}{\sigma^2} < \chi^2_{\frac{\alpha}{2}}\right\} = 1-\alpha \qquad 式(I)$$

となります。確率の内部の、

$$\chi^2_{1-\frac{\alpha}{2}} < \frac{(n-1)s^2}{\sigma^2} < \chi^2_{\frac{\alpha}{2}}$$

の逆数をとると、不等号の向きが逆転します。

$$\frac{1}{\chi^2_{\frac{\alpha}{2}}} < \frac{\sigma^2}{(n-1)s^2} < \frac{1}{\chi^2_{1-\frac{\alpha}{2}}}$$

各辺に $(n-1)s^2$ を掛けることにより、次式を得ます。

$$\frac{(n-1)s^2}{\chi^2_{\frac{\alpha}{2}}} < \sigma^2 < \frac{(n-1)s^2}{\chi^2_{1-\frac{\alpha}{2}}}$$

以上より、式(I) は、次のように書き換えられます。

$$P\left\{\frac{(n-1)s^2}{\chi^2_{\frac{\alpha}{2}}} < \sigma^2 < \frac{(n-1)s^2}{\chi^2_{1-\frac{\alpha}{2}}}\right\} = 1-\alpha$$

これより、次のように言うことができます。

分散の信頼区間

・変域

$$\left(\frac{(n-1)s^2}{\chi^2_{\frac{\alpha}{2}}},\ \frac{(n-1)s^2}{\chi^2_{1-\frac{\alpha}{2}}}\right)$$ は、確率 $1-\alpha$ で、母分散 σ^2 を含む。

・$100(1-\alpha)$%信頼区間

$$\left(\frac{(n-1)s^{2*}}{\chi^2_{\frac{\alpha}{2}}},\ \frac{(n-1)s^{2*}}{\chi^2_{1-\frac{\alpha}{2}}}\right)$$

例8.2

ある養鶏場では、卵を出荷しています。最近、ケースに詰める卵にバラツキがでてきたため、卵のバラツキがどのくらいかを調べることにしました。無作為に16個の卵を抽出し、重さgを測ったところ、次の結果を得ました。

46, 52, 54, 46, 51, 47, 52, 44, 50, 53, 48, 51, 48, 49, 54, 47

母分散の95％信頼区間を求めなさい。

解

$\overline{X}^* = 49.5$　$s^{2*} = 9.467$ と計算されます。

自由度＝16－1＝15のカイ2乗分布の上側2.5％点は、カイ2乗分布の表（次頁）から読みとって、27.488、下側2.5％点（上側97.5％点）は6.262となります。

これより、母分散の95％信頼区間は、次のように計算されます。

$$\left(\frac{(n-1)s^{2*}}{\chi^2_{\frac{\alpha}{2}}}, \frac{(n-1)s^{2*}}{\chi^2_{1-\frac{\alpha}{2}}} \right)$$

$$= \left(\frac{15 \times 9.467}{27.488}, \frac{15 \times 9.467}{6.262} \right)$$

$$= (5.166, 22.676)$$

自由度15のカイ2乗分布

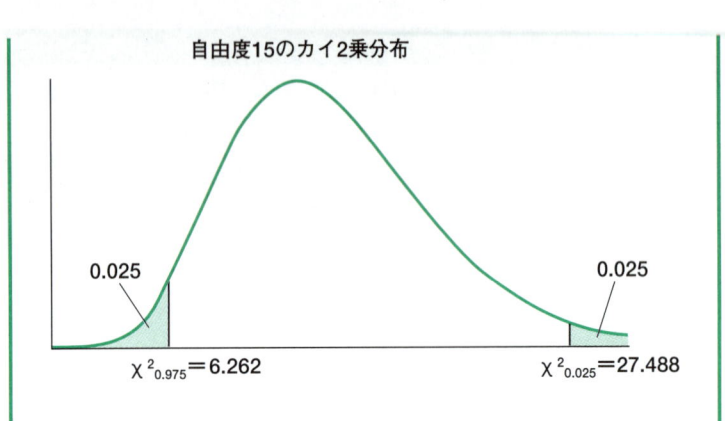

0.025   0.025

$\chi^2_{0.975} = 6.262$ $\chi^2_{0.025} = 27.488$

自由度＼α	～	0.975	～	0.025
⋮		⋮		⋮
10		3.24697		
11		3.81575		
12		4.40379		
13		5.00874		
14		5.62872		
15		6.26214		27.488
16		6.90766		⋮
17		7.56418		
18		8.23075		

8-5
比率の推定

「良品と不良品」や「喫煙者と非喫煙者」というように、母集団が2つの属性から成り立っているとき、どちらかの属性の比率（母比率）の推定に、「2項分布」を利用できます。

母集団が「S」と「F」の属性から成り立っているとき、大きさnの標本を抽出するということは、次の図のような状況となるからです。

●SとFから成る母集団から、大きさnの標本を抽出する

```
    S, F, F
    S, S, F,
    ………
    ………
```
Sの比率：p

n個の標本
X：n個の標本中のSの個数

```
┌─┐ ┌─┐ ┌─┐      ┌─┐
│1│ │2│ │3│ …… │n│
└─┘ └─┘ └─┘      └─┘
```
S or F

Sの入る確率P
X：Sの入る箱の個数

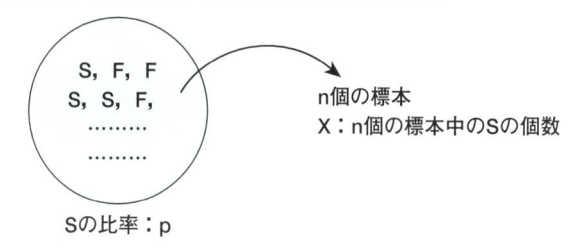

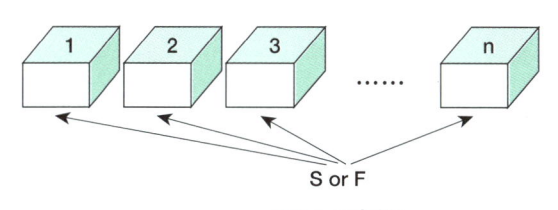

確率変数 X/n の平均と分散

2項確率変数 X は、n がある程度大きいとき、平均 np、分散 $np(1-p)$ の正規分布に近似的に従います(5章参照)。X を n で割った確率変数 $\dfrac{X}{n}$ について、平均と分散を調べてみましょう。

2項分布の平均 $E(X) = np$ なので、

$$E\left(\frac{X}{n}\right) = \frac{1}{n} E(X)$$

$$= \frac{1}{n} np = p \quad \cdots\cdots \text{（期待値に関する公式より）}$$

2項分布の分散 $\mathrm{Var}(X) = np(1-p)$ なので、

$$\mathrm{Var}\left(\frac{X}{n}\right) = \frac{1}{n^2} \mathrm{Var}(X)$$

$$= \frac{1}{n^2} np(1-p)$$

$$= \frac{p(1-p)}{n} \quad \cdots\cdots \text{（分散に関する公式より）}$$

となります。

また、X が近似的に正規分布に従うので、n で割った $\dfrac{X}{n}$ も正規分布に従います。

以上より、

$\dfrac{X}{n}$ は平均 p、分散 $\dfrac{p(1-p)}{n}$ の正規分布に近似的に従う

ことになります。したがって、$\frac{X}{n}$ に対応する標準化変量、

$$Z = \frac{\frac{X}{n} - p}{\sqrt{\frac{p(1-p)}{n}}}$$

は標準正規分布に近似的に従います。 ここで、

$$\frac{X}{n} = P$$

とおきましょう。$P\left(=\frac{X}{n}\right)$ は、標本中のSの個数の割合なので、標本比率と言います。標本比率を用いてZは、

$$Z = \frac{P - p}{\sqrt{\frac{p(1-p)}{n}}} \qquad \cdots\cdots 式(J)$$

と表されます。

さて、Zは標準正規分布に近似的に従うので、標準正規分布のパーセント点が必要になってきます。

標準正規分布のパーセント点
 上側100α％点：u_α
 下側100α％点：標準正規分布は左右対称なので、$-u_\alpha$
  と表されます。
 両側100α％点：$\pm u_{\frac{\alpha}{2}}$

●標準正規分布のパーセント点

上側
$100\alpha\%$点

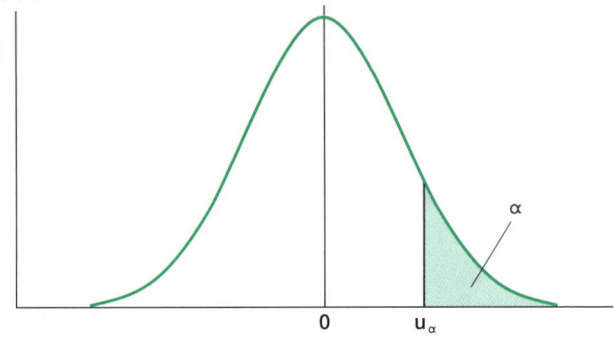

下側
$100\alpha\%$点

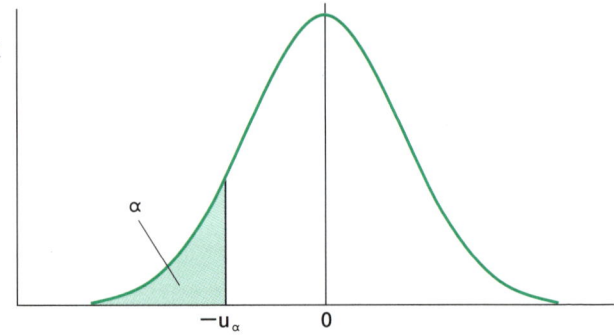

両側
$100\alpha\%$点

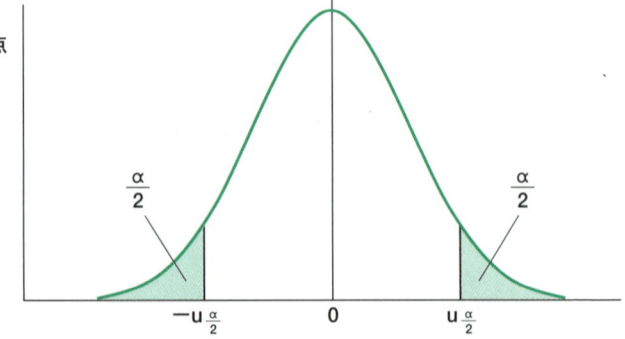

標準正規分布のよく使うパーセント点（1％、2.5％、5％、10％）

$$u_{0.01}=2.326 \quad u_{0.025}=1.96 \quad u_{0.05}=1.645 \quad u_{0.1}=1.282$$

上側1％点

0.01
0　　$u_{0.01}=2.326$

上側2.5％点

0.025
0　　$u_{0.025}=1.96$

上側5％点

0.05
0　　$u_{0.05}=1.645$

上側10％点

0.1
0　　$u_{0.1}=1.282$

比率の信頼区間

任意の点Zが、両側100α％点の内側に入る確率は、1−αです。式で表すと、

$$P\left\{-u_{\frac{\alpha}{2}} < Z < u_{\frac{\alpha}{2}}\right\} = 1 - \alpha$$

となります。式(J) を代入して、

$$P\left\{-u_{\frac{\alpha}{2}} < \frac{P-p}{\sqrt{\frac{p(1-p)}{n}}} < u_{\frac{\alpha}{2}}\right\} = 1 - \alpha \qquad \cdots\cdots 式(K)$$

を得ます。ここで、上式の確率の内部を調べてみましょう。

$$-u_{\frac{\alpha}{2}} < \frac{P-p}{\sqrt{\frac{p(1-p)}{n}}} < u_{\frac{\alpha}{2}}$$

上式で母数pが分母に含まれています。体勢に大きく影響しないので、分母の平方根内部のpを、標本比率Pで置き換え、各辺に $\sqrt{\frac{P(1-P)}{n}}$ をかけます。

$$-u_{\frac{\alpha}{2}}\sqrt{\frac{P(1-P)}{n}} < P - p < u_{\frac{\alpha}{2}}\sqrt{\frac{P(1-P)}{n}}$$

整理して次式を得ます。

$$P - u_{\frac{\alpha}{2}}\sqrt{\frac{P(1-P)}{n}} < p < P + u_{\frac{\alpha}{2}}\sqrt{\frac{P(1-P)}{n}}$$

これより、式(K) は、次のように書き換えられます。

$$P\left\{P - u_{\frac{\alpha}{2}}\sqrt{\frac{P(1-P)}{n}} < p < P + u_{\frac{\alpha}{2}}\sqrt{\frac{P(1-P)}{n}}\right\} = 1 - \alpha$$

以上より、母比率の信頼区間について、次のように言うことができます。

比率の信頼区間

・変域

$$\left(P - u_{\frac{\alpha}{2}}\sqrt{\frac{P(1-P)}{n}},\ P + u_{\frac{\alpha}{2}}\sqrt{\frac{P(1-P)}{n}}\right)$$ は、

確率 $1-\alpha$ で母比率 p を含む。

・$100(1-\alpha)$ ％信頼区間

$$\left(P^* - u_{\frac{\alpha}{2}}\sqrt{\frac{P^*(1-P^*)}{n}},\ P^* + u_{\frac{\alpha}{2}}\sqrt{\frac{P^*(1-P^*)}{n}}\right)$$

例8.3

ピルを常用している女性は、女の子を産む確率が高いといわれていたため、ある大学病院ではピルを常用していた母親200人について調査をしました。すると、女の子124人、男の子76人でした。ピルを常用していた女性が、女の子を産む比率の95％信頼区間を求めなさい。

解

$n = 200$、「X：$n = 200$ 人中の女の子の数」であり、標本比率 $\dfrac{X}{n} = P$ の実現値は、

$$P^* = \frac{124}{200} = 0.62$$

です。

標準正規分布の上側2.5％点$u_{0.025}=1.96$ですから、信頼区間の式より、次の結果を得ます。

$$\left(0.62-1.96\times\sqrt{\frac{0.62(1-0.62)}{200}},\right.$$
$$\left.0.62+1.96\times\sqrt{\frac{0.62(1-0.62)}{200}}\right)$$
$$=(0.553、0.687)$$

ちょっと一言

ピルが出てきたので一言。
「彼女はピルを常用している」は英語で
　　She is on the pill.
といいます。
また、例題8.2で卵を取り上げましたので、目玉焼きに関して一言。
目玉焼きには以下のように3種類あります。
・sunny side up：通常の目玉焼きで、文字どおりの意味です。
　　　　　　　　すなわち、一度も裏返しにしない目玉焼きです。
・over easy　　：卵をフライパンに落とし、いったん裏返しにし、すぐまた、元どおりにした目玉焼きです。
・fried　　　　 ：両方ともよく焼く目玉焼きです。
覚えておくと役にたつかもしれません。

9章

検定

9-1 検定の考え方

帰無仮説と対立仮説

新薬の開発における例をあげましょう。

ある製薬会社では、新しく睡眠薬を開発中です。従来の睡眠薬は、服用後、平均すると20分で眠りにつきます。

開発中の睡眠薬は、従来品よりも早い時間で眠りにつけば、商品化できます。したがって、新しく開発している睡眠薬が、服用後、平均して20分以内に眠りにつかないと意味がないことになります。

新しい睡眠薬が、商品化できるかどうかを考えてみましょう。

ここで、新しく開発している睡眠薬の母集団を考え、服用後、眠りにつくまでの時間の平均(母平均)をμとします。(*新しく開発している睡眠薬は、これからも継続して生産される、すなわち、継続性を考えて無限母集団として扱います。)

この場合、新しく開発している睡眠薬の母集団が、販売するに値するということは、その母平均が、$\mu<20$であるということです。

$\mu<20$がいえるかどうかを検証するためには、$\mu<20$という「仮説」を立てます。そして、標本から得られたデータ(標本の実現値)から、$\mu<20$とするに足る根拠が得られるかどうかを調べる必要があります。

そのためには、

(1) 何人かの人に睡眠薬を試飲してもらい、寝つくまでの時間、すなわち、データ（標本の実現値）を採る
(2) 標本からつくられた統計量に、データを代入して、その統計量の実現値を求める
(3) その実現値が、この統計量の確率分布のどのあたりに落ちるかを検討する

という分析が必要になります。

ところが、$\mu < 20$ という仮説では、母平均 μ と20の差が明確にならないため、統計量の確率分布を定めることができません。

そこで、$\mu = 20$ という仮説を新たに設定します。未知である母平均 μ の値を20と設定することにより、統計量の確率分布を定めることが可能になります。

ここで、2つの仮説を設定しましたが、これらは次のように、H_0 と H_1 の記号を使って並べて記されます。

2つの仮説の設定

$H_0 : \mu = 20 \quad H_1 : \mu < 20$

H_0 を**帰無仮説**、H_1 を**対立仮説**といいます。

対象とする問題にもよりますが、通常、分析者は最初、問題提起において、対立仮説 H_1 のほうに関心があるのが普通です。

上記の例では、新しい睡眠薬の効果があること、すなわち、$\mu < 20$（対立仮説）であるかどうかを分析したいわけです。そして、帰無仮説を棄却（崩す）することにより、本来、関心のある対立仮説が採択されることになるのです。

対象で変わる対立仮説

上記の例では、対立仮説は「$H_1: \mu < 20$」でした。しかしながら、対立仮説は、対象とする問題により、変わります。

たとえば、次のようなケースを考えてみましょう。

(1) ある肥料メーカーで新しい肥料を開発しています。従来の肥料では、苗木からある一定期間後の平均的な成長は10cmでした。したがって、新しい肥料を与えたときの一定期間後の成長は10cm以上でないと、売り出しても意味のないものになります。そこで、50本の苗木に開発中の肥料を与えて、一定期間後の成長を測ることにしました。

この場合、新しい肥料の「母集団の平均」をμとすると、「帰無仮説$H_0: \mu = 10$」に対し、この肥料会社は、$\mu > 10$（成長は10cm以上）であることを検証したいわけですから、対立仮説H_1は、

$H_1: \mu > 10$

となります。

(2) ある食品メーカーでは、袋入り砂糖を販売しています。重量は200gに設定されています。少なすぎては消費者から苦情がきますし、多すぎては損をすることになります。そこで、できたロットから、無作為に50個を抽出して重量を測ることにしました。

この場合、袋入り砂糖の「母集団の平均」をμとすると、この食品会社は、母平均μが200でないかどうかを心配しているわけですから、「帰無仮説$H_0: \mu = 200$」に対し、対立仮説を、

$H_1: \mu \neq 200$

とします。

以上より、対立仮説の設定の仕方により、検定方法は次のように呼ばれます。

両側検定
 $H_0: \theta = \theta_0$ $H_1: \theta \neq \theta_0$
片側検定
 $H_0: \theta = \theta_0$ $H_1: \theta > \theta_0$
  あるいは
 $H_0: \theta = \theta_0$ $H_1: \theta < \theta_0$

なぜ、H_0を帰無仮説と呼ぶかについては、

- 本来、分析者が検証したい仮説H_1が正しいことが検証されれば、H_0は無に帰す。
- 等号＝で繋がれた仮説であるから、必ず、左辺－右辺＝0となり、0は無を表す。

などの説があります。

検定の一般手順

帰無仮説を「$H_0: \theta = \theta_0$」として、検定の一般手順を説明しましょう。

検定の一般手順
① 「帰無仮説H_0：$\theta = \theta_0$」を立てます。
② 母数θの推定量W（推定に適した統計量）を決定します。
③ 帰無仮説H_0が「真」であるという仮定のもとに、推定量Wとθ_0からなる統計量（標本から得られた手がかりとなる統計量＝検定統計量という）Vを決定します。ただし、Vの確率分布は、確率を計算できるものとします。
④ 標本を抽出して得られた標本の実現値を代入して、Vの実現値V*を求めます。
⑤ 実現値V*が、Vの確率分布のどの範囲に入ったか（めったに起こらない確率の範囲に入ったか）で、帰無仮説H_0の妥当性を検討します。

確率分布のどの範囲に入ったか

検定統計量Vの実現値V*が、Vの確率分布のどのあたりに落ちるか、その落ちる位置により、次の2つの考え方のどちらかになることは理解できるでしょう。

(1) V*が、Vの確率分布の平均の周辺に落ちた場合

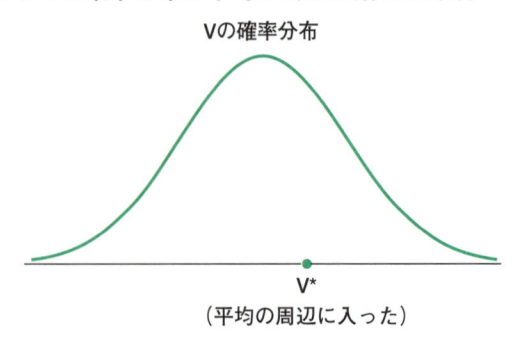

Vの確率分布

V*
（平均の周辺に入った）

帰無仮説 H_0 を「真」と仮定したとき、V^* は、この分布から得られたと考えるのは自然な考え方でしょう。したがって、帰無仮説 H_0 が「真」であると考えても矛盾は生じません。

(2) V^* が、V の確率分布の端のほうに落ちた場合

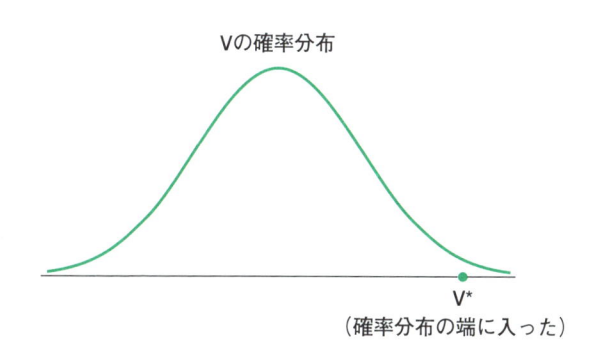

Vの確率分布

V^*
（確率分布の端に入った）

「V^* は、この分布からのものであるが、非常に起こりにくいことが起こった」と考えるより、「V^* は別の分布からのものである」と考えるほうが自然な考え方でしょう。したがって、帰無仮説 H_0 は「真」であるという仮定は受け入れられません。

境界線の設定

V^* が、分布の端のほうに落ちた場合、

「起こりにくいことが起こったが、まあまあ、あることだから V^* は、V の確率分布からのものと考えても良いだろう」

と考えるか、それとも、

「こんなことはめったに起こらないから、V^*は、別の分布からのものであると考えたほうが良いだろう」

と考えるか、この境界を設定する必要があります。

この境目となる確率(検定統計量の確率分布のグラフの端の面積)を、「有意水準」と言い、一般にαで表します。

有意水準を基準にして、帰無仮説H_0を受け入れる領域を「採択域」、帰無仮説H_0を拒否する領域を「棄却域」と言います。

検定結果の表し方は、「有意水準100α%で、帰無仮説H_0を採択する」、あるいは「有意水準100α%で、帰無仮説H_0を棄却する」とします。

帰無仮説が棄却されれば、対立仮説は採択されることになります。

●**境界線の設定**

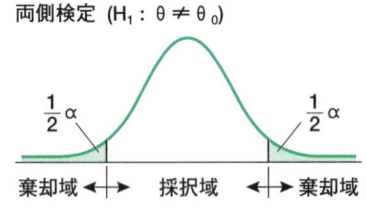

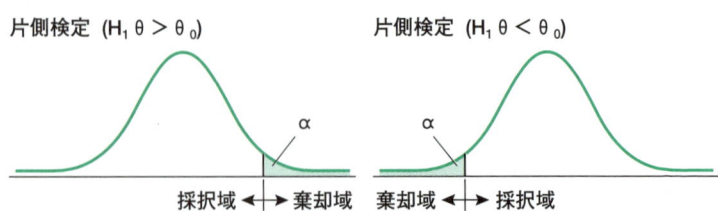

両側検定 ($H_1 : \theta \neq \theta_0$)

$\frac{1}{2}\alpha$　　$\frac{1}{2}\alpha$

棄却域 ←→ 採択域 ←→ 棄却域

片側検定 ($H_1 : \theta > \theta_0$)　　　片側検定 ($H_1 : \theta < \theta_0$)

α　　　　　　　　　　α

採択域 ←→ 棄却域　　棄却域 ←→ 採択域

有意水準5％

分布の端のほうに定める有意水準の面積αは、0.05（5％）に定めるのが一般的です。ではどうして有意水準5％なのでしょうか。これは、理論的というよりも、我々の直感的、常識的な感覚で決められたものです。

いま、αの確率で、ある事象が起こるものとしましょう。このとき、我々の感覚では、αが0.05以下のとき、めったに起こらないことが起こったと感じるようです。

●正常でないと感じるときの確率

次の問題を考えてみましょう。

「いま、コインを10回投げるものとしましょう。10回中何回表が出たら、皆さんはめったに起こらないことが起こった、多分このコインは正常ではない（表のほうが明らかに出やすいコインだ）、と感じるでしょうか。」

多分、表が8回出たら正常ではない、と答える人が一番多いでしょう。8回と答えた人は、表が9回、10回出た場合も、めったに起こらないことが起こったと感じるはずです。

とすると、この人が「めったに起こらないことが起こった」、あるいは「このコインは正常でない」と感じる境目の確率は、次の計算により0.0547となり、0.05に近い値となります。

このコインが偏りがないと仮定した場合、次のように確率が求まります。

●**10回中、8回以上表が出る確率**

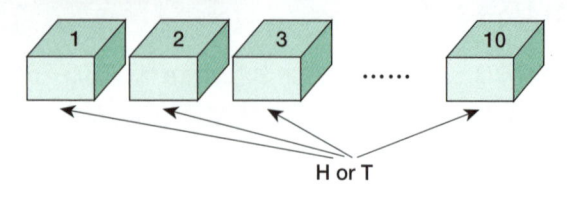

H or T

Hの起こる確率：0.5

・10回中、表が8回出る確率：

$$p(8) = \binom{10}{8}\left(\frac{1}{2}\right)^{10} = 0.0439$$

・10回中、表が9回出る確率：

$$p(9) = \binom{10}{9}\left(\frac{1}{2}\right)^{10} = 0.0098$$

・10回中、表が10回出る確率：

$$p(10) = \binom{10}{10}\left(\frac{1}{2}\right)^{10} = 0.0010$$

以上より、表が8回以上出る確率は、

$$0.0439 + 0.0098 + 0.0010 = 0.0547$$

となります。

　実際には、8回と答えた人でも、「8回ではちょっと、でも9回ではいきすぎ」と思う人が多いでしょうから、感じ方はさらに0.05に近くなるでしょう。

9-2

平均値の検定と「H_0を採択する」の意味

検定の手順

母平均→標本平均→t分布

ここでは、「検定の一般手順」を参考にして、母平均μが、「μ_0」であるかどうかの検定の手順を説明しましょう。

帰無仮説と対立仮説（両側検定）は、次のようになります。

　　帰無仮説　$H_0：\mu = \mu_0$
　　対立仮説　$H_1：\mu \neq \mu_0$

いま、正規母集団$N(\mu, \sigma^2)$から、大きさnの標本を抽出するものとし、標本平均を$\overline{X}$とします。

> 9-1節の「検定の一般手順」で、θが母平均μに、θ_0がμ_0にあたり、推定量Wが標本平均$\overline{X}$にあたります。

H_0が「真」、すなわち、母平均がμ_0であるという仮定のもとでは、各標本X_i（i=1, 2, ……, n）は、平均μ_0、分散σ^2の正規分布に従いますので、$\overline{X}$は平均μ_0、分散$\dfrac{\sigma^2}{n}$の正規分布に従います（定理7.3）。σ^2は未知ですが、次の確率変数、

$$t = \frac{\overline{X} - \mu_0}{\frac{s}{\sqrt{n}}}$$

は自由度n－1のt分布に従います（定理8.1）。

> 「検定の一般手順」(382p)で、検定統計量Vがtにあたります。

これより、確率変数tが検定統計量になり、実際のデータ（標本の実現値）を代入して計算されるtの実現値t*が、自由度n－1のt分布のどのあたりに落ちるかで検定を行います。

t分布の両側100α%点を±$t_{\frac{\alpha}{2}}$とすると、

$t^* < -t_{\frac{\alpha}{2}}$　あるいは　$t^* > t_{\frac{\alpha}{2}}$

なら、有意水準100α%でH_0を棄却します。

●$t^* < -t_{\frac{\alpha}{2}}$　あるいは　$t^* > t_{\frac{\alpha}{2}}$ の場合

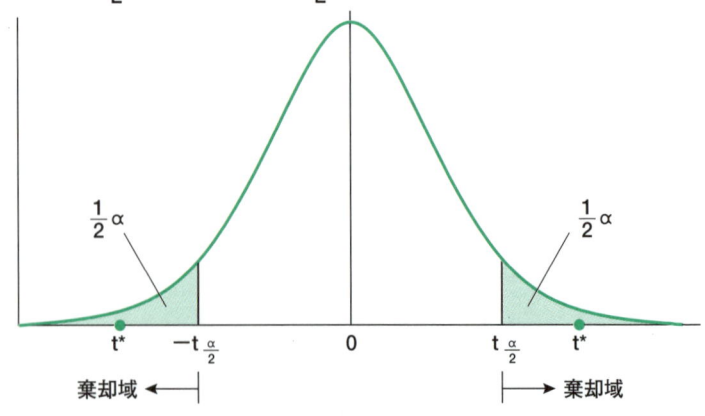

対立仮説が「$H_1 : \mu > \mu_0$」の場合

対立仮説を「$H_1 : \mu > \mu_0$」としたということは、分析者は母平均 μ が、μ_0 より大きいことをある程度確信しているわけです。したがって、標本平均の実現値 $\overline{X}^*$ が大きい可能性が高く、$\overline{X}^*$ が大きければ、t^* も大きくなり、棄却域は分布の右端に設定されます。

したがって、「$t^* > t_\alpha$」なら、「有意水準 $100\alpha\%$ で H_0 を棄却」します。

●$t^* > t_\alpha$ の場合

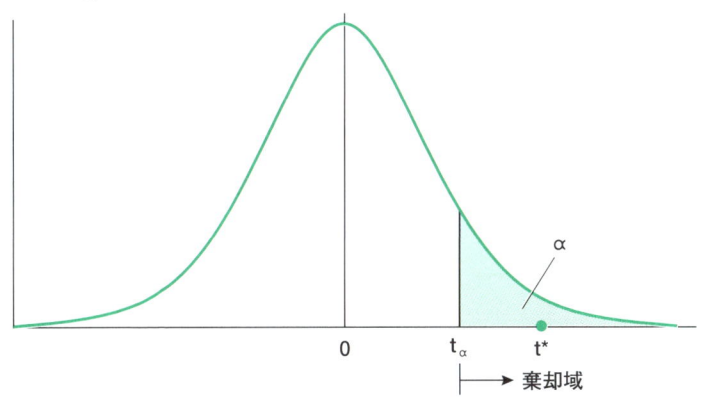

対立仮説が「$H_1 : \mu < \mu_0$」の場合

対立仮説を「$H_1 : \mu < \mu_0$」としたということは、分析者は母平均 μ が、μ_0 より小さいことをある程度確信しているわけです。したがって、標本平均の実現値 $\overline{X}^*$ が小さい可能性が高く、$\overline{X}^*$ が小さければ、t^* も小さくなり、棄却域は分布の左端に設定されます。

したがって、「$t^* < -t_\alpha$」なら、「有意水準$100\alpha\%$でH_0を棄却」します。

● $t^* < -t_\alpha$の場合

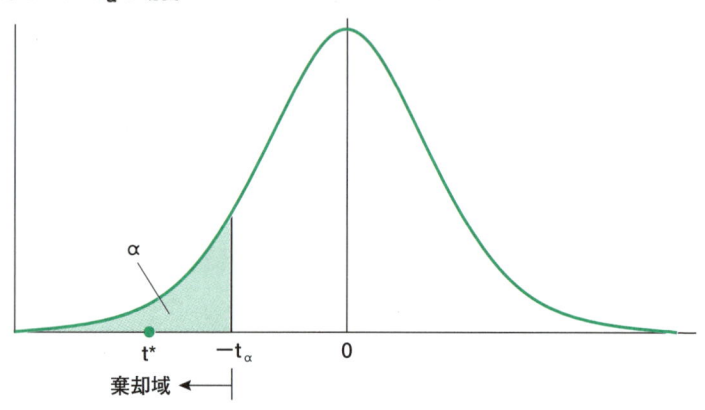

（図：正規分布曲線。t^*は$-t_\alpha$の左側にあり、棄却域として塗られた面積がα。中心は0）

例9.1

いままで与えていた栄養素を使うと、生後1カ月のモルモットの体重は平均して92gの正規分布に従うことが分かっています。いま、新しい栄養素を開発し、新しく生まれたモルモット10匹に与え、1カ月後に体重を測定したところ、次の結果を得ました。

96, 88, 84, 92, 87, 95, 90, 89, 84, 93

新しく開発した栄養素が、従来の栄養素に比べ、何らかの違いを生じるかどうか、有意水準5％で検定しなさい。

解

新しく開発した栄養素は、効果があるのか、あるいは逆に、逆効果があるのか、まったく分からないので、両側検定を行

いましょう。まず、2つの仮説を立てます。

新しく開発した栄養素の母集団の平均をμとすると、

帰無仮説　H_0：$\mu = 92$
対立仮説　H_1：$\mu \neq 92$

となります。

10個のデータの平均、分散は次のように求まります。

$\overline{X}^* = 89.8$　　$s^{2*} = 17.733$

これより、帰無仮説H_0が真であるという仮定のもとに、検定統計量tの実現値を計算します。

$$t^* = \frac{\overline{X}^* - \mu_0}{\frac{s^*}{\sqrt{n}}} = \frac{89.8 - 92}{\frac{\sqrt{17.733}}{\sqrt{10}}} = -1.652$$

となります。ここで、自由度$n - 1 = 10 - 1 = 9$のt分布の両側5％点は、表より、自由度9で0.025のところを読むと「±2.262」です。t^*は、図のようにt分布の採択域にあるので、H_0は有意水準5％で採択されます（棄却されない）。すなわち、今回の検定では、新しい栄養素は従来の栄養素と比べ、違いがあるとはいえません。

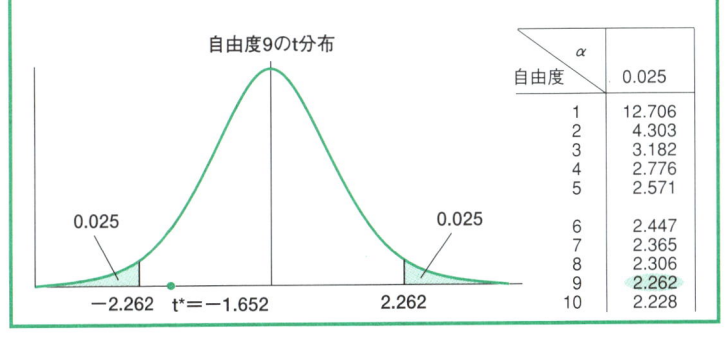

自由度9のt分布

0.025　　　0.025

−2.262　$t^* = -1.652$　　2.262

自由度 \ α	0.025
1	12.706
2	4.303
3	3.182
4	2.776
5	2.571
6	2.447
7	2.365
8	2.306
9	2.262
10	2.228

例9.2

ある飲料メーカーの缶入りオレンジジュースは、果汁40%と銘打たれていますが、どうもそれ以下であるという苦情が消費者保護団体に多く寄せられています。そこで、この団体は、全国の自動販売機から30個の缶を得て、果汁のパーセントを調べたところ、平均：37%、標準偏差：4.2%という結果でした。実際に、40%より少ないかどうか、有意水準5%で検定しなさい。この飲料メーカーは、以前にもこの種の問題を起こしたことがあります。

解

題意より、この消費者保護団体は、かなりの確信をもって、このメーカーの缶入りオレンジジュースの果汁は40%よりも少ないと感じています。そこで、この缶入りオレンジジュースの母集団の平均をμとして、次のように仮説を設定します。

帰無仮説　$H_0: \mu = 40$
対立仮説　$H_1: \mu < 40$

$\overline{X}^* = 37$、$s^* = 4.2$ですから、検定統計量tの実現値を計算して、

$$t^* = \frac{37-40}{\frac{4.2}{\sqrt{30}}} = -3.912$$

を得ます。ここで、自由度$30-1=29$のt分布の下側5%点は、表より、自由度29、0.05のところを読むと「-1.699」です。図のように、t^*は棄却域にあるので、H_0は有意水準5%で棄却されます。

図では、t^*はかなり左端に位置しています。これにより、

この例の場合は、H_1が非常に強く支持されます。この点に関しては、次節の有意確率で説明します。

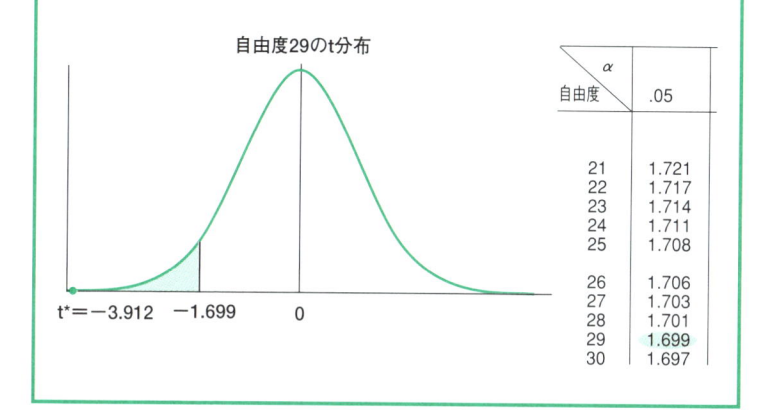

自由度29のt分布

自由度＼α	.05
21	1.721
22	1.717
23	1.714
24	1.711
25	1.708
26	1.706
27	1.703
28	1.701
29	1.699
30	1.697

$t^* = -3.912$ -1.699 0

H_0を採択するとは

次に、「H_0を採択する」の意味について考えてみましょう。

H_0が真であると仮定して、実際のデータがこの仮定に矛盾しなかった場合、H_0は正しい、すなわち、μはある1つの値μ_0に等しいといっていいのでしょうか。

最初に、数学的な立場から、次に、論理の点から考えてみましょう。

数学的考察

いま、正規母集団から、次のデータが得られたものとしましょう。

8.5, 9, 8, 7.5, 6, 9.5, 8, 6.5, 9

$\overline{X}^* = 8$　$s^{2*} = 1.375$　$s^* = 1.173$　と計算されます。

このとき、95％信頼区間（$t_{0.025} = 2.306$）は、

$$\left(8 - t_{0.025}\frac{1.173}{\sqrt{9}},\quad 8 + t_{0.025}\frac{1.173}{\sqrt{9}}\right) = (7.099,\ 8.901)$$

と求まります。ここで、

　　帰無仮説　$H_0 : \mu = \mu_0$
　　対立仮説　$H_1 : \mu \neq \mu_0$

の両側検定を考えると、次のことがいえます。

「μ_0を95％信頼区間（7.099, 8.901）の間の値に設定すれば、H_0は、有意水準5％の両側検定で、採択されます」。

同じように、90％信頼区間（$t_{0.05} = 1.86$）は、

$$\left(8 - t_{0.05}\frac{1.173}{\sqrt{9}},\quad 8 + t_{0.05}\frac{1.173}{\sqrt{9}}\right) = (7.273,\ 8.727)$$

と求まります。

「μ_0を（7.273, 8.727）の間の値に設定すれば、H_0は有意水準10％で採択されます」

同じように、99％信頼区間（$t_{0.005} = 3.355$）は、

$$\left(8 - t_{0.005}\frac{1.173}{\sqrt{9}},\quad 8 + t_{0.005}\frac{1.173}{\sqrt{9}}\right) = (6.688,\ 9.312)$$

と求まります。

「μ_0を（6.688, 9.312）の間の値に設定すれば、H_0は有意水準1％で採択されます」

このことから、たとえば先のデータで、$H_0 : \mu = 8.5$とすると、H_0は有意水準5％で採択されますが、H_0は、$H_0 : \mu = 7.5$や、7.7、8、8.3などとしても、採択されるわけです。つまり、H_0が

採択されたからといって、μは、帰無仮説として設定した1つの値μ_0であるということは意味していないことになります。

> **ちょっと難しいかな**
>
> 「区間推定」と「検定」の間には密接な関係があり、この関係について考察することは、両者の理解を深めることになります。
>
> 母平均μの$100(1-\alpha)$%信頼区間は、
>
> $$\left(\overline{X}^* - t_{\frac{\alpha}{2}} \frac{S^*}{\sqrt{n}},\quad \overline{X}^* + t_{\frac{\alpha}{2}} \frac{S^*}{\sqrt{n}}\right)$$
>
> と求まりました。
>
> 一方、「$H_0 : \mu = \mu_0$」、「$H_1 : \mu \neq \mu_0$」の両側検定で、
>
> $$t^* = \frac{\overline{X}^* - \mu_0}{\frac{S^*}{\sqrt{n}}}$$
>
> の値が、「$t^* < -t_{\frac{\alpha}{2}}$」あるいは「$t^* > t_{\frac{\alpha}{2}}$」なら、$H_0$は有意水準$100\alpha$%で棄却されました。($-t_{\frac{\alpha}{2}} \leq t^* \leq t_{\frac{\alpha}{2}}$ なら、H_0は採択されます。)
>
> 上式のt^*を、「$t^* < -t_{\frac{\alpha}{2}}$」および「$t^* > t_{\frac{\alpha}{2}}$」に代入して整理すると、
>
> $$\overline{X}^* < \mu_0 - t_{\frac{\alpha}{2}} \frac{S^*}{\sqrt{n}} \quad \text{および} \quad \overline{X}^* > \mu_0 + t_{\frac{\alpha}{2}} \frac{S^*}{\sqrt{n}}$$
>
> となりますから、検定統計量をtではなく、$\overline{X}$としたときは、
>
> $$\overline{X}^* < \mu_0 - t_{\frac{\alpha}{2}} \frac{S^*}{\sqrt{n}} \quad \text{あるいは} \quad \overline{X}^* > \mu_0 + t_{\frac{\alpha}{2}} \frac{S^*}{\sqrt{n}}$$
>
> なら、H_0は有意水準5%で棄却されることになります。

$\bar{x}$ の分布

棄却域 | 採択域 | 棄却域
$\mu_0 - t_{\frac{\alpha}{2}} \frac{s^*}{\sqrt{n}}$ μ_0 $\mu_0 + t_{\frac{\alpha}{2}} \frac{s^*}{\sqrt{n}}$

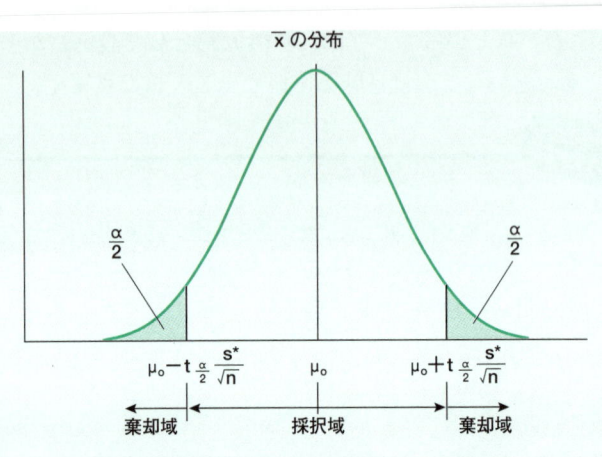

　先の μ の信頼区間の幅と $\bar{X}$ を検定統計量としたときの採択域の幅はともに「$2t_{\frac{\alpha}{2}} \frac{s^*}{\sqrt{n}}$」となり等しくなります。

　以上より、μ_0 を信頼区間内の値に設定した場合と、信頼区間外の値に設定した場合について、次のように図示され、結論することができます。

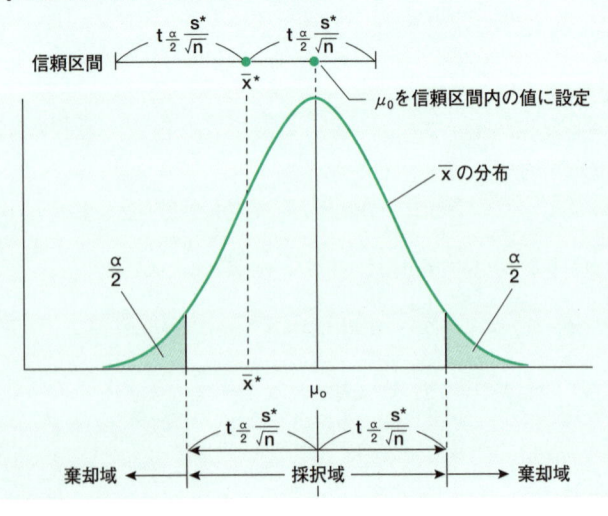

◎ μ_0 を信頼区間内の値に設定した場合

上図より、検定統計量$\overline{X}$の実現値$\overline{X}^*$は、採択域内に落ちます。すなわち、μ_0を、$100(1-\alpha)$%信頼区間内の値に設定すると、H_0は常に採択されます。

◎ μ_0を信頼区間外の値に設定した場合

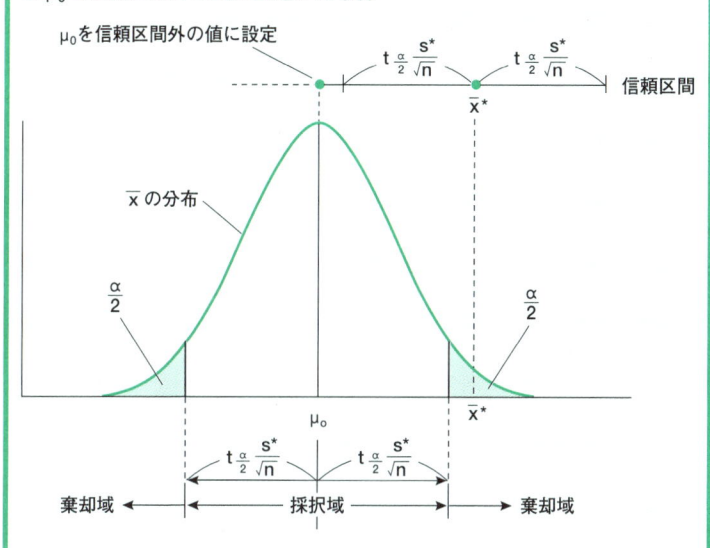

上図より、検定統計量$\overline{X}$の実現値$\overline{X}^*$は、棄却域内に落ちます。すなわち、μ_0を、$100(1-\alpha)$%信頼区間外の値に設定すると、H_0は常に棄却されます。

論理の観点からの考察

次の例で考えてみましょう。

「夜、裏山に四つ足の動物が出没する」

この動物が狼だったら大変だということで、今晩、観察することにしました。狼でなければいいと思いながら、帰無仮説として、

　　「H_0：それは狼である」

を設定します。対立仮説は、

　　「H_1：それは狼でない」

となり、みんなが期待するのは対立仮説のほうです。

次の晩、餌をおいて、懐中電燈片手に観察したところ、次のことが分かりました。

　　・目は光っていた
　　・やせていた
　　・餌をがつがつ食う

H_0 が「真」である、すなわち、この動物が狼であると仮定すると、観察したことがらは矛盾しません。このとき、H_0 は正しい、すなわち、この動物は狼であると断定していいのでしょうか。

これらの条件を満たす動物は、狼以外にも、犬、きつね、たぬき等が考えられます。したがって、H_0 は正しい（この動物は狼である）と断定することはできません。あくまでも、「今回の観察では、この動物は狼でないということは判明しなかった。しかし、狼であるという疑いも捨て切れない」という結論になります。

以上、2つの面からの考察により、帰無仮説 H_0 が「真」であると仮定した場合、データから導かれる結果が矛盾しないからといって、H_0 が正しいと結論づけることはできません。

今回の検定では、

「H_0 が間違いであるとはいえない」

「H_1 が正しいことが判明しなかった」

という意味を含んだものになります。

形式的に「H_0 を採択する」という言葉を用いますが、「H_0 は棄却されない」としたほうが誤解を生じないかもしれません。

ちょっと一言

狼のことを話題にしましたので、ここで、「〜のように〜である」という動物を用いた英語の表現を紹介しましょう。覚えておくと便利です。

I am hungry as a bear.	腹がペコペコである。飢え死にしそうなくらい腹がへっている
He eats like a horse.	大食漢である
She eats like a bird.	少食である
He eats like a pig.	ガツガツ食べる
I am busy as a birddog.	大変忙しい（beeやdevilを使うこともある）
He is sick as the dog.	気分がとても悪い。重病である

9-3 有意確率

平均値の両側検定で、標本数がともに20である、次の2つの検定結果を考えてみましょう。

検定A

$t^* = 2.1$ と求まった。自由度19の両側5％点は、$\pm t_{0.025} = \pm 2.093$ であるから、H_0 は、有意水準5％で棄却される。

検定B

$t^* = 3.0$ と求まった。自由度19の両側5％点は、$\pm t_{0.025} = \pm 2.093$ であるから、やはり、H_0 は、有意水準5％で棄却される。

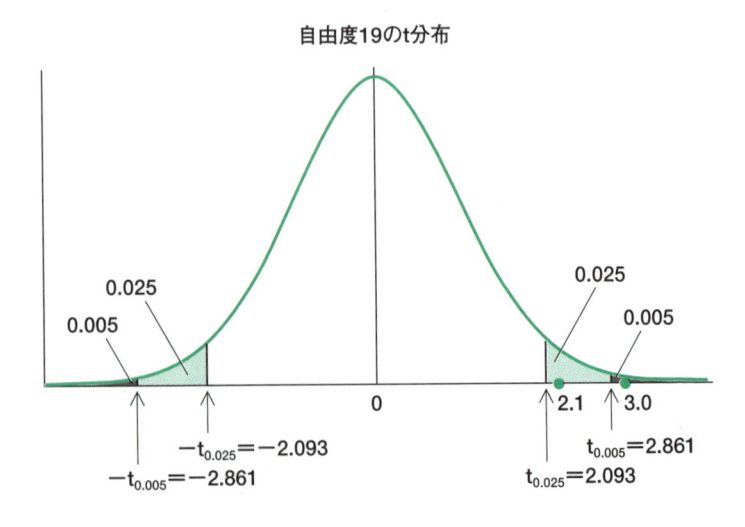

自由度19のt分布

2つの検定とも、H_0は有意水準5％で棄却されますが、内容には次のように大きな違いがあります。

・検定Aは、$t^* = 2.1$ですから、正の両側5％点（上側2.5％点）をぎりぎりに超えたところでH_0は棄却されている。
・検定Bは、$t^* = 3.0$ですから、正の両側5％点（上側2.5％点）をかなり超えたところで棄却されている（有意水準1％（$t_{0.005} = 2.861$）でも、H_0は棄却されている）。

したがって、検定Bのほうが、H_1が正しい可能性を検定Aの場合よりも強く支持していることになります。

検定のこのような弱点を補強するのが、「有意確率」です。

有意確率
　得られたt^*の点を採択・棄却の境界とするとき、棄却域となる面積（確率）

有意確率の例

(1) 平均値の両側検定で、標本数：15、$t^* = 2.671$の場合：
・有意確率は、0.018となります。（面積＝0.009＋0.009＝0.018）

自由度14のt分布

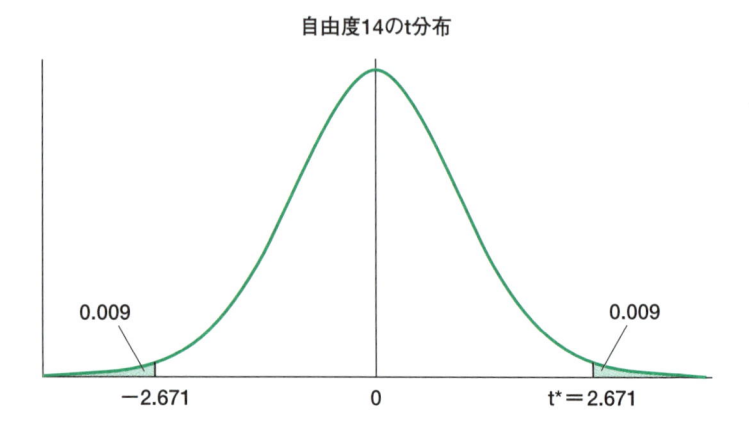

0.009　　　　　　　　　　　　　　0.009
－2.671　　　　　0　　　　　$t^* = 2.671$

(2) 平均値の両側検定で、標本数：15、$t^* = -2.893$の場合：
・有意確率は0.012となります。

自由度14のt分布

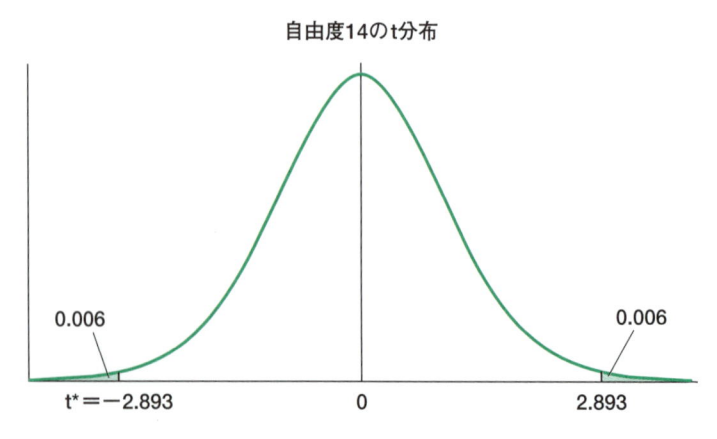

0.006　　　　　　　　　　　　　　0.006
$t^* = -2.893$　　　　　0　　　　　2.893

●F分布の例

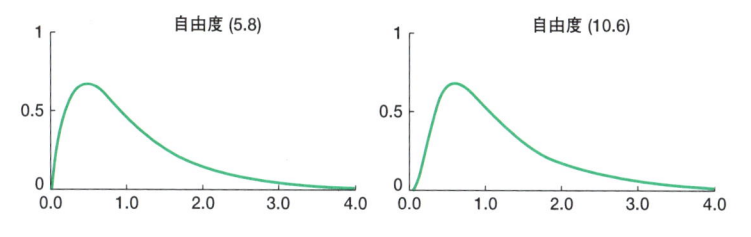

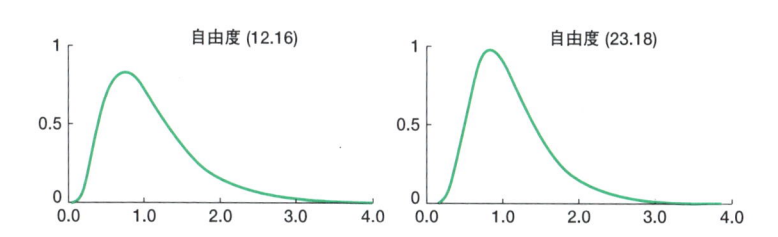

自由度 (5.8)

自由度 (10.6)

自由度 (12.16)

自由度 (23.18)

次に、F分布のパーセント点の表記を示します。

F分布のパーセント点
- 上側100α%点：F_α
- 下側100α%点：$F_{1-\alpha}$
- 両側100α%点：$F_{1-\frac{\alpha}{2}}$ と $F_{\frac{\alpha}{2}}$

●F分布のパーセント点

上側
100α％点

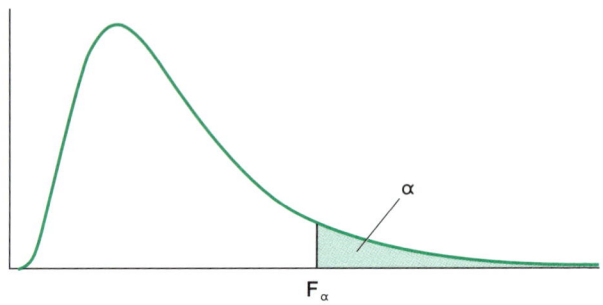

F_α

α

下側
100α％点

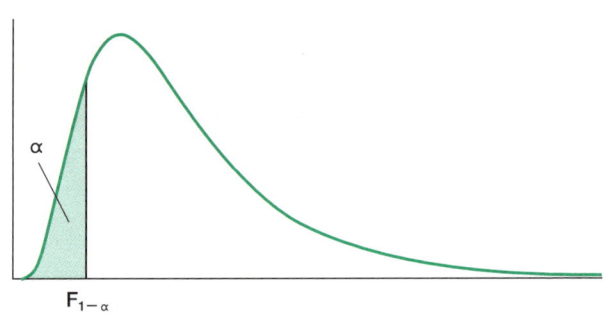

α

$F_{1-\alpha}$

下側100α％点の表示$F_{1-\alpha}$の1-αは右端からの面積を基準にしています。

両側
100α％点

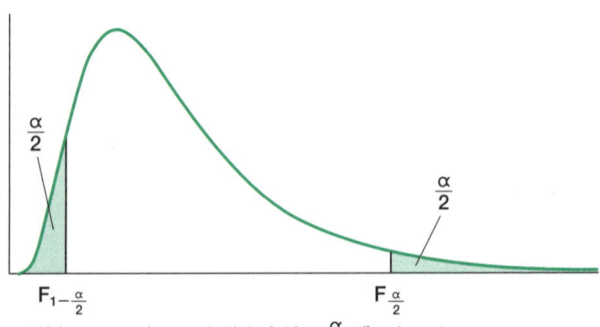

$\frac{\alpha}{2}$

$\frac{\alpha}{2}$

$F_{1-\frac{\alpha}{2}}$ $F_{\frac{\alpha}{2}}$

両側100％α点は、右端と左端に$\frac{\alpha}{2}$ずつとった
上側100X$\frac{\alpha}{2}$％点$F_{\frac{\alpha}{2}}$と下側100X$\frac{\alpha}{2}$％点$F_{1-\frac{\alpha}{2}}$で表されます

F分布表は、一般に、α の値ごとに次のように与えられています。

● 表9-1

$\alpha = 0.1$

ν_2 \ ν_1	1	2	3	4	5	6	7	8	...
1	39.863	49.500	53.593	55.883	57.240	58.204	58.906	59.439	...
2	8.526	9.000	9.162	9.243	9.293	9.326	9.349	9.367	...
3	5.538	5.462	5.391	5.343	5.309	5.285	5.266	5.252	...
4	4.545	4.325	4.191	4.107	4.051	4.010	3.979	3.955	...
5	4.060	3.780	3.619	3.520	3.453	3.405	3.368	3.339	...
6	3.776	3.463	3.289	3.181	3.108	3.055	3.014	2.983	...
7	3.589	3.257	3.074	2.961	2.883	2.827	2.785	2.752	...
8	3.458	3.113	2.924	2.806	2.726	2.668	2.624	2.589	...
⋮	⋮	⋮	⋮	⋮	⋮	⋮	⋮	⋮	

$\alpha = 0.05$

ν_2 \ ν_1	1	2	3	4	5	6	7	8	...
1	161.448	199.500	215.707	224.583	230.162	233.986	236.768	238.883	...
2	18.513	19.000	19.164	19.247	19.296	19.330	19.353	19.371	...
3	10.128	9.552	9.277	9.117	9.013	8.941	8.887	8.845	...
4	7.709	6.994	6.591	6.388	6.256	6.163	6.094	6.041	...
5	6.608	5.786	5.409	5.192	5.050	4.950	4.876	4.818	...
6	5.987	5.143	4.757	4.534	4.387	4.284	4.207	4.147	...
7	5.591	4.737	4.347	4.120	3.972	3.866	3.787	3.726	...
8	5.318	4.459	4.066	3.838	3.687	3.581	3.500	3.438	...
⋮	⋮	⋮	⋮	⋮	⋮	⋮	⋮	⋮	

さて、話を元に戻して、式(P) に式(N) と式(O) を代入すると、

$$F = \frac{\dfrac{(n_1-1)s_1^2}{\sigma_1^2} \times \dfrac{1}{n_1-1}}{\dfrac{(n_2-1)s_2^2}{\sigma_2^2} \times \dfrac{1}{n_2-1}} = \frac{\dfrac{s_1^2}{s_2^2}}{\dfrac{\sigma_1^2}{\sigma_2^2}}$$

となります。

帰無仮説「$H_0 : \sigma_1^2 = \sigma_2^2$」

が「真」であるという仮定のもとで、上式のFは、

$$F = \frac{s_1^2}{s_2^2}$$

ちょっと一言

F分布表では、一般に、αの値は、「0.1、0.05、0.025、0.01、0.005」のときの表が表示されており、下側パーセント点は表示されていません。

そこで、下側パーセント点は、以下のようにして求めることができます。

自由度 (m, n) のF分布の下側 100α%点を $F_{1-\alpha}$、自由度 (n, m) のF分布の上側 100α%点を F'_{α} とすると、次の関係が成り立ちます。

$$F_{1-\alpha} = \frac{1}{F'_{\alpha}}$$

例：
自由度 (6、4) のF分布の下側5％点 $F_{0.95}$ を求めよ。

解：
自由度 (4、6) のF分布の上側5％点は、前表より、4.534であるから、下側5％点は、$\dfrac{1}{4.534} = 0.221$ となります。

＊Excelを用いれば、FINV(0.95、6、4) で簡単に求まります。

となり、このFは、自由度 (n_1-1、n_2-1) のF分布に従います。したがって、実際のデータ（標本の実現値）から計算されるFの実現値F^*が、自由度 (n_1-1、n_2-1) のF分布のどのあたりに落ちるかで検定を行います。

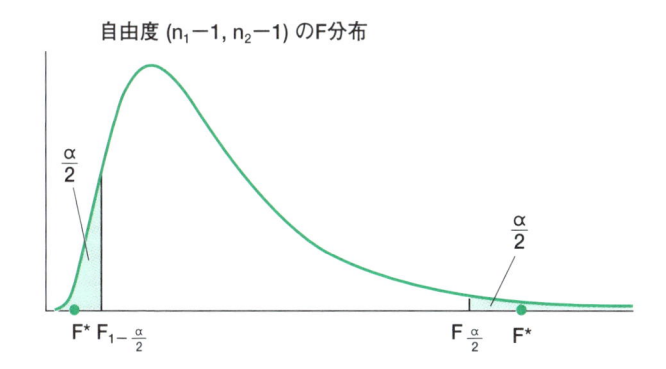

・両側検定（$H_0 : \sigma_1^2 = \sigma_2^2$　$H_1 : \sigma_1^2 \neq \sigma_2^2$）に対しては、

$$F^* < F_{1-\frac{\alpha}{2}} \quad \text{あるいは} \quad F^* > F_{\frac{\alpha}{2}}$$

なら、有意水準$100\alpha\%$でH_0を棄却します。

自由度 (n_1-1, n_2-1) のF分布

・片側検定（$H_0 : \sigma_1^2 = \sigma_2^2$　$H_1 : \sigma_1^2 > \sigma_2^2$）に対しては、

$$F^* > F_\alpha$$

なら、有意水準$100\alpha\%$でH_0を棄却します。

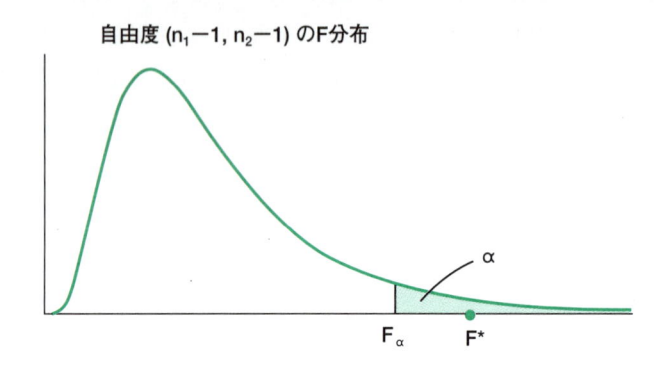

自由度 (n_1-1, n_2-1) のF分布

- 片側検定（$H_0 : \sigma_1^2 = \sigma_2^2 \quad H_1 : \sigma_1^2 < \sigma_2^2$）に対しては、

$$F^* < F_{1-\alpha}$$

なら、有意水準 $100\alpha\%$ で H_0 を棄却します。

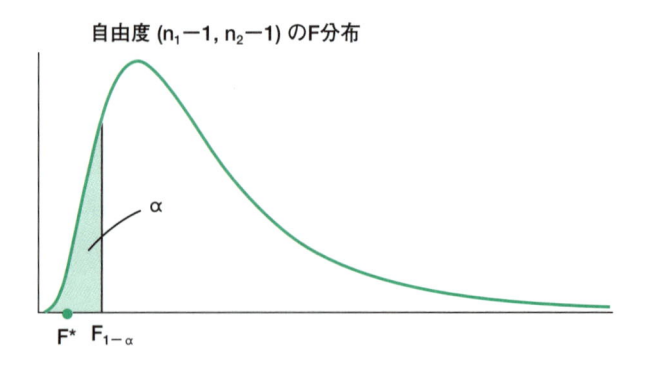

自由度 (n_1-1, n_2-1) のF分布

例9.5

　ある工場では、リングの研削で2つのマシンⅠ、Ⅱを使っています。ところが現場から、どうもマシンⅡからの製品の直径は、マシンⅠに比べ、バラツキが大きいという声が寄せられました。そこで、2つのマシンから無作為に製品を抽出し、次の結果を得ました。

Ⅰ：100.46，100.35，100.36，100.48，100.39，100.72，
　　100.42，100.68，100.86，100.57，100.59，100.46，
　　100.32，100.46，100.72，100.62
Ⅱ：100.33，100.12，100.35，100.89，100.90，100.31，
　　100.46，100.12，100.43，100.88，100.28，100.08，
　　100.42，100.11，100.16，100.71，100.26，100.18

　実際に、マシンⅡによる製品は、マシンⅠによる製品よりも、バラツキが大きいかどうか、有意水準5％で検定せよ。

解

　マシンⅠによる製品の母集団の分散をσ_1^2、マシンⅡによる製品の母集団の分散をσ_2^2とします。現場からの声により、まず「$\sigma_1^2 > \sigma_2^2$」ということはないと思われるので、仮説を次のように設定します。

　　帰無仮説「$H_0 : \sigma_1^2 = \sigma_2^2$」　対立仮説「$H_1 : \sigma_1^2 < \sigma_2^2$」

　与えられたデータより、

　　$s_1^{2*} = 0.0248$　　　　$s_2^{2*} = 0.0775$

と計算されるので、検定統計量Fの実現値は、

$$F^* = \frac{s_1^{2*}}{s_2^{2*}} = \frac{0.0248}{0.0775} = 0.319$$

となります。自由度（16－1、18－1）＝（15，17）のF分布

の下側5％点は、Excelを用いて計算すると［＝FINV(0.95, 15, 17)］より、0.422と求まります。したがって、H_0は、有意水準5％で棄却されます。

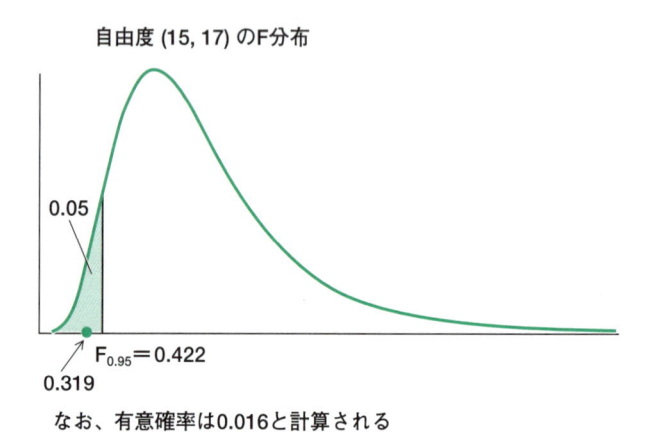

自由度 (15, 17) のF分布

0.05

$F_{0.95} = 0.422$
0.319

なお、有意確率は0.016と計算される

9-7
比率の検定

すでに5－6節で、次のことを述べました。

「2項確率変数Xは、nがある程度大きいとき、平均np、分散np(1－p)の正規分布に近似的に従う」

これより、標準化変量、

$$Z = \frac{X - np}{\sqrt{np(1-p)}}$$

は、標準正規分布に近似的に従います。

　　帰無仮説　$H_0 : p = p_0$

が「真」であるという仮定のもとで、上式は、

$$Z = \frac{X - np_0}{\sqrt{np_0(1-p_0)}}$$

となり、このZは、標準正規分布に近似的に従います。したがって、データ（標本の実現値）から計算されるZの実現値Z^*が、標準正規分布のどのあたりに落ちるかで検定を行います。

離散分布の連続性への補正

ところで、このまま検定を行っても良いのですが、2項分布は「離散分布」であり、これを連続分布である正規分布で近似するわけですから、連続性への「補正」を行ったほうが精度の良い検定が行われます。

いま、2項確率変数（n回の試行中の成功の回数）Xが、x（xは負ではない整数）となる確率を$P_B\{X=x\}$とすると（Bは、2項分布（Binary Distribution）の頭文字）、

$$P_B\{X=x\} \fallingdotseq P_N\left\{x-\frac{1}{2}<X\leqq x+\frac{1}{2}\right\}$$

となります。上式で、$P_N\{*<X\leqq*\}$は、正規曲線下の面積（確率）を示しています（P_NのNは、正規分布（Normal Distribution）の頭文字）。

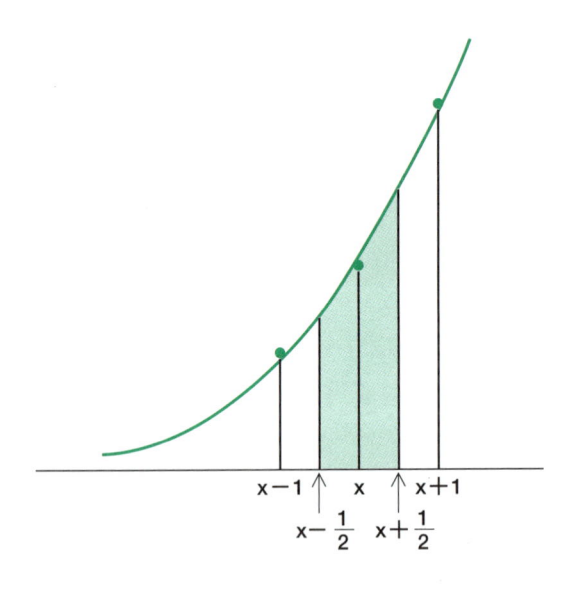

これより、次式を得ます。

$$P_B\{X\leqq x\} \fallingdotseq P_N\{X\leqq x+\frac{1}{2}\} = P_N\left\{Z\leqq \frac{x+\frac{1}{2}-np_0}{\sqrt{np_0(1-p_0)}}\right\}$$

したがって、標準正規分布の下側パーセント点に対して用いるZの値をZ_1とすると、

$$Z_1 = \frac{X + \frac{1}{2} - np_0}{\sqrt{np_0(1-p_0)}}$$

を得ます。

$$P_B\{X \leq x\} \fallingdotseq P_N\left\{Z \leq \frac{x + \frac{1}{2} - np_0}{\sqrt{np_0(1-p_0)}}\right\} = P_N\{Z \leq Z_1\} \quad \text{ですが、}$$

ちょっと一言

$P_B\{X \leq x\} \fallingdotseq P_N\left\{X \leq x + \frac{1}{2}\right\}$ となる理由

$P_B\{X \leq x\} = P_B\{X = x\} + P_B\{X = x-1\} + P_B\{X = x-2\} + \cdots$
$\fallingdotseq P_N\{x - 0.5 < X \leq x + 0.5\} + P_N\{x - 1.5 < X \leq x - 0.5\}$
$\quad + P_N\{x - 2.5 < X \leq x - 1.5\} + \cdots$
$= P_N\{X \leq x + 0.5\}$

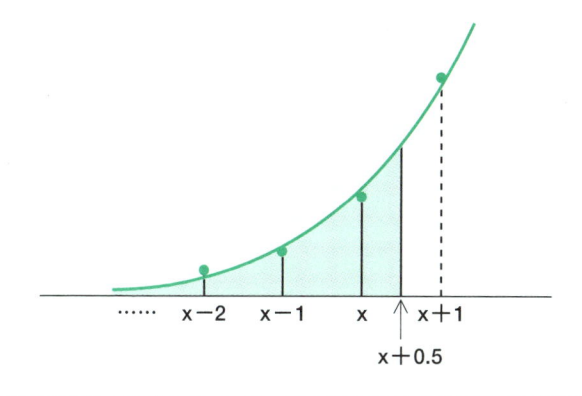

この式に含まれるxは、もともと、2項確率変数Xがとる値ですから、Z_1の式では、xを確率変数Xに変えて表示します。

同様に、

$$P_B\{X \geq x\} \fallingdotseq P_N\left\{X \geq x - \frac{1}{2}\right\} = P_N\left\{Z \geq \frac{x - \frac{1}{2} - np_0}{\sqrt{np_0(1-p_0)}}\right\}$$

となります。

ちょっと一言

$P_B\{X \geq x\} \fallingdotseq P_N\left\{X \geq x - \frac{1}{2}\right\}$ となる理由

$P_B\{X \geq x\} = P_B\{X = x\} + P_B\{X = x+1\} + P_B\{X = x+2\} + \cdots$
$\fallingdotseq P_N\{x - 0.5 \leq X < x + 0.5\} + P_N\{x + 0.5 \leq X < x + 1.5\}$
$\quad + P_N\{x + 1.5 \leq X < x + 2.5\} + \cdots$
$= P_N\{X \geq x - 0.5\}$

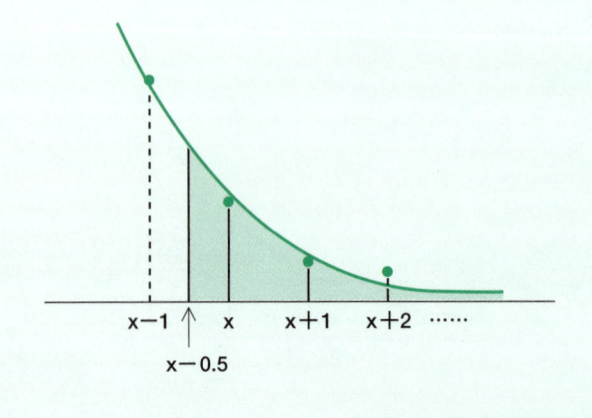

これより、標準正規分布の上側パーセント点に対して用いるZの値を、Z_2とすると、

$$Z_2 = \frac{X - \frac{1}{2} - np_0}{\sqrt{np_0(1-p_0)}}$$

となります。

以上より、次のように検定を行うことができます。

・両側検定（$H_0 : p = p_0$　$H_1 : p \neq p_0$）に対しては、

$$Z_1{}^* < -u_{\frac{\alpha}{2}} \quad あるいは \quad Z_2{}^* > u_{\frac{\alpha}{2}}$$

なら有意水準100α%でH_0を棄却します。

標準正規分布

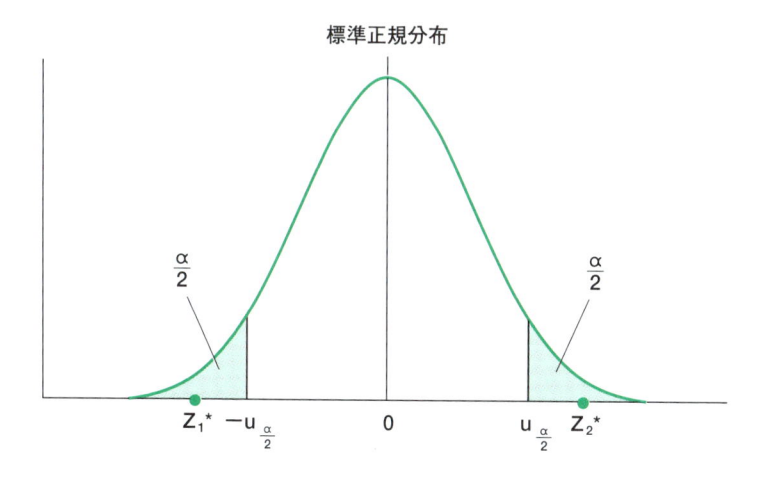

・片側検定（$H_0 : p = p_0$　$H_1 : p > p_0$）に対しては、

$$Z_2{}^* > u_\alpha$$

なら有意水準100α%でH_0を棄却します。

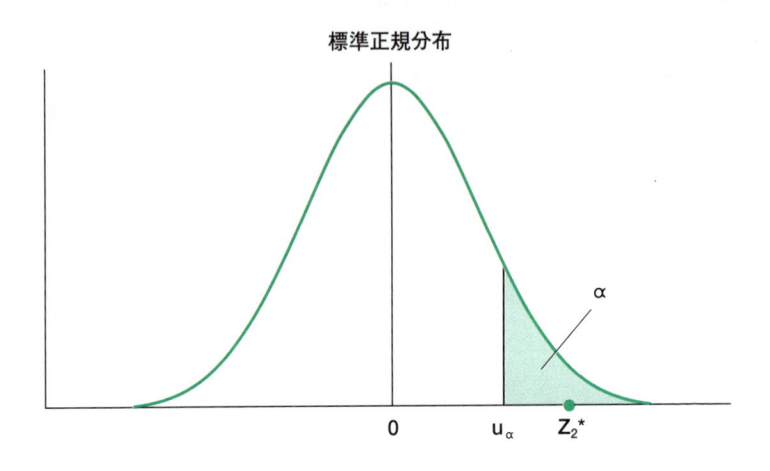

標準正規分布

- 片側検定（$H_0 : p = p_0$　$H_1 : p < p_0$）に対しては、

$$Z_1^* < -u_\alpha$$

なら有意水準$100\alpha\%$でH_0を棄却します。

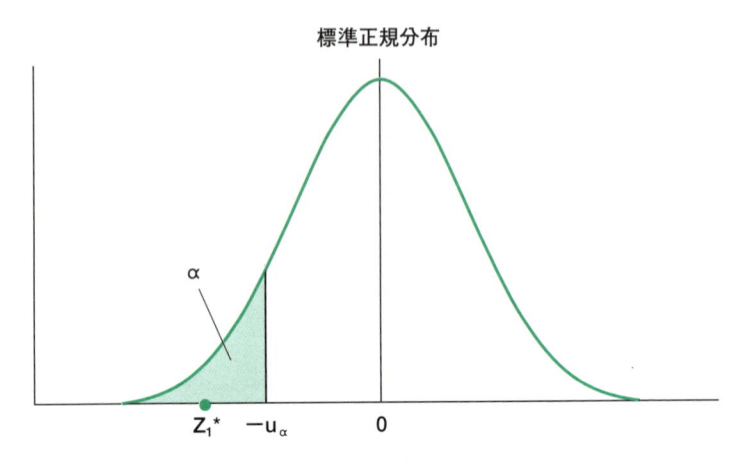

標準正規分布

例9.6

ある地域では、昔から、男子よりも女子のほうがよく産まれているといわれています。そこで、最近10年間の出生を見ると、98人中56人が女子でした。この地域では、男子よりも女子のほうが産まれやすいと言っていいでしょうか。

解

産まれる子供の母集団のうち、女子の母比率をpとします。題意から、仮説は、

「$H_0 : p = 0.5$」　　「$H_1 : p > 0.5$」

と設定されます。

題意より、$n = 98$, $X^* = 56$ であり、片側>検定なので、検定統計量としてZ_2を用います。

Z_2の実現値は、次のように計算されます。

$$Z_2^* = \frac{X^* - 0.5 - n \times p_0}{\sqrt{n \times p_0 \times (1 - p_0)}} = \frac{56 - 0.5 - 98 \times 0.5}{\sqrt{98 \times 0.5 \times (1 - 0.5)}}$$
$$= 1.313$$

標準正規分布の上側5%点は、1.645であるから、H_0は、有意水準5%で採択されます。

今回の検定では、女子の方が生まれやすいと断定するほど、顕著な差はみられなかったと判断されます。なお、有意確率は0.095と計算されます。

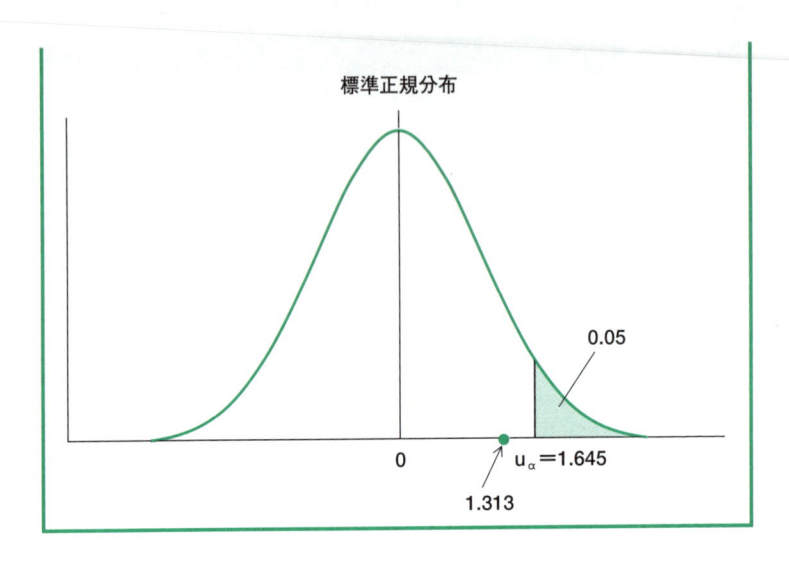

標準正規分布

0.05

0   1.313 $u_\alpha = 1.645$

さらに確率・統計を勉強したい人のために

本書で学んだ確率・統計をより深いものにしたい人のために、次の拙著2冊を紹介します。

● 「Excelで学ぶ統計学入門 第1巻 確率・統計編」

長谷川勝也 著　　技術評論社　ソフト付録

本書より、ややレベルが高い本ですが、実際に、コンピュータ上で、確率・統計のシミュレーションをしながら学習できます。

収録学習プログラム

(1)基礎統計　(2)相関係数表　(3)ネットワーク問題　(4)中心極限定理の実験　(5)トランプ問題　(6)正規分布／t分布／カイ2乗分布／F分布を描く　(7)t分布／カイ2乗分布／F分布の性質を理解するシミュレーション　(8)平均／分散／平均値の差（3種類）の推定・検定／分散比の推定・検定　(9)検出力曲線

例　中心極限定理の実験

次のダイアログボックスで、母集団、標本の大きさ、実験回数を指定します。

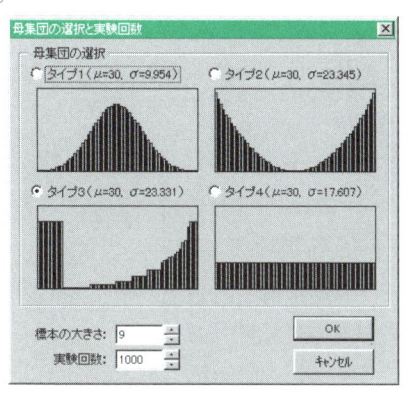

実験が開始され、実験結果が表示され、グラフタブをクリックすると、結果に基づいたヒストグラムが表示されます。下図は、母集団：タイプ3、標本の大きさ：9、実験回数：1000とした結果です。見てわかるように、中心極限定理の強力さを身をもって体験できます。

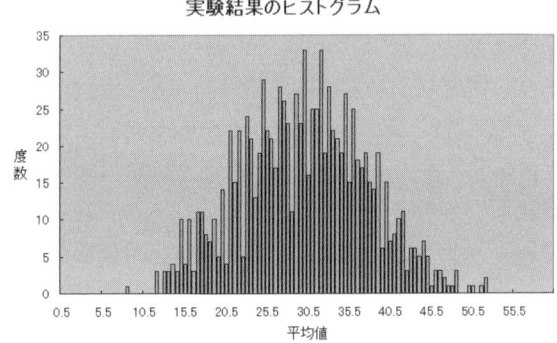

実験結果のヒストグラム

● 「Excel統計解析フォーム集」

長谷川勝也 著 共立出版 ソフト別売

実際に、推定・検定を使う仕事・研究に携わっている人、大学の講義で用いている人向き。

収録プログラム

・基礎統計［基礎統計表／度数分布表／クロス集計表／相関係数表］
・平均・分散・比率に関する推定と検定［平均値／平均値の差(3種類)／分散／分散比／バートレットの等分散性／比率(3種類)／比率の差(2種類)］
・変量間の関連の強さに関する推定と検定［相関係数／相関係数の差／スピアマン順位相関係数／ケンドール順位相関係数］
・カイ2乗検定［適合度／独立性／度数分布(正規分布、2項分布、

ポアソン分布]
・正規性の検定［Geary／Shapiro & Wilk／歪度・尖度／Smirnov の棄却検定］
・ノンパラメトリック検定Ⅰ［Wilcoxon符号検定／Wilcoxon順位和検定／Kruskal－Wallis検定／Friedman検定／Jonckheere検定／Page検定／Cochran検定］
・ノンパラメトリック検定Ⅱ［中央値検定／符号検定／McNemar検定／フィッシャーの直接確率計算法／Wald－Wolfowitzのラン検定(1標本、2標本)／Kolmogorov－Smirnov検定(1標本、2標本)］
・単回帰分析［直線回帰／2つの回帰直線の同一性の検定／非線形回帰］
・成長曲線分析［指数／修正指数／ロジスティック／ゴンペルツ］
・管理図［$\overline{X}$-R／$\widetilde{X}$-R／X-Rs／p／pn／u／c］

例 平均値の推定・検定

データを入力すると、次のような結果が即表示されます。

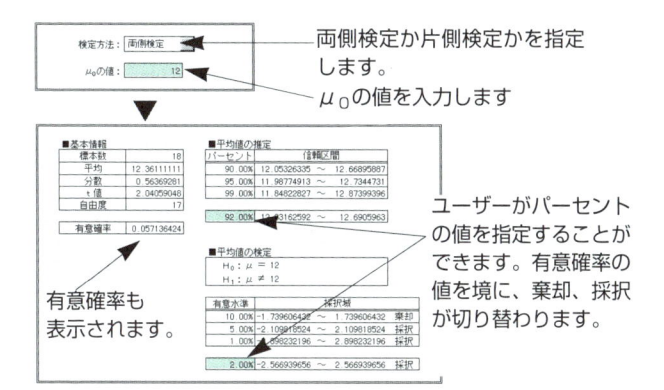

検定方法：両側検定 ← 両側検定か片側検定かを指定します。
μ_0の値：12 ← μ_0の値を入力します

有意確率も表示されます。

ユーザーがパーセントの値を指定することができます。有意確率の値を境に、棄却、採択が切り替わります。

レベルアップのために

さらに、本書を読んで、次のレベルを勉強したい人のために、以下の書籍が参考になると思います。手に入りにくい本もありますが、図書館などで読んでみるといいでしょう。

◎「**初等統計学**」 P.G.ホーエル著 浅井晃、村上正康訳 培風館
レベルは本書と同じくらいですが、数式よりも文章が多い本です。統計的な考え方に慣れるという意味で勉強になるでしょう。

◎「**統計学序説**」 T.H.ウォナコット、R.J.ウォナコット著 国府田恒夫他訳 培風館
非常にていねいな本で、自習書として適しています。分散分析や回帰分析の基礎を勉強したい人にとっては好適です。内容がとてもいいので、余裕があるかたは、ぜひこの本に挑戦してみてください。

◎「**推測統計のはなし**」 蓑谷千凰彦著 東京図書
推測統計学の発展の歴史をエピソードとして紹介してあり、読んでいて非常に面白い本です。

以下の本は、上の3冊より難しい内容ですが、おすすめできる本です。
◎「**統計学入門**」 東京大学教養学部統計学教室編 東京大学出版会
微分積分の知識を必要としますが、統計学の体系が分かり、非常にまとまっている本です。

なお、確率論に関しては、初心者向けの書籍はあまりないようですが、次の本が参考になります。
◎「**A First Course in Probability**」 Sheldon Ross著 Macmillan Publishing Co., Inc.

索　引

数　字

2項確率変数　　　　　　　　　217
　　──の期待値　　　　　　　279
　　──の期待値　　　　　　　283
　　──の分散　　　　　　　　304
　　──の分散　　　　　　　　307
2項分布　　　　　　　217,220,369
　　──の正規近似　　　　　　256
　　──の分散　　　　　　　　304
　　──の分散　　　　　　　　307
　　──の平均　　　　　　　　279
　　──の平均　　　　　　　　282

英　字

F分布　　　　　　　　　　　　415
　　──のパーセント点　　　　417
F分布表　　　　　　　　　　　419
t分布　　　　　　　　　　　　342
　　──のパーセント点　　348,350
Σ　　　　　　　　　　　　　　16

あ

演算の基本式　　　　　　　　140
大きさnの標本　　　　　　　　312

か

カイ2乗分布　　　　　　　　　360
　　──のパーセント点　　　　362
階級　　　　　　　　　　　　　54
確定した信頼区間　　　　　　357
確率　　　　　　　　　　　　154
　　──の3つの公理　　　　　155
　　──の加法定理　　　　　　159
確率分布　　　　　　　　206,230
　　──のグラフ　　　　　　　208
　　──のグラフ平均　　　　　271
　　──の分散　　　　　　　　296
確率変数　　　　　　　　　　202
　　離散──　　　　　　　　　210
　　連続──　　　　　　　　　227
仮説　　　　　　　　　　　　378
片側検定　　　　　　　　　　381
棄却域　　　　　　　　　　　384
記述統計学　　　　　　　　　　14
帰無仮説　　　　　　　　　　379
　　──を採択するの意味　　　393
境界の設定　　　　　　　　　383
共分散　　　　　　　　　　　　68
期待値　　　　　　　　　　　260
　　確率変数の和の──　　　　281
　　2項確率変数の──　　　　282
　　離散確率変数の──　　　　262
　　連続確率変数の──　　　　267
　　──の公式　　　　　　　　269
　　──の直感的理解　　　　　264
空事象　　　　　　　　　　　125
区間推定　　　　　　　　　　341
組み合わせ　　　　　　　　　　98
　　──の数を求める　　　　　102
　　──の公式　　　　　　　　106
クラス　　　　　　　　　　　　54
検定　　　　　　　　　　　　381
　　片側──　　　　　　　　　381
　　比率の──　　　　　　　　425
　　分数の──　　　　　　　　411
　　分数比の──　　　　　　　415
　　平均値の──　　　　　　　387
　　平均値の差の──　　　　　404
　　──の手順　　　　　　　　381
検定統計量　　　　　　　　　382

437

■ さ ■

- 採択域 …………………………384
- 散布図 …………………………62
  - ――行列 ……………………79
- シグマ記号 ……………………16
- 事象 ……………………………119
  - 空―― ………………………125
  - 単―― ………………………126
  - 排反 ……………………"127,130"
  - ――演算の基本式 …………140
  - ――の演算の結合法則 ……136
  - ――の交換法則 ……………135
  - ――の積 …………123,129,133
  - ――の分配法則 ……………137
  - ――の和` ………122,129,131
- 実験 ……………………………82
  - ――の起こり方 ……………83
  - ――と母集団の関係 ………315
- 指標 ……………………………30
- 集合 ……………………………114
- 自由度 …………………344,345
- 順列 ……………………………89,94
  - ――の数を求める …………94
- 条件付き確率 …………………173
- 信頼区間 ………………………351
  - 比率の―― …………………374
  - 分散の―― …………………366
  - 平均の―― …………………352
  - ――の意味 …………………358
  - ――の比較 …………………355
- 推測統計学 …………14,312,357
- 推定 ……………………………334
- 推定値 …………………………335
- 推定量 …………………………334
  - 不偏―― ……………………335
- スタージェスの公式 …………54
- 正規曲線 ………………………236
- 正規分布 ………………………238
- ――の記号表現 ………………240
- ――の標準偏差 ………………239
- ――の分散 ………………239,304
- ――の平均 ………………279,239
- ――の利用法 …………………251
- 正規分布表 ……………………243
- 相関行列 ………………………75
- 相関係数 ………………………69
- 相関表 …………………………75

■ た ■

- 対立仮説 ………………………379
- 単位 ………………………37,211
- 単一事象 ………………………126
- 中心極限定理 …………………330
- 中心の値 ………………………24
- 点推定 …………………………334
- 統計量 …………………322,382
  - ――の実現値 ………………334
- 特性値 …………………………30
- 独立 ……………………187,319
  - 事象の―― ……………187,198
  - 確率変数の―― ……………319
- 独立試行 ………………188,217
- 度数 ……………………………54
- 度数分布表 ……………………54

■ は ■

- パーセント点 …………………347
  - 上側―― ……………………348
  - カイ2乗分布―― …………362
  - 下側―― ……………………348
  - 標準正規分布の―― ………371
  - 両側―― ……………………348
  - F分布の―― ………………417
  - t分布の―― ………………348
- 排反 ……………………127,130
  - ――事象の和への変換 ……149

ばらつき …………………………30	ベン図 …………………………128
ヒストグラム …………………54	変数 ……………………………62
標準正規分布 ……………241, 343	変動係数 ………………………52
── のパーセント点 ………371	母集団 …………………………311
標準偏差 ……………………30, 37	無限── …………………………314
標本 ……………………………312	── 分布 ………………………312
── の実現値 …………………378	母数 ……………………………334
── の調査 ……………………334	── の推定量 …………………335
標本空間 …………………115, 181	母分散 …………………318, 334
結果が同等に起こりやすい──	── の検定 ……………………411
…………………………………162	── の信頼区間 ………………364
標本点 …………………………119	母平均 …………………318, 334
標本分散 ………………………326	── の検定 ……………………407
── の期待値 …………………326	── の比較 ……………………404
標本分布 ………………………322	
標本平均 ………………………322	■ ま ■
── の期待値 …………………323	無限母集団 ……………………314
── の分散 ……………………324	無作為抽出 ……………………319
比率の信頼区間 ………………375	■ や ■
比率の推定 ……………………369	有意確率 ………………………401
不偏推定量 ……………………335	有意水準 ………………………384
分散 ……………………………30, 34	余事象 …………………125, 130
確率分布の── …………………296	
確率変数の── …………………285	■ ら ■
離散確率変数の── ……………287	離散確率変数 …………………210
連続確率変数の── ……………290	離散分布 ………………………425
── の公式 ……………291, 306	両側検定 ………………………381
── の直感的理解 ……………288	連続確率変数 …………………227
── と標準偏差の性質 ………38	── の性質 ……………………231
── の信頼区間 ………………366	連続性への補正 ………………425
分配の法則 ……………………137	和の基本式 ……………………131
分布 ……………………………30	和の結合法則 …………………136
平均 ……………………………24	和の交換法則 …………………135
ベイズの公式 …………………180	
変域 ……………………352, 356	
偏差 ……………………………31	
── 積和 ………………………68	
── 平方和 ……………………31, 34	

● **著者略歴**

長谷川 勝也（はせがわ　かつや）
1967 年　早稲田大学理工学部応用物理学科卒業。1972 年　コロラド大学大学院エアロスペースエンジニアリング学科卒業。1975 年　スタンフォード大学大学院 IE 学科卒業。NASA 研究所、(株)レオナ教育システム研究所社長(MIT と提携して、日本で最初にひらがな LOGO を開発)などを経て、現在(有)シンクスタット社長。
　主な著書:Lotus123 活用多変量解桸共立出版)、Excel 統計解析シリーズ－回帰分析－(共立出版)、Excel 統計解析フォーム集(共立出版)、Excel で学ぶ統計学入門第 1 巻　確率・統計編(技術評論社)、Excel で学ぶ統計学入門第 2 巻　線形代数・微分積分編(技術評論社)、イラスト図解　はじめての行列とベクトル(技術評論社) これならわかる Excel で楽に学ぶ多変量解析（技術評論社）、イラスト図解　ゼロからはじめてよくわかる多変量解析（技術評論社）

◆本文イラスト
　田中斉
◆本文デザイン
　スタジオ・キャロット

イラスト・図解
確率・統計のしくみがわかる本

2000 年 2 月 25 日　初版　第 1 刷発行
2019 年 5 月 1 日　初版　第 16 刷発行
著　者　長谷川　勝也
発行者　片岡　巌
発行所　株式会社技術評論社
　　　　東京都新宿区市谷左内町 21-13
　　　　電話　03-3513-6150　販売促進部
　　　　　　　03-3267-2270　書籍編集部
印刷 / 製本　日経印刷株式会社

定価はカバーに表示してあります。

本書の一部または全部を著作権法の定める範囲を超え、無断で複写、転載、複製、テープ化、ファイルに落とすことを禁じます。

Ⓒ 2000　長谷川勝也

造本には細心の注意を払っておりますが、万一、乱丁(ページの乱れ)や落丁(ページの抜け)がございましたら、小社販売促進部までお送りください。送料小社負担にてお取り替えいたします。

ISBN4-7741-0929-0　C3055
Printed in Japan

(3) 片側（>）検定で、標本数：25、t*＝2.225 の場合：
・有意確率は0.021 となります。

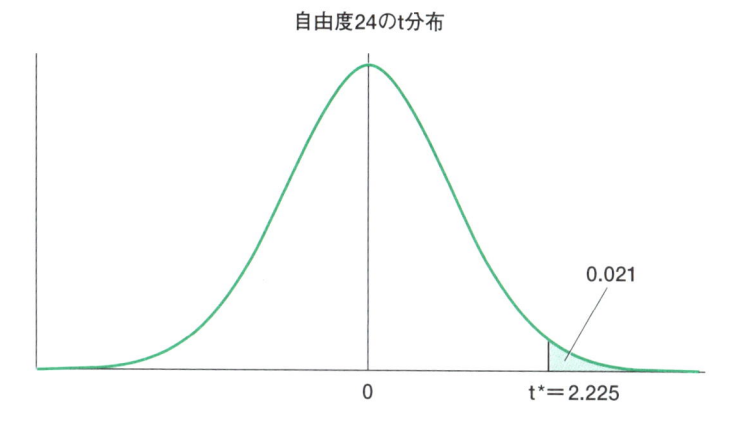

自由度24のt分布

0.021

0　　t*=2.225

(4) 片側（<）検定で、標本数：25、t*＝-2.003 の場合：
・有意確率は0.032 となります。

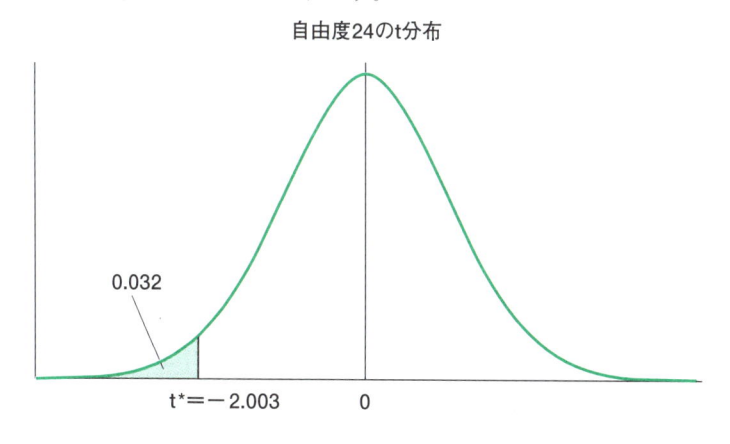

自由度24のt分布

0.032

t*=-2.003　　0

9-4

平均値の差の検定

母平均の比較

2つの正規母集団があり、各分散をσ_1^2、σ_2^2とします。いま、この2つの分散は未知ですが、永年の経験から等しいと仮定できる場合について($\sigma_1^2 = \sigma_2^2 = \sigma^2$とする)、それぞれの母平均、$\mu_1$と$\mu_2$が等しいかどうかの検定を行いましょう。

標本平均を決めます。

正規母集団$N(\mu_1, \sigma^2)$からの大きさn_1の標本平均を$\overline{X}_1$

正規母集団$N(\mu_2, \sigma^2)$からの大きさn_2の標本平均を$\overline{X}_2$

とします。このとき、定理7.3より、次のことが成り立ちます。

$\overline{X}_1$は平均μ_1、分散$\dfrac{\sigma^2}{n_1}$の正規分布に従う。

$$\overline{X}_1 \sim N\left(\mu_1, \dfrac{\sigma^2}{n_1}\right)$$

$\overline{X}_2$は平均μ_2、分散$\dfrac{\sigma^2}{n_2}$の正規分布に従う。

$$\overline{X}_2 \sim N\left(\mu_2, \dfrac{\sigma^2}{n_2}\right)$$

ここで、「$\overline{X}_1 - \overline{X}_2$」の確率分布を考えてみましょう。

期待値は、次のように計算されます。

$$E(\overline{X}_1 - \overline{X}_2) = E(\overline{X}_1) - E(\overline{X}_2) = \mu_1 - \mu_2$$

2組の標本は、互いに影響なく抽出されるので、$\overline{X}_1$と$\overline{X}_2$は独立ですから、分散は、次のように計算されます。

$$\mathrm{Var}(\overline{X}_1 - \overline{X}_2) = \mathrm{Var}(\overline{X}_1) + \mathrm{Var}(-\overline{X}_2)$$

$$= 1^2 \mathrm{Var}(\overline{X}_1) + (-1)^2 \mathrm{Var}(\overline{X}_2)$$
……（分散に関する公式 $\mathrm{Var}(aX+b) = a^2\mathrm{Var}(X)$ より）
$$= \mathrm{Var}(\overline{X}_1) + \mathrm{Var}(\overline{X}_2)$$
$$= \frac{\sigma^2}{n_1} + \frac{\sigma^2}{n_2} = \sigma^2 \left(\frac{1}{n_1} + \frac{1}{n_2} \right)$$

さらに、次の定理があります（証明略）。

定理9.1

2つの正規確率変数をX、Yとすると、W＝aX＋bYも正規確率変数となる。

これより、$\overline{X}_1$、$\overline{X}_2$ が正規確率変数であるから、$\overline{X}_1 - \overline{X}_2$（上の定理で、a＝1、b＝−1とした場合）も、正規確率変数になります。

以上より、$\overline{X}_1 - \overline{X}_2$ は、平均 $\mu_1 - \mu_2$、分散 $\frac{\sigma^2}{n_1} + \frac{\sigma^2}{n_2}$ の正規分布に従います。

$$\overline{X}_1 - \overline{X}_2 \sim N\left(\mu_1 - \mu_2,\ \frac{\sigma^2}{n_1} + \frac{\sigma^2}{n_2} \right)$$

これより、標準化変量、
$$Z = \frac{(\overline{X}_1 - \overline{X}_2) - (\mu_1 - \mu_2)}{\sqrt{\frac{\sigma^2}{n_1} + \frac{\sigma^2}{n_2}}} = \frac{(\overline{X}_1 - \overline{X}_2) - (\mu_1 - \mu_2)}{\sigma \sqrt{\frac{1}{n_1} + \frac{1}{n_2}}}$$

は標準正規分布に従います。

σ は未知なので、このままでは確率の計算ができません。そこで、σ を、sで置き換えた式、

$$t = \frac{(\overline{X}_1 - \overline{X}_2) - (\mu_1 - \mu_2)}{s\sqrt{\dfrac{1}{n_1} + \dfrac{1}{n_2}}} \quad \text{式(L)}$$

は、自由度「$n_1 + n_2 - 2$」のt分布に従います。上式のsは次の式の平方根です。

ちょっと一言

たとえば、$X \sim N(1, 1)$，$Y \sim N(2, 2)$ で、XとYが独立のとき、確率変数X＋2Yは、平均：$E(X+2Y) = E(X) + E(2Y) = E(X) + 2E(Y) = 1 + 2 \times 2 = 5$，分散：$Var(X+2Y) = Var(X) + Var(2Y) = Var(X) + 2^2 Var(Y) = 1 + 2^2 \times 2 = 9$ の正規分布に従うことになります。

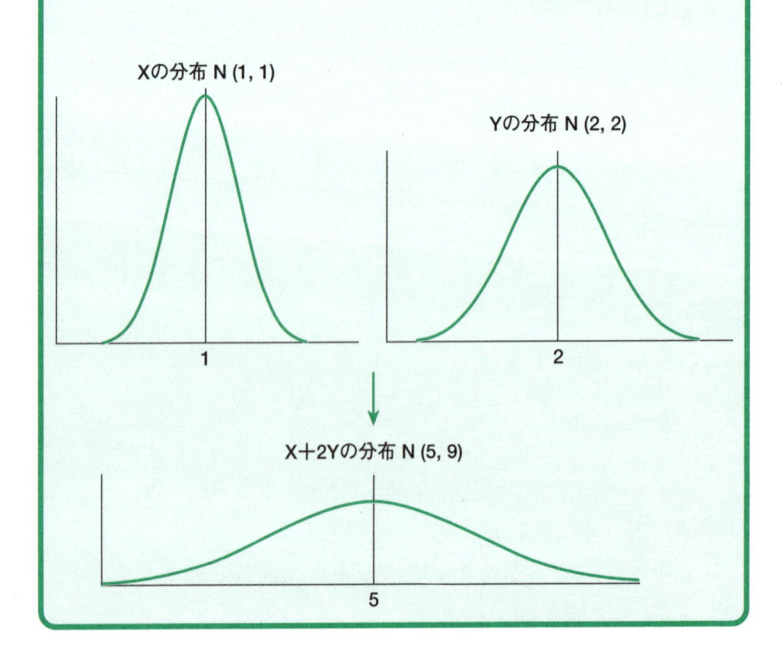

Xの分布 N(1, 1)

Yの分布 N(2, 2)

X＋2Yの分布 N(5, 9)

$$s^2 = \frac{(n_1-1)s_1^2 + (n_2-1)s_2^2}{n_1+n_2-2}$$

2つの母平均の検定

では、準備がそろったので、μ_1とμ_2が等しいと見なせるかどうかの、検定に取りかかりましょう。

　　帰無仮説　$H_0 : \mu_1 = \mu_2$

であり、H_0が「真」であるという仮定のもとで、式(L)のtは、

> **ちょっと難しいかな**
>
> s_1^2は、$N(\mu_1, \sigma^2)$からの標本分散であり、s_2^2は、$N(\mu_2, \sigma^2)$からの標本の標本分散です。したがって、
> $$E(s_1^2) = \sigma^2 \quad E(s_2^2) = \sigma^2$$
> ですから(定理7.2)、
> $$E(s^2) = E\left(\frac{(n_1-1)s_1^2 + (n_2-1)s_2^2}{n_1+n_2-2}\right)$$
> $$= \frac{(n_1-1)E(s_1^2) + (n_2-1)E(s_2^2)}{n_1+n_2-2}$$
> $$= \frac{\sigma^2[(n_1-1)+(n_2-1)]}{n_1+n_2-2} = \sigma^2$$
> となります。すなわち、s^2は、σ^2の不偏推定量になっているので、定理8.1より、tは自由度「n_1+n_2-2」のt分布に従うのです。s^2の自由度、およびtの自由度がn_1+n_2-2となるのは、もうお分かりでしょう。s_1^2の自由度がn_1-1で、s_2^2の自由度がn_2-1であり、したがって、s^2では、自由に動ける確率変数の個数は、$(n_1-1)+(n_2-1) = n_1+n_2-2$となるからです。

$$t = \frac{(\overline{X}_1 - \overline{X}_2)}{s\sqrt{\dfrac{1}{n_1} + \dfrac{1}{n_2}}}$$

となり、自由度「$n_1 + n_2 - 2$」のt分布に従います。

これより、データ（標本の実現値）を代入して得られるtの実現値t^*が、自由度「$n_1 + n_2 - 2$」のt分布のどのあたりに落ちるかで検定を行います。

・**両側検定（$H_0 : \mu_1 = \mu_2$、$H_1 : \mu_1 \neq \mu_2$）** に対しては、

$\quad t^* < -t_{\frac{\alpha}{2}}$ あるいは $t^* > t_{\frac{\alpha}{2}}$

なら、有意水準$100\alpha\%$でH_0を棄却します。

・**片側検定（$H_0 : \mu_1 = \mu_2$、$H_1 : \mu_1 > \mu_2$）** に対しては、

$\quad t^* > t_\alpha$

なら、有意水準$100\alpha\%$でH_0を棄却します。

・**片側検定（$H_0 : \mu_1 = \mu_2$、$H_1 : \mu_1 < \mu_2$）** に対しては、

$\quad t^* < -t_\alpha$

なら、有意水準$100\alpha\%$でH_0を棄却します。

例9.3

苗木の成長に、A社とB社のどちらの肥料が良いかを調べるため、同じ条件で肥料を与え、芽が出てから2カ月後の生育を調べて、次の結果を得ました。

A社：24.3, 25.2, 20.4, 26.1, 22.1, 23.4, 24.2, 20.9,
　　 24.7, 23.7, 21.6, 23.4, 20.2

B社：21.3, 19.4, 22.3, 17.2, 18.3, 20.3, 21.4, 23.6,
　　 21.1, 21.3, 20.3, 19.5

A社とB社の肥料には、生育に関して差があるかどうか、有意水準5％で検定しなさい。

解

A社の肥料の母集団の平均を μ_1、B社の肥料の母集団の平均を μ_2 とすると、仮説は次のように与えられます。

「$H_0 : \mu_1 = \mu_2$」　　「$H_1 : \mu_1 \neq \mu_2$」

与えられたデータから、

$\overline{X}_1{}^* = 23.092$、$\overline{X}_2{}^* = 20.5$、$s_1{}^{2*} = 3.579$、$s_2{}^{2*} = 3.029$

と求まります。これより、2つを一緒にした分散 s^2 の実現値は、次のように計算されます。

$$s^{2*} = \frac{(n_1-1)s_1{}^{2*} + (n_2-1)s_2{}^{2*}}{n_1+n_2-2}$$

$$= \frac{(13-1) \times 3.579 + (12-1) \times 3.029}{13+12-2} = 3.316$$

s^{2*} の平方根をとると $s^* = 1.821$ となるから、t の実現値は、

$$t^* = \frac{(\overline{X}_1{}^* - \overline{X}_2{}^*)}{s\sqrt{\dfrac{1}{n_1}+\dfrac{1}{n_2}}} = \frac{23.092 - 20.5}{1.821\sqrt{\dfrac{1}{13}+\dfrac{1}{12}}} = 3.556$$

と計算されます。自由度 $13+12-2=23$ の t 分布の両側5％点は、± 2.069 ですから、H_0 は、有意水準5％で棄却されます。

なお、有意確率は、0.0017で非常に小さな確率ですので、H_1 が正しいことが、かなり積極的に支持されます。すなわち、A社とB社の肥料には、明らかな差があるといえます。

自由度23のt分布

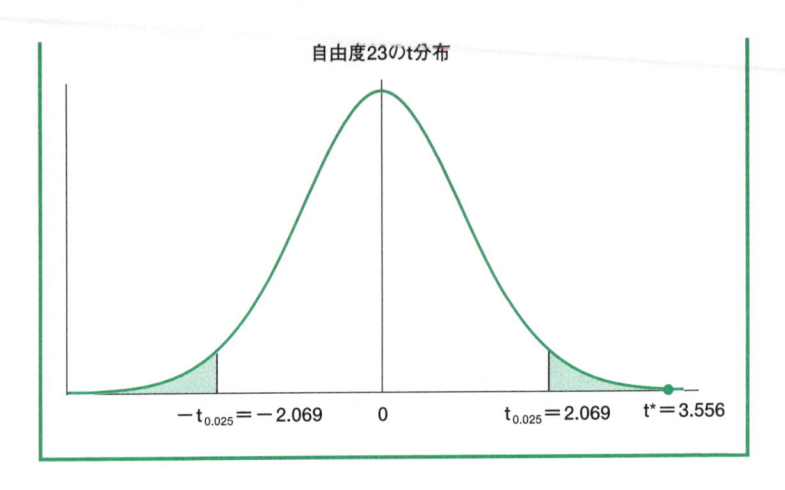

$-t_{0.025} = -2.069$ 0 $t_{0.025} = 2.069$ $t^* = 3.556$

9-5 分散の検定

最初に、8−4節で述べた定理を再度示してみましょう。

定理8.3

いずれも平均 μ、分散 σ^2 の同一の正規分布に従う互いに独立な確率変数を $X_1, X_2, \ldots, X_n$ とする。このとき、次の統計量

$$\chi^2 = \frac{(n-1)s^2}{\sigma^2} \qquad \text{式(M)}$$

は、自由度 $n-1$ のカイ2乗分布に従う。

この定理を用いて、母分散 σ^2 がある値 σ_0^2 に等しいかどうかの検定を行うことができます。

　　帰無仮説　$H_0 : \sigma^2 = \sigma_0^2$

が「真」であるという仮定のもとで、式(M) の χ^2 は、

$$\chi^2 = \frac{(n-1)s^2}{\sigma_0^2}$$

となり、この確率変数は、自由度 $n-1$ のカイ2乗分布に従います。

したがって、実際のデータ（標本の実現値）から計算される χ^2 の実現値 χ^{2*} が、自由度 $n-1$ のカイ2乗分布のどのあたりに落ちるかで検定を行います。

・両側検定（$H_0 : \sigma^2 = \sigma_0^2$、$H_1 : \sigma^2 \neq \sigma_0^2$）の場合：

$$\chi^{2*} < \chi^2_{1-\frac{\alpha}{2}} \quad \text{あるいは} \quad \chi^{2*} > \chi^2_{\frac{\alpha}{2}}$$

なら、有意水準 $100\alpha\%$ で H_0 を棄却します。

自由度n−1のカイ2乗分布

$\frac{\alpha}{2}$

$\frac{\alpha}{2}$

x^{2*} $x^2_{1-\frac{\alpha}{2}}$ $x^2_{\frac{\alpha}{2}}$ x^{2*}

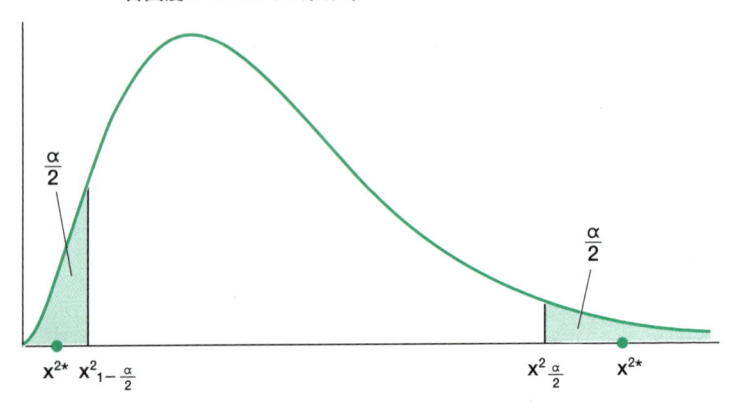

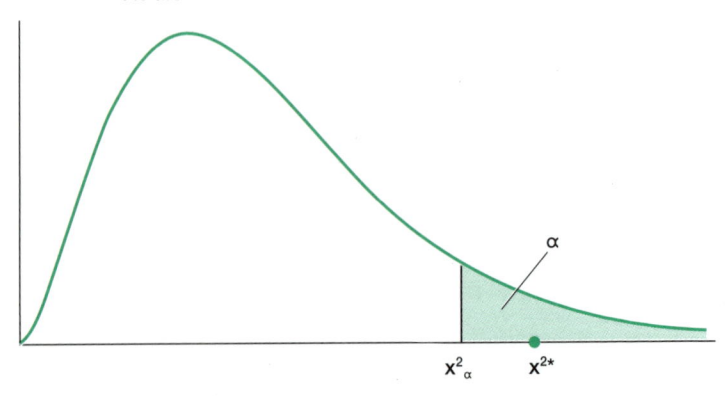

・片側検定（$H_0 : \sigma^2 = \sigma_0^2$、$H_1 : \sigma^2 > \sigma_0^2$）の場合：

$$\chi^{2*} > \chi^2_\alpha$$

なら、有意水準$100\alpha\%$でH_0を棄却します。

自由度n−1のカイ2乗分布

α

x^2_α x^{2*}

・片側検定（$H_0: \sigma^2 = \sigma_0^2$、$H_1: \sigma^2 < \sigma_0^2$）の場合：
$$\chi^{2*} < \chi^2_{1-\alpha}$$
なら、有意水準$100\alpha\%$でH_0を棄却します。

例9.4

 ある製造企業では、200g入りの袋詰めの砂糖を製造販売しています。今のマシンは、重さのバラツキが少し大きいようなので、今度、新型のマシンの導入を考えています。このマシンのメーカーによると、新型のマシンは、従来のものに比べ、格段の進歩をしているという話です。そこで、新型のマシンで袋詰めを行い、その中から無作為に14個の袋を抽出し、重さを計測したところ、次の結果を得ました。

 201.3, 201.5, 200.1, 202.9, 199.8, 199.6, 198.8, 202.3, 201.4, 199.9, 200.0, 201.4, 200.3, 201.2

 新型のマシンは、従来のマシンに比べ、バラツキの点において進歩していると言えるでしょうか、有意水準5％で検定しなさい。なお、従来のマシンによると、分散の値は、平均してほぼ4でした。

解

 新型のマシンによる袋詰め砂糖の母集団の分散をσ^2とします。この企業は、新型マシンによる分散の値が、従来のものより小さいことを期待しており、また、メーカーは自信をもってその小さいことを主張しているので、次のように片側検定の仮説を設定します。

  帰無仮説「$H_0: \sigma^2 = 4$」　対立仮説「$H_1: \sigma^2 < 4$」
 与えられたデータより、$s^{2*} = 1.298$と計算されます。これ

より、χ^2の実現値は、
$$\chi^{2*} = \frac{(n-1)s^{2*}}{\sigma_0^2} = \frac{(14-1) \times 1.298}{4} = 4.219$$
となります。自由度$14-1=13$のカイ2乗分布の下側5％点は、5.892ですので、H_0は有意水準5％で棄却されます。

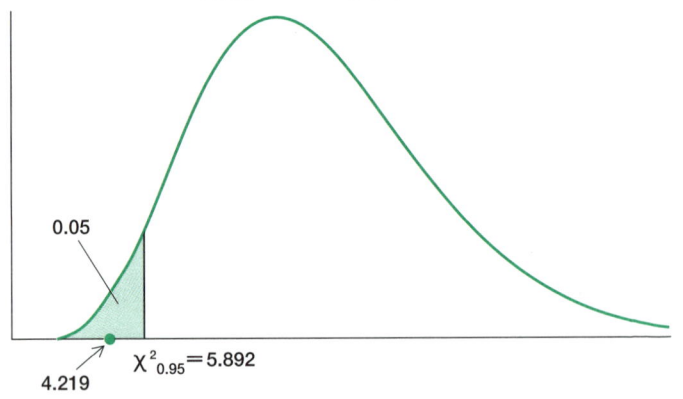

自由度13のカイ2乗分布

0.05

$\chi^2_{0.95} = 5.892$

4.219

なお、有意確率は0.011と計算されます。

＊カイ2乗分布は左右対称ではないので、下側5％点は$\chi^2_{0.95}$と記されます。

9-6

分散比の検定

2つの母分散をσ_1^2、σ_2^2とするとき、2つの母分散が等しいかどうかの検定を行いましょう。

そのための説明を以下に行います。

いま、

- 正規母集団$N(\mu_1, \sigma_1^2)$からの大きさn_1の標本分散をs_1^2とします。
- 正規母集団$N(\mu_2, \sigma_2^2)$からの大きさn_2の標本分散をs_2^2とします。

このとき、定理8.3より、次のことが言えます。

- $\chi_1^2 = \dfrac{(n_1-1)s_1^2}{\sigma_1^2}$ は自由度n_1-1のカイ2乗分布に従います。 ……………… 式(N)

- $\chi_2^2 = \dfrac{(n_2-1)s_2^2}{\sigma_2^2}$ は自由度n_2-1のカイ2乗分布に従います。 ……………… 式(O)

次に、母分散の検定に「F分布」と呼ばれる分布が登場してくるので、先に、F分布について説明しましょう。次の定理があります。

定理9.2

2つの互いに独立な確率変数X、Yが、それぞれ自由度m、nのカイ2乗分布に従うとき、それぞれの確率変数を自由度で割った値の比、

$$F = \frac{\dfrac{X}{m}}{\dfrac{Y}{n}}$$

は、自由度（m、n）のF分布に従う。

これより、

$$F = \frac{\dfrac{\chi_1^2}{(n_1-1)}}{\dfrac{\chi_2^2}{(n_2-1)}} \qquad 式(P)$$

は、自由度（n_1-1、n_2-1）のF分布に従うことになります。

確率変数Fは、式(P)から分かるように、分子にはn_1が、分母にはn_2が含まれており、Fの確率分布（F分布）の形状は、以下の2組の標本数に影響されます。

・分子には、式(N)より、大きさn_1の標本の標本分散s_1^2が含まれており、確率変数s_1^2の自由度は、n_1-1である。
・分母には、式(O)より、大きさn_2の標本の標本分散s_2^2が含まれており、確率変数s_2^2の自由度は、n_2-1である。

したがって、これを自由度（n_1-1、n_2-1）として表し、「自由度（○、□）のF分布」のように表します。

以下に、いくつかのF分布を示します。